影视特效制作教程

Special Effects Production Tutorials

主编 苏振扬 徐 顺 王会霞

编委 曹贤中 程 云 代朝霞 马 慧 黄克斌
秦 威 宋国柱 苏振扬 徐 顺 徐小双
王会霞 王艳丽 韦海梅 杨 睿

WUHAN UNIVERSITY PRESS
武汉大学出版社

图书在版编目(CIP)数据

影视特效制作教程:汉、英/苏振扬,徐顺,王会霞主编.—武汉：武汉大学出版社,2020.9

ISBN 978-7-307-21432-3

Ⅰ.影…　Ⅱ.①苏…　②徐…　③王…　Ⅲ.图象处理软件—教材—汉、英　Ⅳ.TP391.413

中国版本图书馆 CIP 数据核字(2020)第 024336 号

责任编辑:谢群英　　　责任校对:李孟潇　　　版式设计:韩闻锦

出版发行：**武汉大学出版社**　(430072　武昌　珞珈山)

(电子邮箱：cbs22@ whu.edu.cn　网址：www.wdp. com.cn)

印刷:湖北金海印务有限公司

开本:787×1092　1/16　印张:11. 25　字数:267 千字　插页:1

版次:2020 年 9 月第 1 版　　2020 年 9 月第 1 次印刷

ISBN 978-7-307-21432-3　　定价:33. 00 元

前　　言

在自媒体迅速发展的今天，视频创作开始变得越来越平民化，许多人开始接触视频剪辑与视频合成。现在影视后期合成软件也越来越多，如Fusion，Nuke，After Effects(以下简称AE)等。AE作为Adobe公司旗下的影视后期合成软件，与其旗下的Photoshop同属于图层式操作软件，大大减少了人们学习软件的时间成本。AE作为Adobe公司软件大家族成员之一，与Adobe公司其他软件之间都有联系，例如AE可以直接导入Photoshop的PSD文件，也可以直接导入Illustrator的AI文件。Adobe与Maxon公司合作之后，AE与Cinema 4D(一款三维软件)实现无缝衔接，可以制作出高度灵活的2D和3D合成，实现很多非常棒的视觉效果。本书从AE软件的基本界面和操作入手，帮助读者快速理解和掌握软件的基本操作方法，一共设置了十个实验，每个实验以1~2个案例带领读者由浅入深地学习。案例学习不仅可以帮助读者掌握软件的操作，还能学到一些影视后期制作的技巧。最后设置了一个综合案例，利用所学知识做一个综合作品，以帮助读者巩固所学知识，并能够利用所学的知识做出自己想要的视觉效果。

实验一：After Effects概述，详细介绍After Effects CC 2017软件界面分布、各部分主要功能以及基本常规操作，利用小案例了解视频后期合成的主要流程和步骤。

实验二：After Effects基础动画合成，介绍AE基础动画的制作流程和步骤，实验中以可爱的二次元形象作为素材，做一个萌系二维动画。

实验三：After Effects的遮罩，主要讲解各种遮罩的功能。遮罩作为一种特殊的“层”，可以实现一些特殊的效果。本实验将带领学生学会遮罩的基本使用方法。

实验四：After Effects文字动画，介绍文本动画制作的常用方法和技术，实验中以粒子汇聚文本效果作为案例，与实际接轨。

实验五：三维合成，主要讲解After Effects中的三维合成功能。三维动画能带给人更强烈的视觉效果。本实验将介绍基本三维动画的制作和三维图层的操作技巧。

实验六：After Effects抠像技巧，抠像作为影视后期合成中十分重要的一个部分，能实现许多无法拍摄的场景和效果。本实验以一个“超能力”效果作为案例，介绍抠像的主要操作和技巧。

实验七：After Effects色彩调整，不同的画面色彩带给人不同的视觉体验和心理感受，利用色彩可以很好地渲染画面气氛。本实验以风光摄像素材为案例，介绍视频调色的主要流程和步骤。

实验八：跟踪合成。跟踪在影视后期合成中的地位与抠像差不多，许多只能通过制作合成出来的特效要使得画面看起来真实、自然的话，需要用到跟踪技术。本实验将介绍AE自带的跟踪功能和集成在AE中的Mocha跟踪功能的使用方法。

实验九：After Effects 特效应用，After Effects 有很多的内置特效，也有很多第三方特效插件。本实验介绍几个常用特效的适用场景和使用方法，并加以案例说明。

实验十：综合设计型实验，要求学习者对所学知识活学活用，综合运用前面所讲的方法和技巧创作出理想的视频作品。

本书由(黄冈师范学院)教育学省级一级重点学科、湖北省普通高校人文社会科学重点研究基地鄂东教育与文化研究中心、数字媒体技术湖北省普通本科高校“荆楚卓越人才”协同育人计划项目资助出版。

作　者

2020 年 6 月

目　录

实验一　After Effects 概述

实验目的

1. 熟悉 After Effects 的工作界面。
2. 掌握 After Effects 的主要部件和工作流程。

实验学时

4 学时

实验器材

多媒体计算机、Windows 7 Ultimate 版或 Windows10 Pro 版、Adobe After Effects CC 2017 版、Adobe Media Encoder CC 2017 版

实验原理

Adobe After Effects 简称“AE”，是 Adobe 公司推出的一款影视后期合成软件。影视后期合成工作在数字化影视工作流程中，担任着非常重要的角色。很多时候，后期合成工作能够大幅度节省拍摄的成本，将很多不可能实现的镜头变为可能。

与 Fusion、Nuke 等其他影视后期合成软件不同，After Effects 是基于图层模式的操作软件。通过图层的叠加与嵌套，对画面进行控制，非常适合初学者，容易上手。Adobe 公司很多常用的其他软件也是采用图层操作模式，如 Photoshop、Premiere Pro、Audition 等，熟悉这些软件的读者，可以整合使用这些软件，达到事半功倍的效果。

After Effects CC 2017 的标准工作界面如图 1-1 所示。

- A【标题栏】：显示当前使用的 Adobe After Effects 版本信息和工程文件名。
- B【菜单栏】：菜单栏包含了软件全部功能的命令操作，是所有可视化软件都有的重要界面要素之一。
- C【工具栏】：大多与 Photoshop 中工具箱的工具相同，使用方法也大同小异。工具栏包括了经常使用的工具。
- D【项目与效果控件面板】：可以导入素材、管理素材、创建合成等，所有素材和合成文件都在这里管理，并且可以对素材的某些属性进行调整。
- E【合成面板】：呈现视频最终实现的画面效果，也可以在此面板中直接调整图层的某些属性。

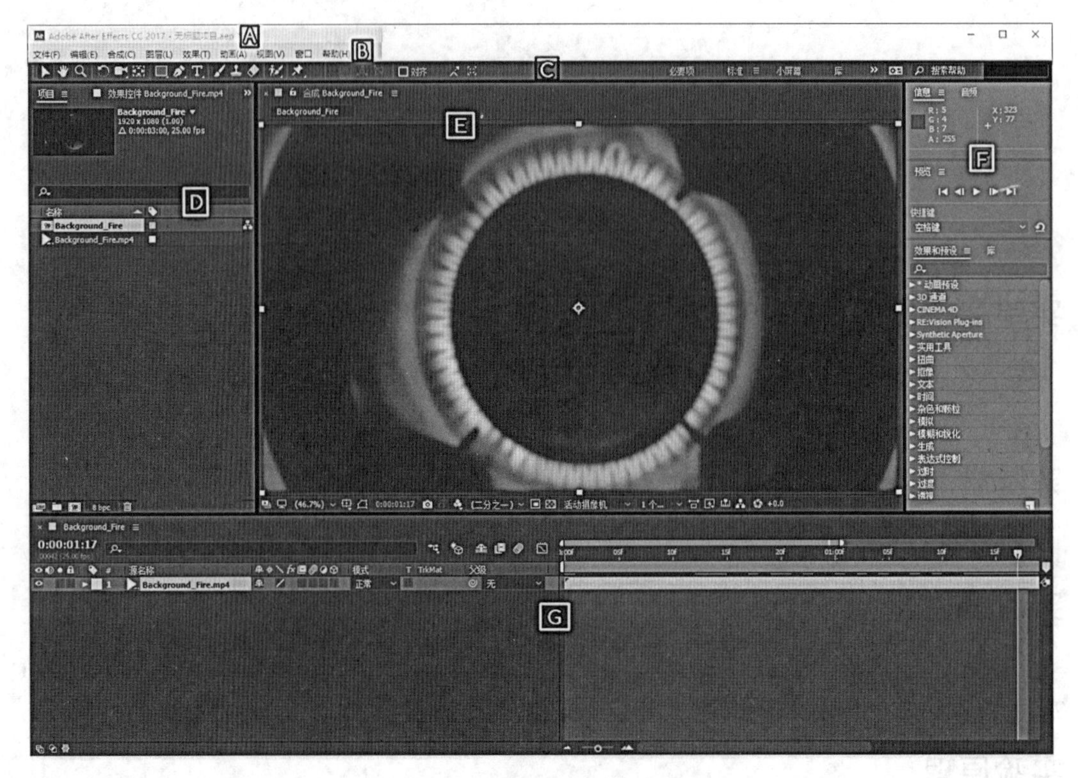

图 1-1　AE 的标准工作界面

➤ F【功能面板】：After Effects 有非常多的控制面板，以实现不同的功能，各面板各司其职。除主要用到的几个面板外，其他用得频率相对较少的面板就可以放置在此区域。此区域常放的功能面板有“信息面板”“字符面板”“段落面板”和“效果与预设面板”。

➤ G【时间线面板】：After Effects 主要工作区域，图层都在此区域叠加，动画的制作主要在此区域内完成。

如果不小心关闭了某些面板，可以执行“窗口→工作区→标准”命令（如图 1-2 所示），也可以通过按快捷键“Shift+F11”来重置 After Effects 的工作界面为标准界面，也就是图 1-1 所示的界面。

实验内容与步骤

实例一：合成工作流程

熟悉了 After Effects 影视后期合成软件的工作界面后，可以动手实践操作一下，以提高自己的动手水平，并对 After Effects 的工作流程有个初步认识。

(1)点击项目面板的新建合成按钮，在弹出的合成设置面板中进行设置，设置完毕点

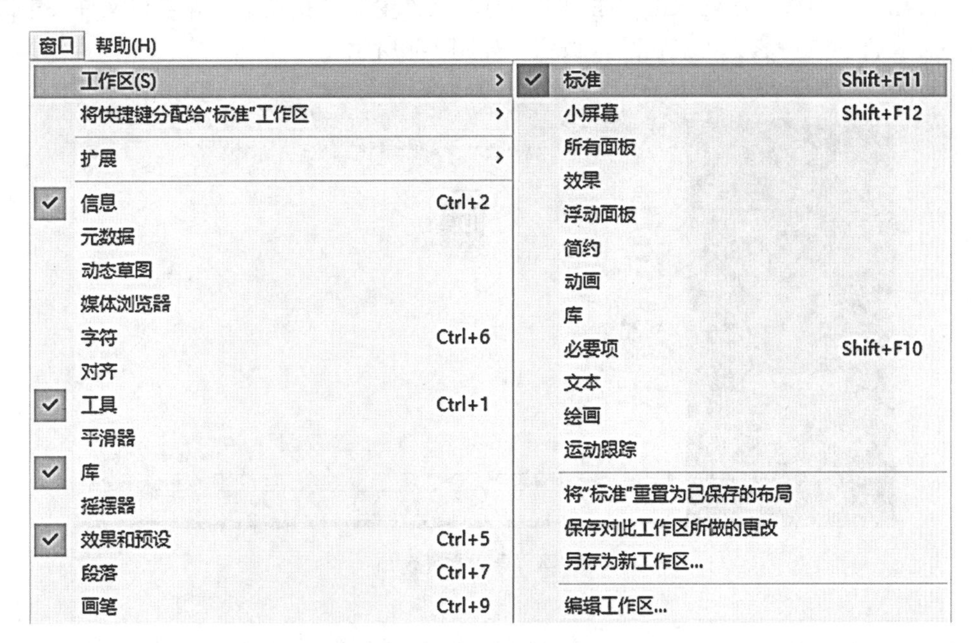

图 1-2　AE 切换工作区界面菜单项

击确定，如图 1-3 所示。

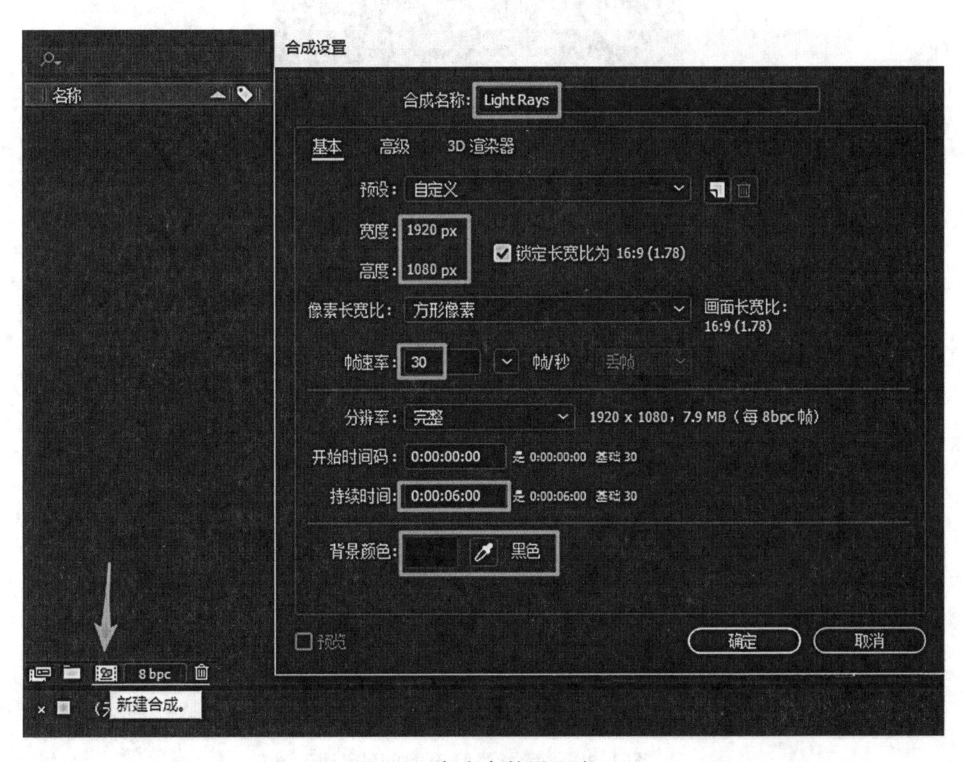

图 1-3　合成参数设置窗口

(2)在项目面板空白处双击，在弹出的打开文件窗口中找到本节课素材文件夹中的 JK logo. png 文件，选中它，再点击导入按钮。如图 1-4 所示。

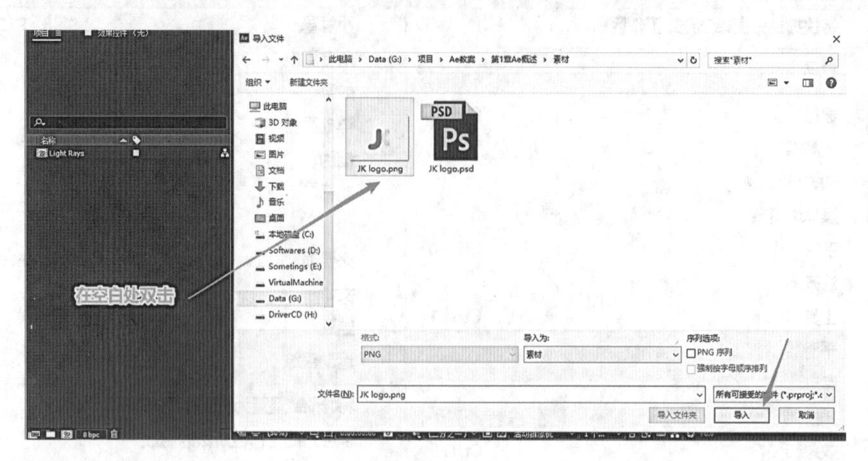

图 1-4　导入文件窗口

(3)选中项目面板中的 JK logo. png 文件，按住鼠标左键拖曳到时间线面板上。如图 1-5所示。

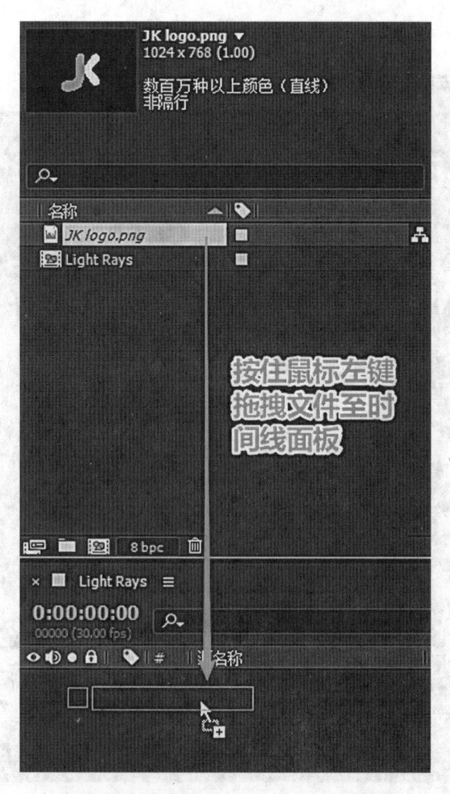

图 1-5　将素材添加至时间线面板

(4)在右侧的效果和预设面板中输入“填充”，在下方的搜索结果中找到“填充”效果，选中并按住鼠标左键不放，将其拖曳到合成面板上的 JK logo 上。如图 1-6 所示。

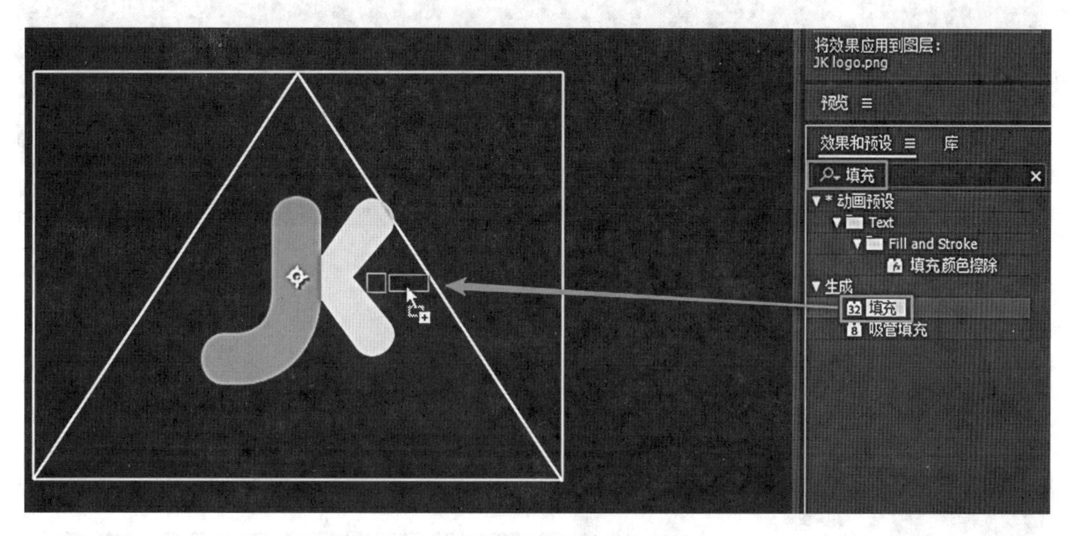

图 1-6　将效果添加到 JK logo 上

(5)在效果控件面板里更改“颜色”属性为“#838383”。如图 1-7 所示。

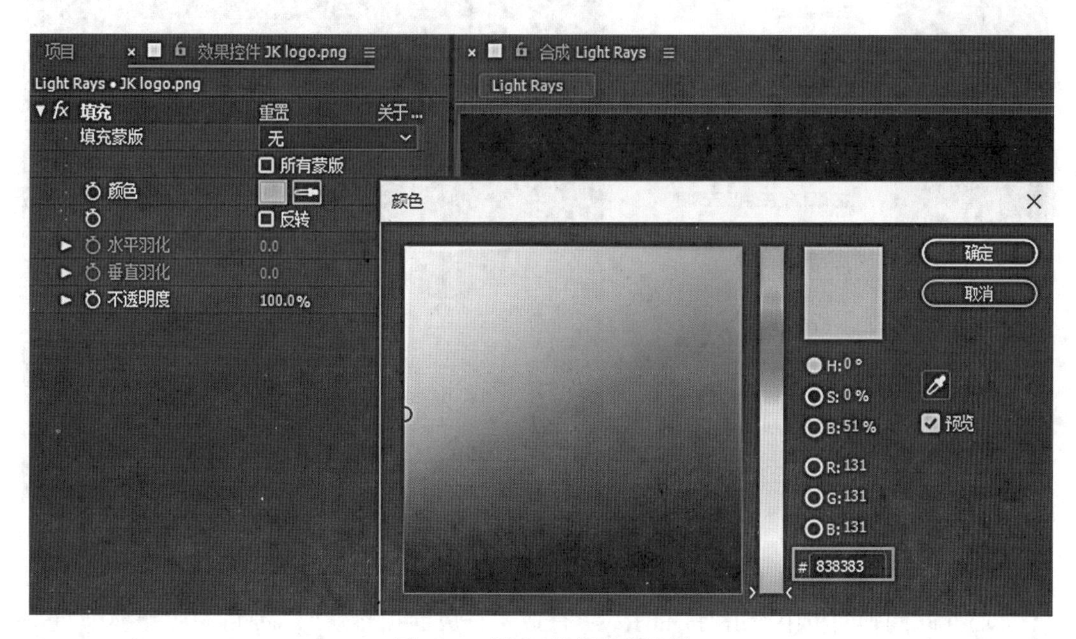

图 1-7　“填充”效果参数设置

(6)在时间线面板选中 JK logo. png 图层，按键盘上的[S]快捷键(使用快捷键时请确保当前使用的输入法是英文输入法)调出“缩放”属性，调节其值为(60. 0，60. 0%)。如图

1-8 所示。

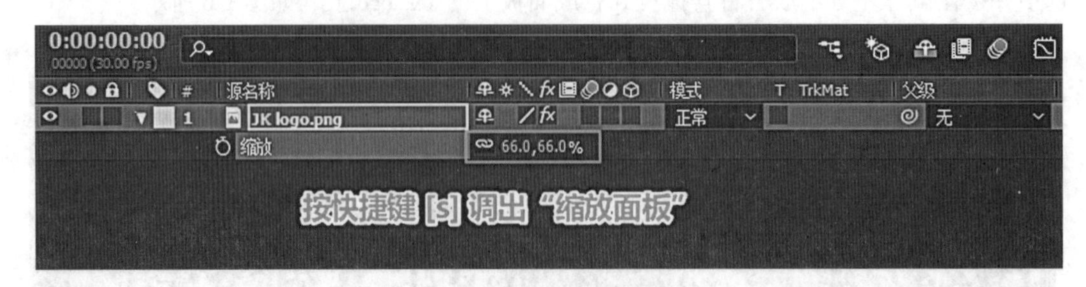

图 1-8　图层的“缩放”属性

(7)用鼠标右键点击时间线面板的 JK logo. png 图层，选择“预合成”命令。在弹出的预合成窗口中设置“新合成名称”为“Logo Inside”，并选中“将所有属性移动到新合成”选项。如图 1-9 所示。

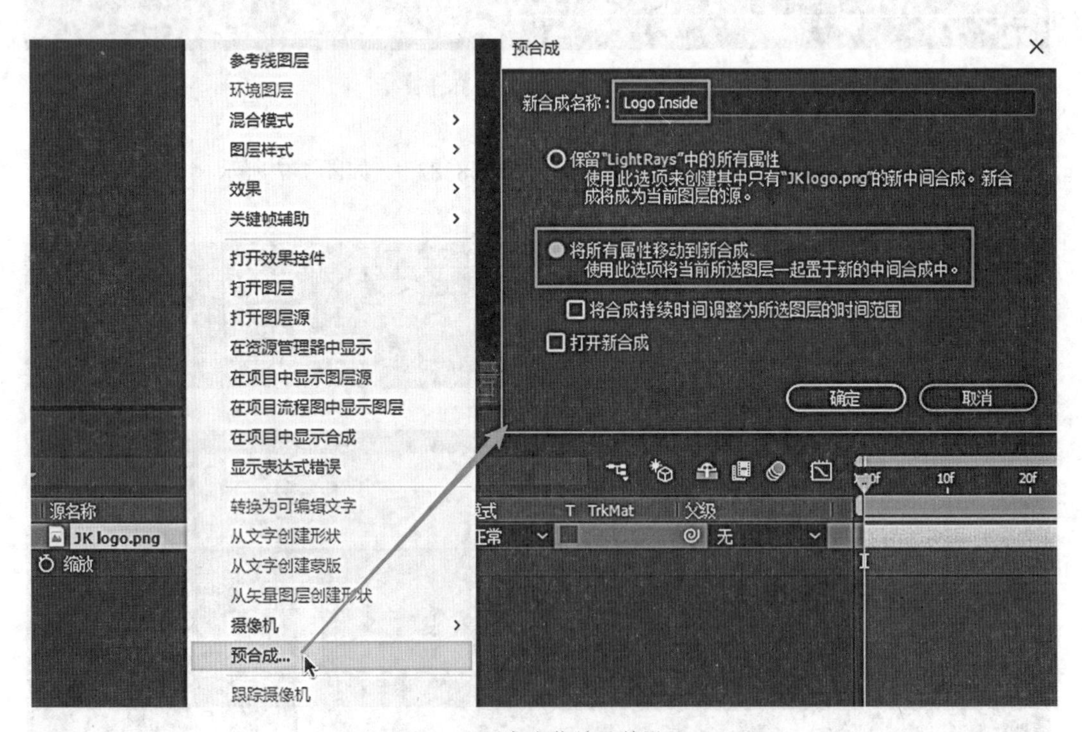

图 1-9　预合成菜单及其设置

(8)在时间轴面板中点击“Light Rays”合成，合成面板将从“Logo Inside”切换为“Light Rays”合成。在右侧的效果和预设面板中输入“CC Light Sweep”(可以不用输入完整，只要下面的搜索结果中显示了想要的效果即可)，在下方的搜索结果中找到“CC Light Sweep”效果，选中并按住鼠标左键不放，将其拖曳到合成面板上。如图 1-10 所示。

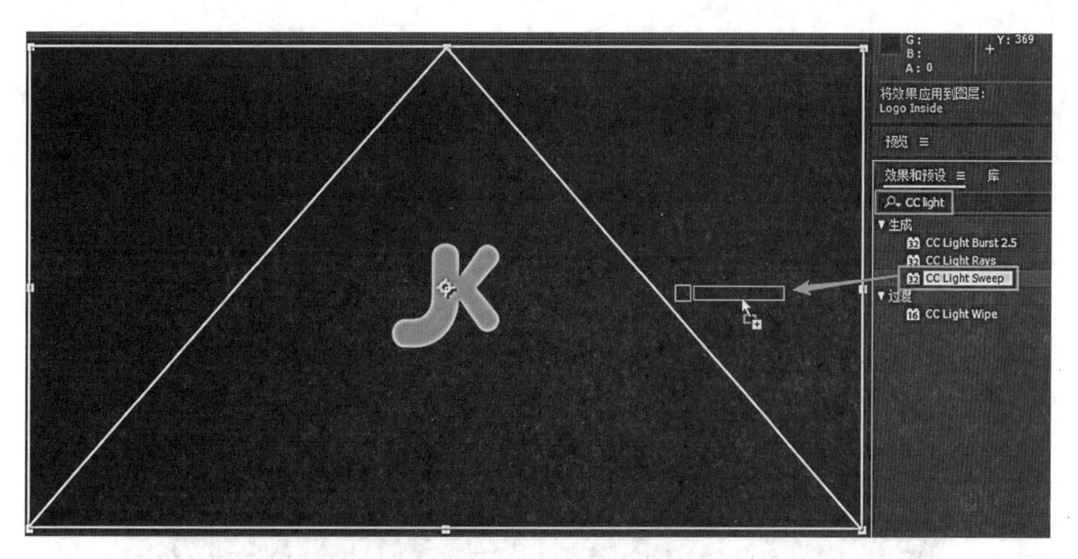

图 1-10　将“CC Light Sweep”效果添加到 Logo Inside 上

(9)在效果控件面板设置 CC Light Sweep 的“Light Reception”为“Cutout”，设置“Center”值为(960，540)。如图 1-11 所示。

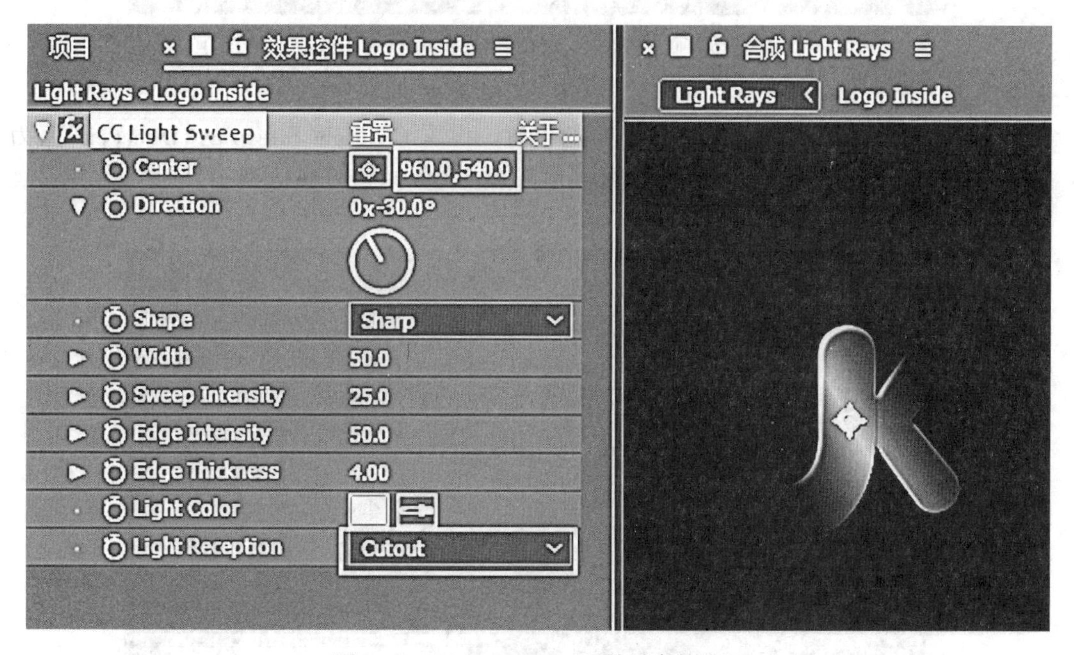

图 1-11　“CC Light Sweep”效果参数设置

(10)将时间轴拖到 0f(第 0 帧)的位置，然后用鼠标左键单击 CC Light Sweep 中“Direction”效果前面的码表图标，如图 1-12 所示。

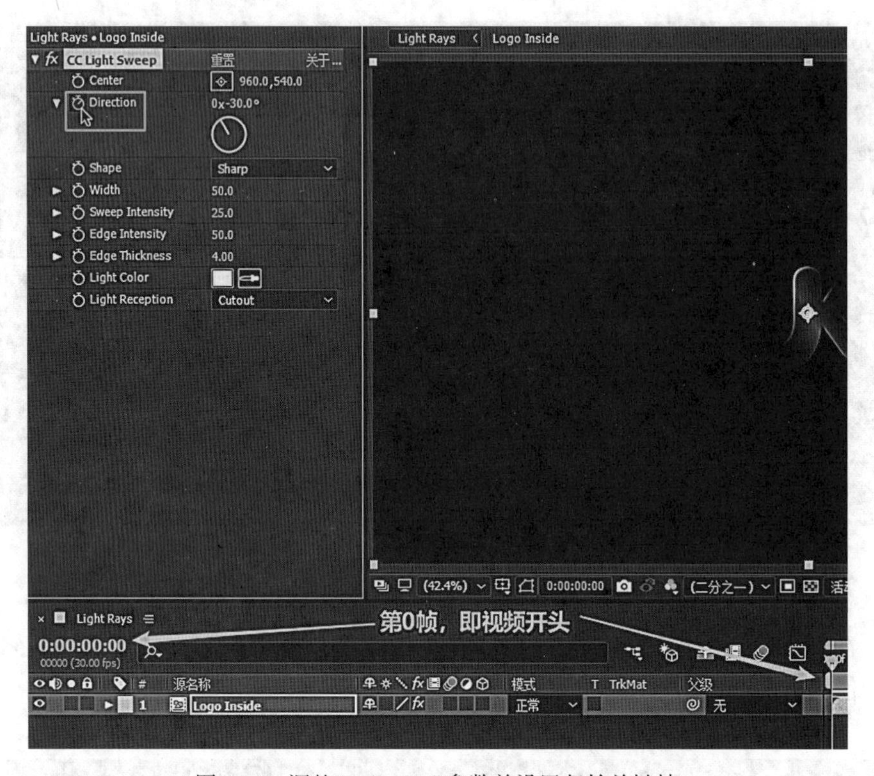

图 1-12　调整“Direction”参数并设置起始关键帧

(11)将时间轴拉到 04:00f(第四秒)的位置，设置 CC Light Sweep 的“Direction”值为“3x+330.0°”。按小数字键盘的[0]键可以预览播放视频。如图 1-13 所示。

图 1-13　调整“Direction”参数并设置末端关键帧

(12)在时间线面板选中 Logo Inside 图层，按快捷键[U]显示该层所有关键帧。鼠标框选两个关键帧，在其中任意一个关键帧上点击鼠标右键，执行“关键帧辅助→缓动”命令(也可以选中两个关键帧，再按快捷键 F9 实现相同的效果)。如图 1-14 所示。

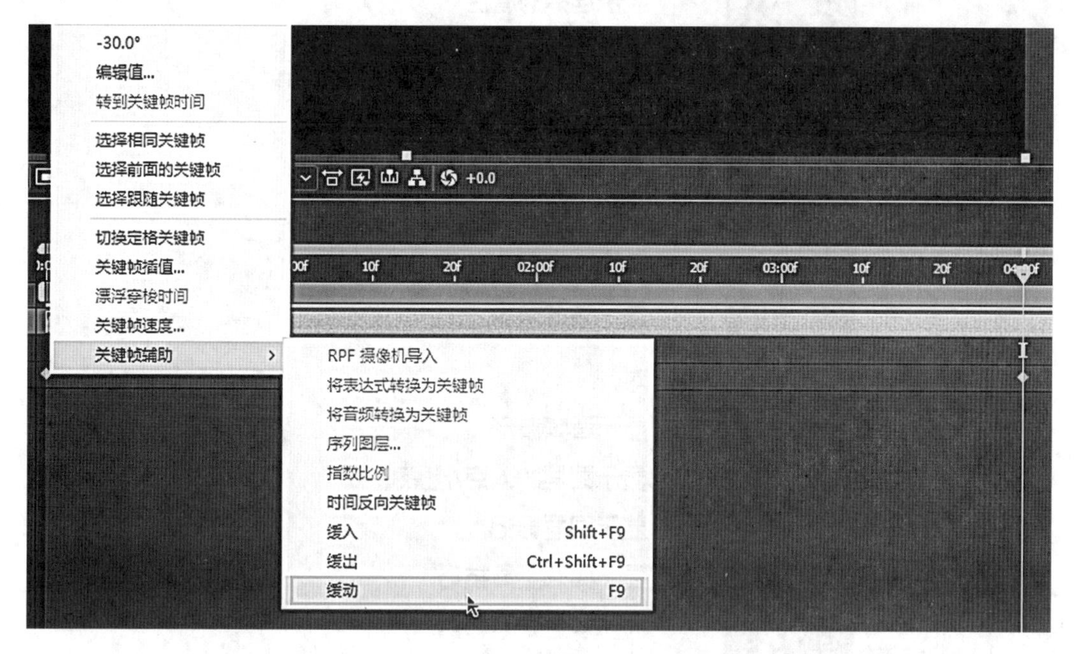

图 1-14　设置关键帧动画为“缓动”

(13)选中时间线面板 Logo Inside 图层下方的“Direction”项，点击“图标编辑器”按钮。如图 1-15 所示。如果显示的曲线与图 1-15 不一致，请在图表空白处右键单击，在下拉列表中，确认是否勾选“编辑速度图表”选项。如图 1-16 所示。

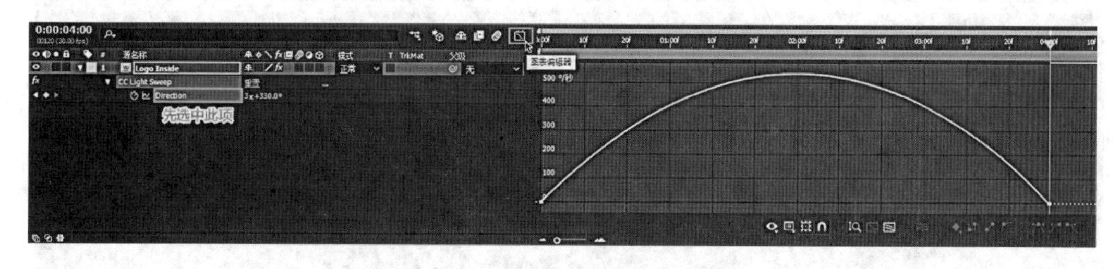

图 1-15　编辑关键帧动画曲线

(14)框选第四秒位置的曲线终点，拖动其黄色曲率臂至 2 秒处左右(可以按住[Shift]键同时拖动，这样拖动的轨迹基本是在一条直线上)。如图 1-17 所示。

(15)将时间轴拖至 0f(第 0 帧)的位置，鼠标左键点击 CC Light Sweep 中“Width”效果前面的码表，打上动画关键帧，并设置“Width”值为 0。如图 1-18 所示。

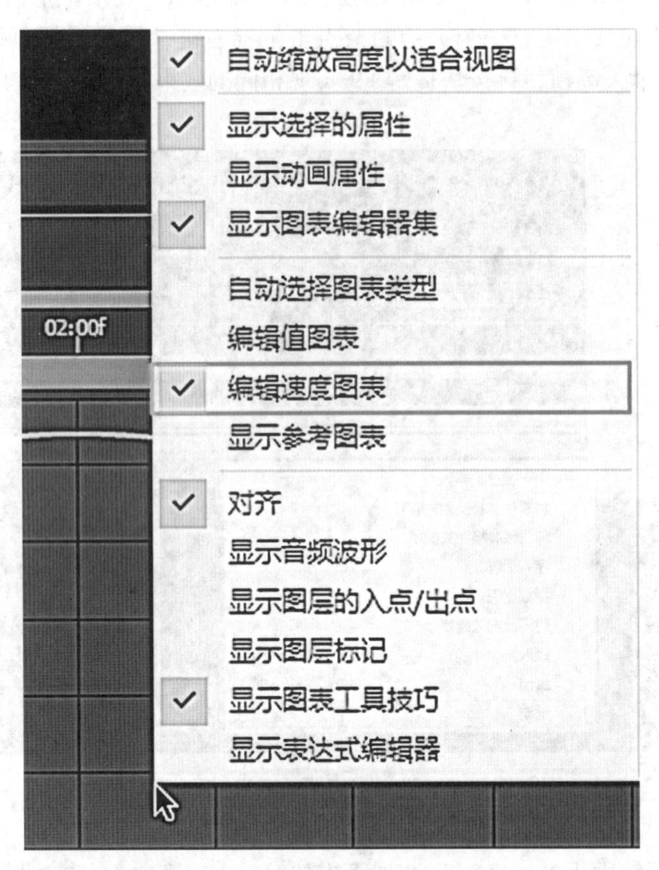

图 1-16 “编辑速度图表”的菜单项

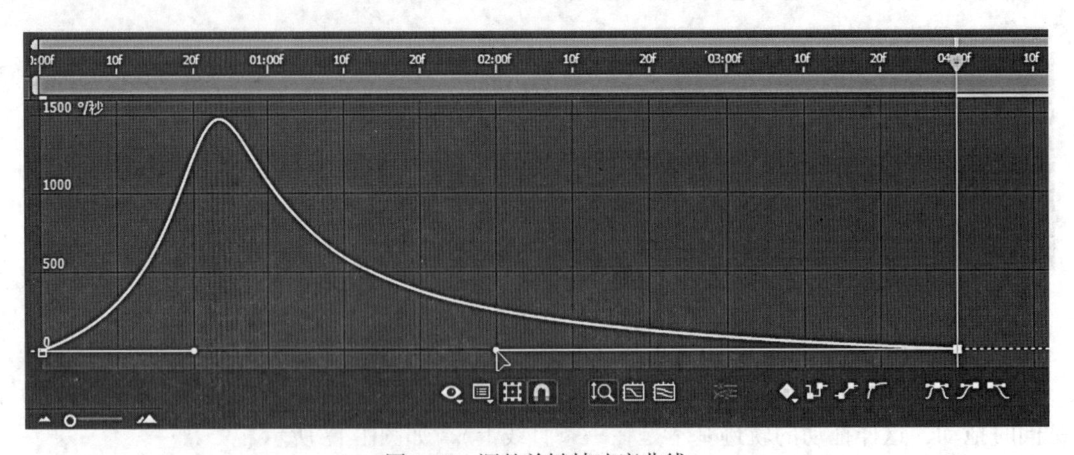

图 1-17 调整关键帧速度曲线

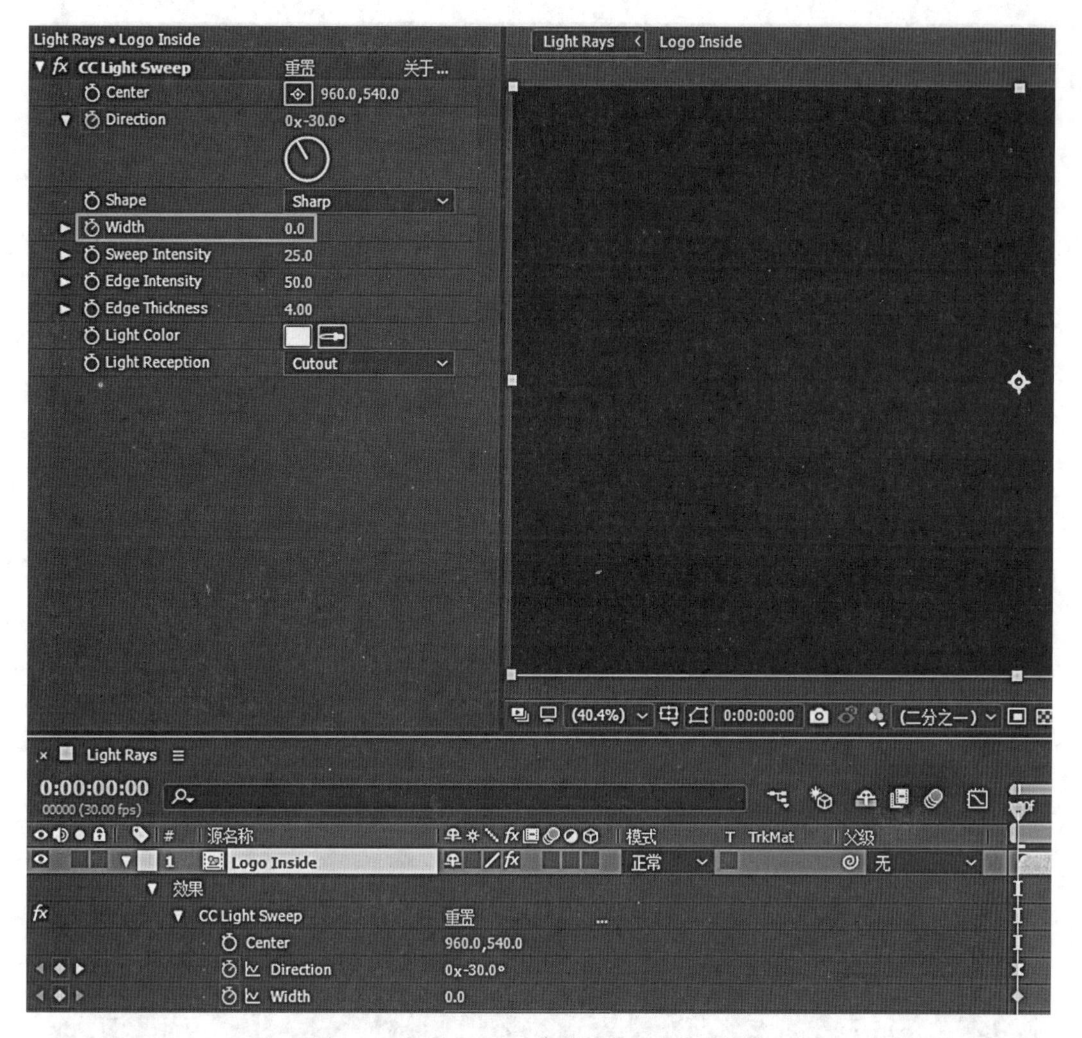

图 1-18　调整“Width”参数并设置起始关键帧

(16)将时间轴拖至 20f(第 20 帧)处，设置“Width”值为 50。如图 1-19 所示。

(17)在右侧的效果和预设面板中输入“Radial”，在下方的搜索结果中找到“CC Radial Fast Blur”效果，选中并按住鼠标左键不放，将其拖曳到合成面板上。如图 1-20 所示。

(18)设置 CC Radial Fast Blur 效果的“Zoom”模式为“Brightest”“Amount”值为 96，“Center”值为(960，540)。设置 CC Light Sweep 效果的“Light Color”为#F8A500。如图 1-21 所示。

(19)在时间线面板选中 Logo Inside 图层，按快捷键“Ctrl+D”快速复制一层，鼠标拖动新复制的图层(最上面的层)的时间块至 1:17f(1 秒 17 帧)左右的位置，并设置 CC Light Sweep 中的“Light Color”值为#0063F8。如图 1-22 所示。

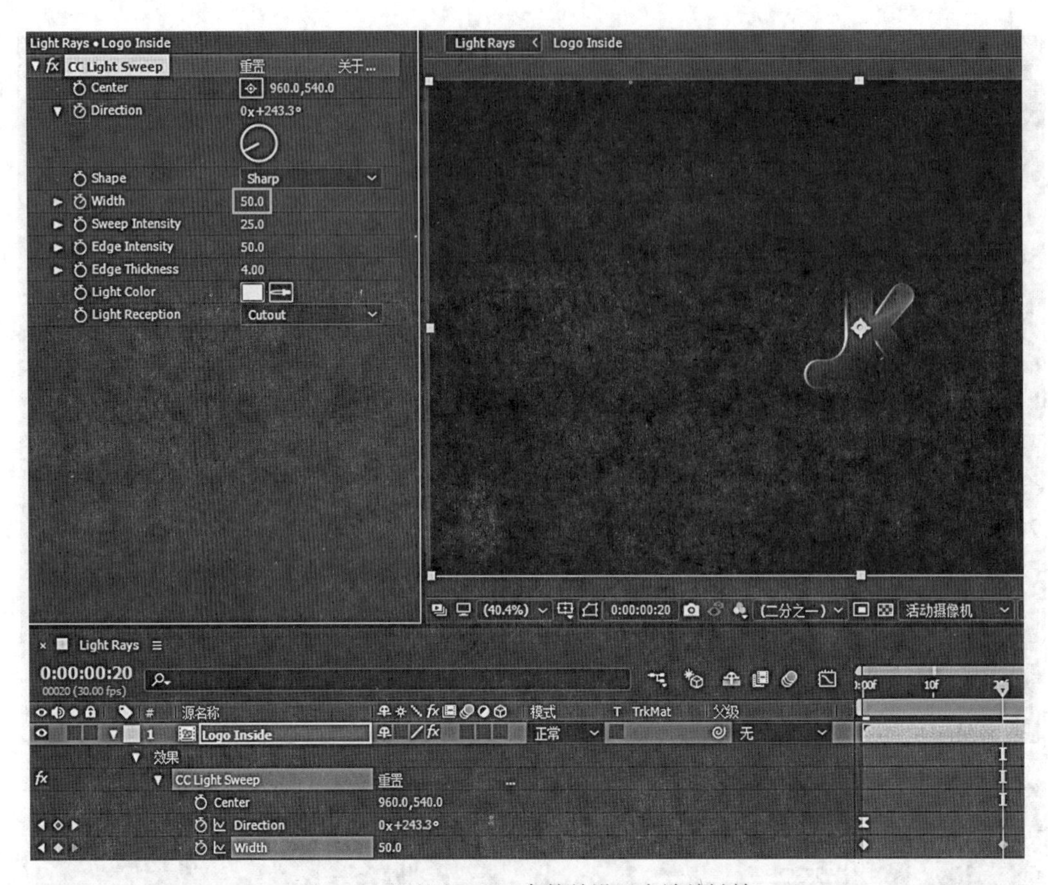

图 1-19　调整“Width”参数并设置末端关键帧

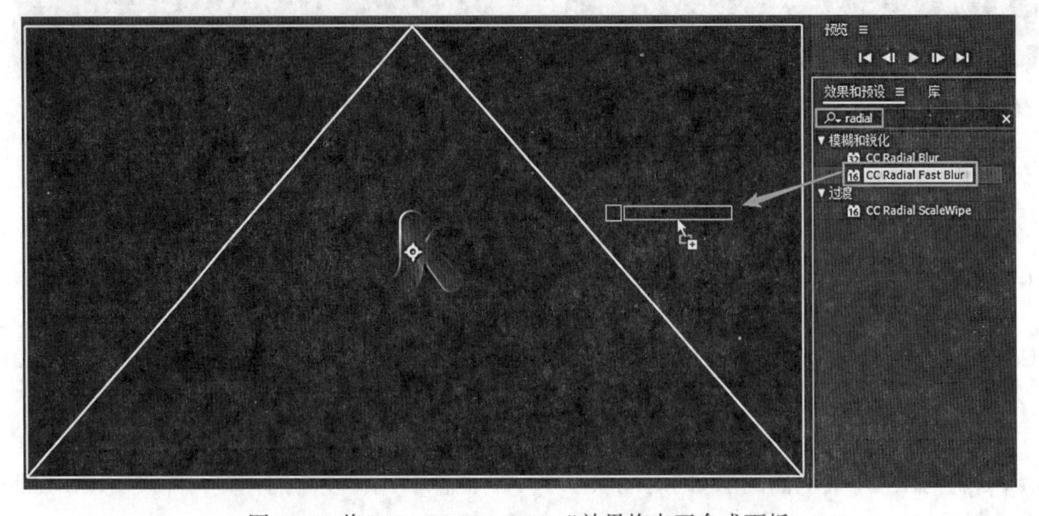

图 1-20　将“CC Radial Fast Blur”效果拖曳至合成面板

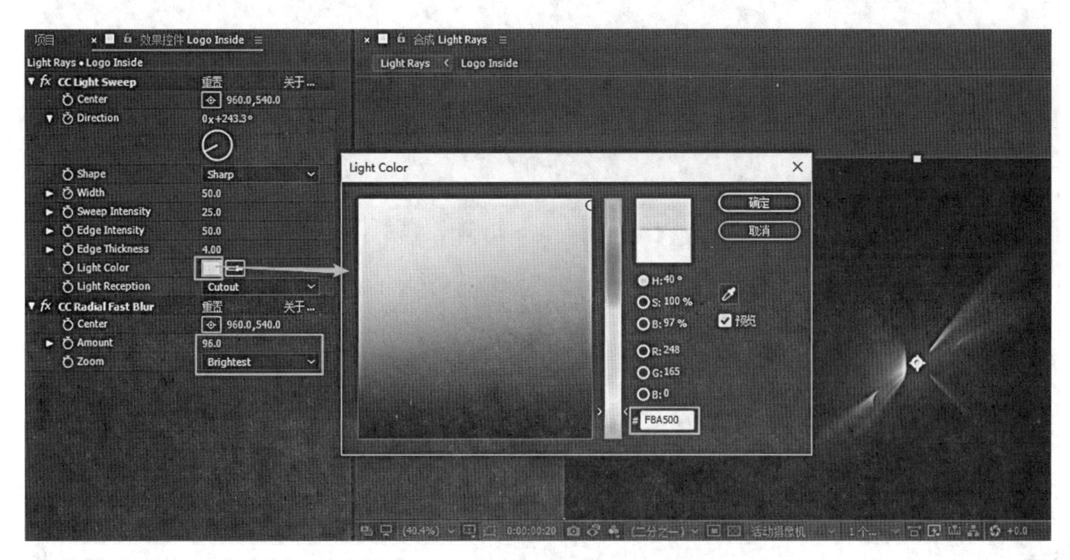

图 1-21　两个效果的参数设置

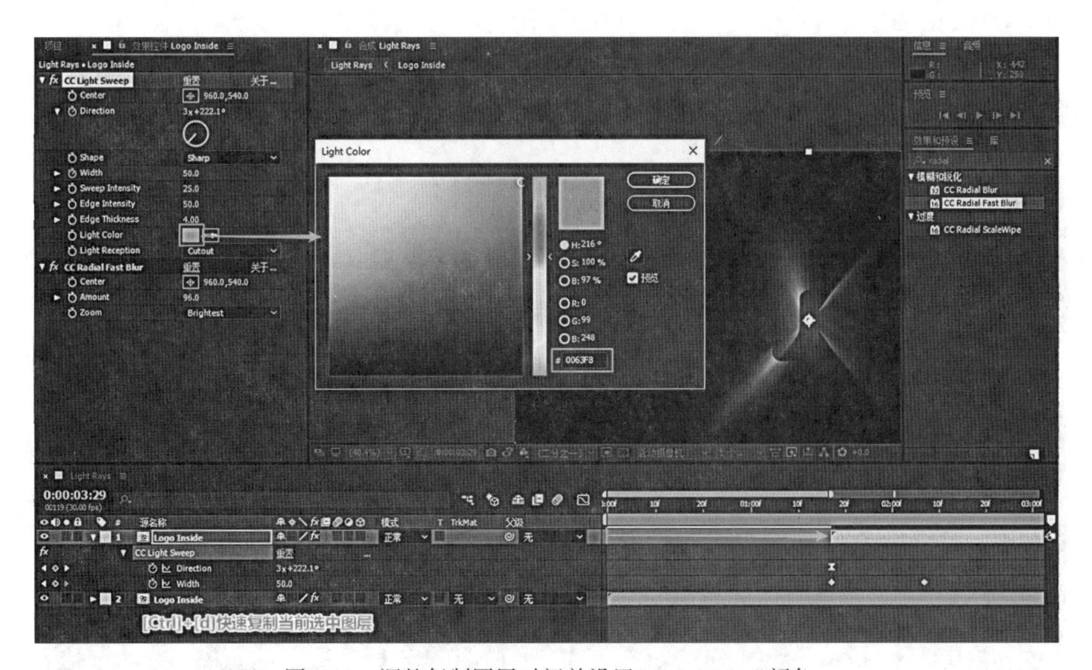

图 1-22　调整复制图层时间并设置“Light Color”颜色

(20)在右侧的效果和预设面板中输入“发光”，在下方的搜索结果中找到“风格化→发光”效果，选中并按住鼠标左键不放，将其拖曳到合成面板上，再将其拖曳到另外一个图层上，使得两个图层都应用该效果。如图 1-23 所示。

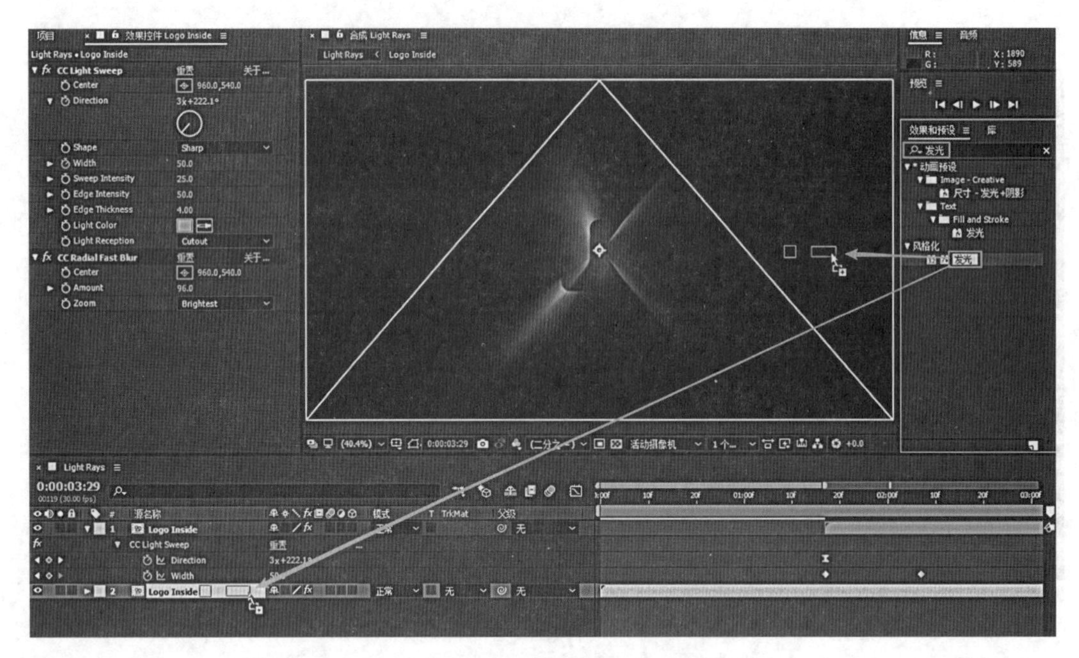

图 1-23　将“发光”效果添加至两个图层上

(21)切换到项目面板，点击下方的“8bpc”，在弹出的窗口中选择“颜色设置”选项卡，将“深度”改为“每通道 16 位”。如图 1-24 所示。

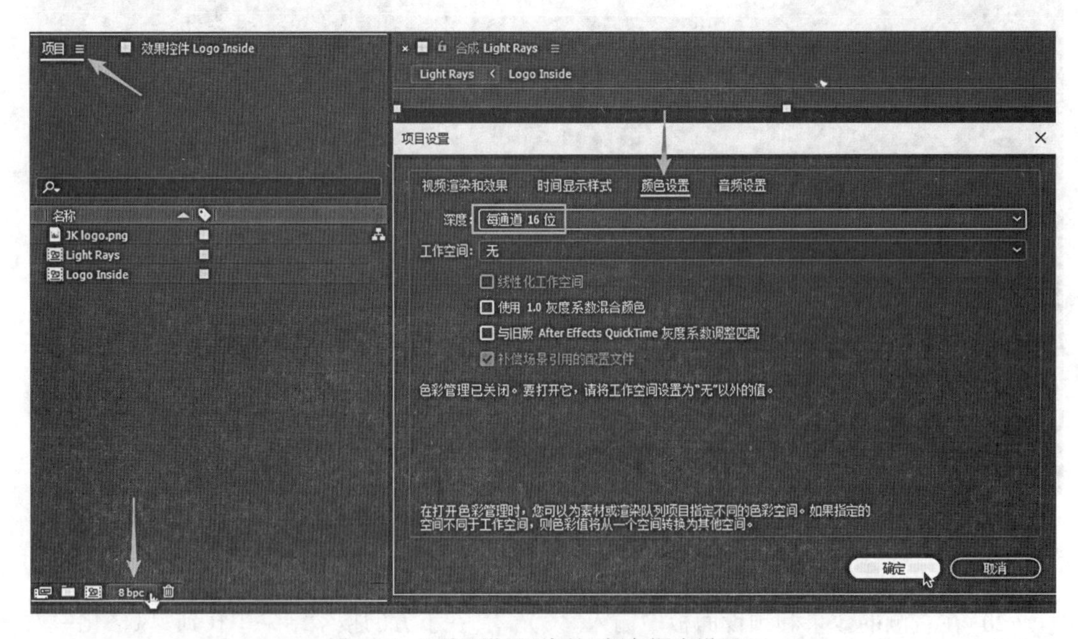

图 1-24　“项目设置”中的“颜色深度设置”

(22)将两个图层的发光效果中的“Glow Radius”数值设置为 100(按住[Alt]键点击项目面

板下方的 16bpc，可以改变颜色深度(这里不需要)，设置为 16 即可)。如图 1-25 所示。

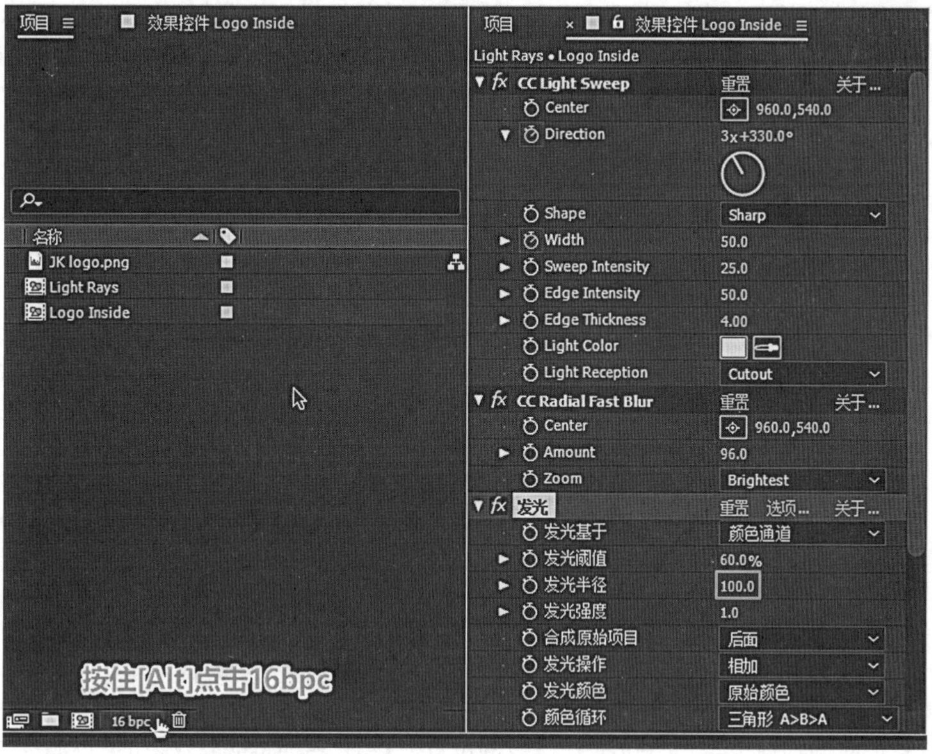

图 1-25　“Glow Radius”的参数设置

(23)把时间轴移动到第一个 Logo Inside 层的最后一个关键帧的位置，调整第一个 Logo Inside 层 CC Light Sweep 效果的“Direction”值为 3x+235.0°。如图 1-26 所示。

图 1-26　设置“Direction”末端关键帧参数

(24)选中第二个 Logo Inside 层，按“Ctrl+D”复制一层，按 Enter 键重命名新复制图层为“Logo Reveal”，删除新复制层的所有效果控件。在右侧的“效果与预设”面板上分别搜索“填充”和“径向擦除”效果，添加到新复制层合成上，填充颜色设置为白色。如图 1-27 所示。

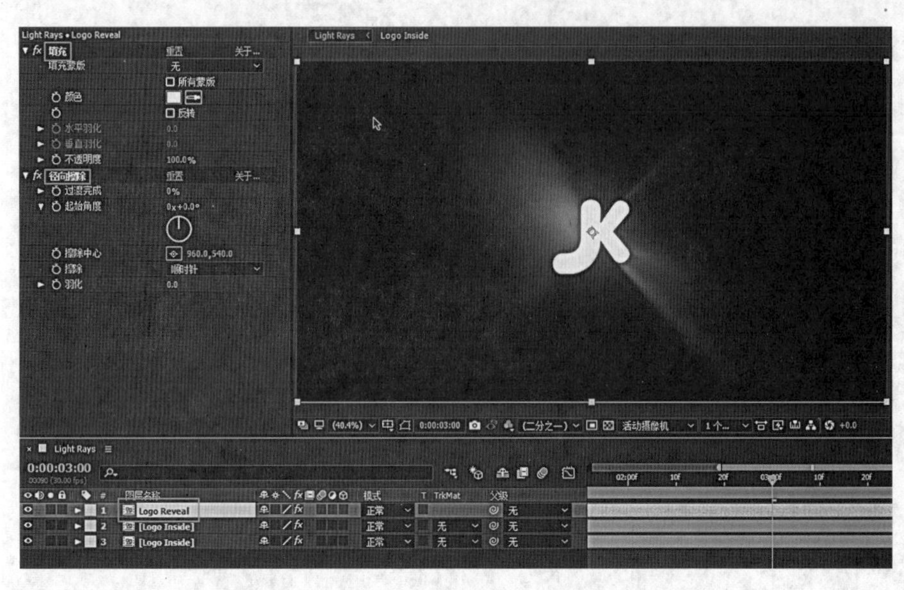

图 1-27　复制图层并添加“填充”和“径向擦除”效果

(25)把时间轴拖曳至 03:00f(第三秒)的位置，设置“径向擦除”效果的“过渡完成”值为 100%，“擦除”模式为“逆时针”，“羽化值”为 50。并点击“过渡完成”前的码表以打上关键帧。如图 1-28 所示。

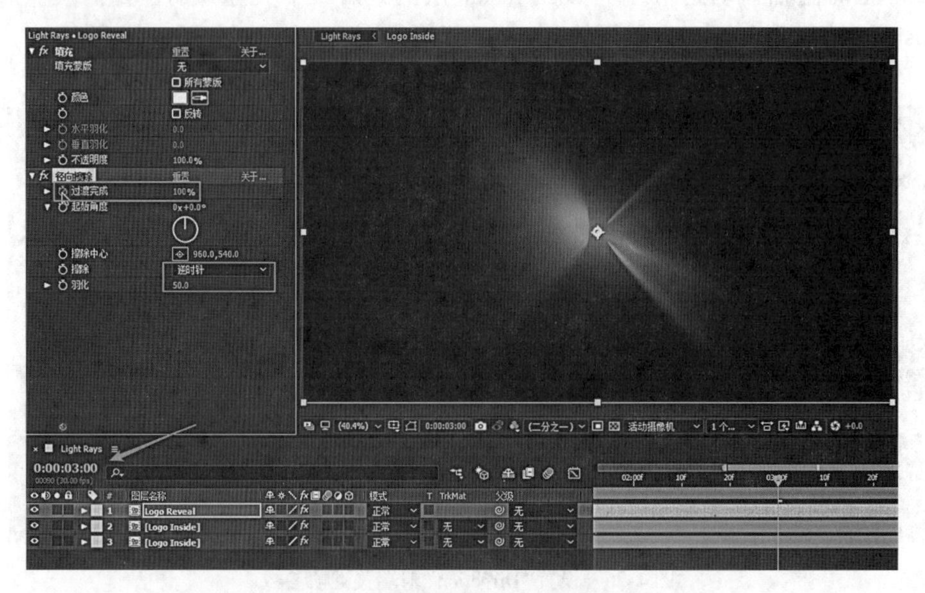

图 1-28　“径向擦除”效果的参数设置

(26)把时间线拖曳至 05:00f(第 5 秒)的位置，设置“径向擦除”效果的“过渡完成”值为 0%。如图 1-29 所示。

图 1-29　“过渡完成”参数设置

(27)选中 Logo Reveal 层，按快捷键[U]显示所有关键帧的属性，选中该图层的两个关键帧，将其往前拖曳，后一个关键帧大概在 04:07 的位置，按快捷键 F9 快速设置关键帧为“缓动”效果。如图 1-30 所示。

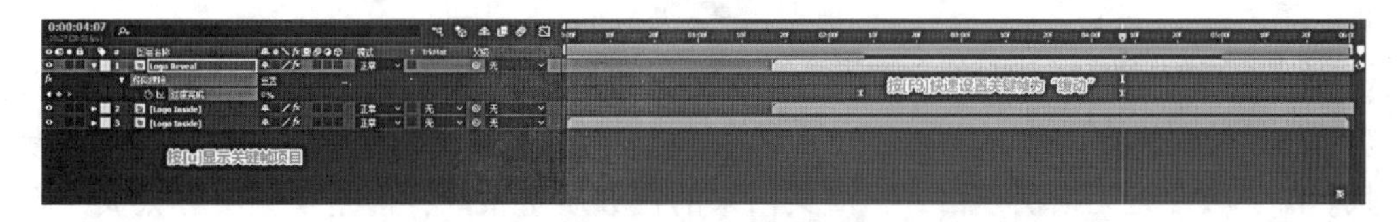

图 1-30　设置 Logo Reveal 层关键帧动画“缓动”

(28)点击时间线面板的“图表编辑器”按钮，拖曳右边点的力臂至 03:08 左右。如图 1-31 所示。

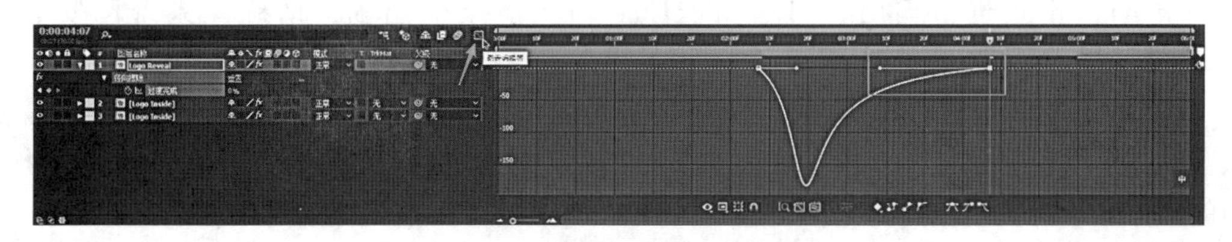

图 1-31　调整关键帧速度曲线

实例二：渲染输出流程

合成制作完成之后，我们就可以把做好的视频合成输出成视频格式了。AE 有两种渲染输出方法：一是用自带的渲染输出，二是链接到 Adobe Media Encoder 的渲染输出。

用自带的渲染输出

(1)执行"文件→导出→添加到渲染队列"，如图 1-32 所示。

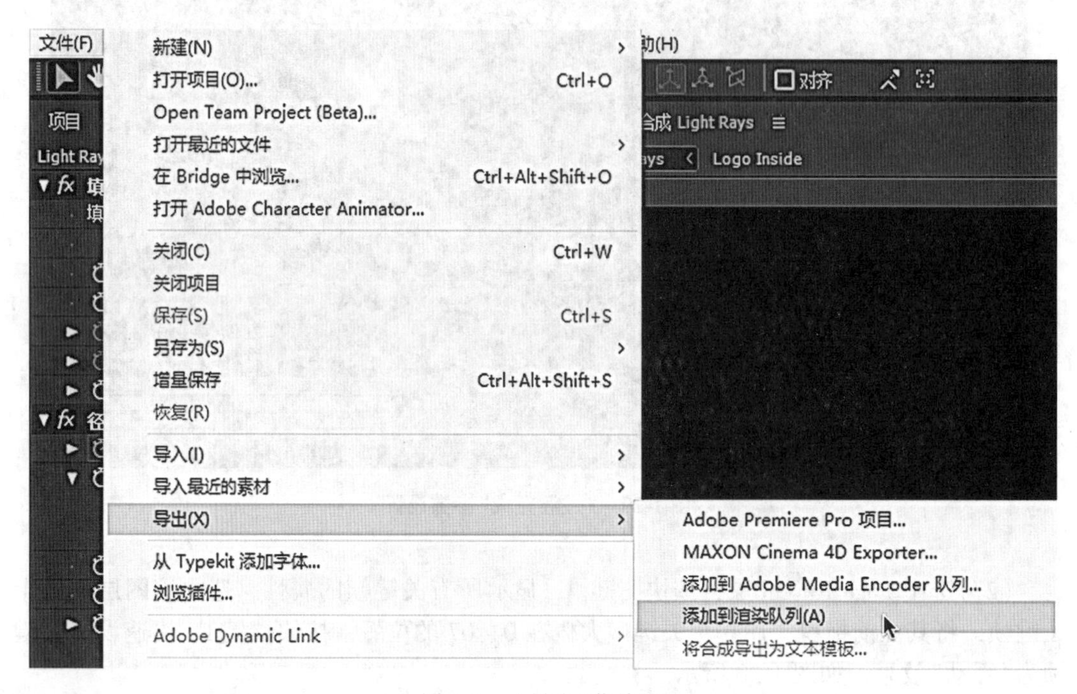

图 1-32　"导出"菜单项

(2)将时间线面板切换到"渲染队列"区，点击输出模块后面的"自定义:AVI"，弹出的窗口就是输出模块设置，这里可以设置输出视频的格式、输出的通道、视频颜色深度等参数。由于 AVI 是无损视频格式，渲染出来的视频质量很高，但是视频文件太大，不方便在设备、文件间进行传输，所以除了特殊要求，我们一般不使用 AVI 格式渲染输出视频。

一般地，我们使用"QuickTime"格式或者"PNG 序列"进行渲染输出。因为这两个渲染输出的作品质量和大小都能满足要求，而且支持 Alpha 透明通道。这里我们选择"QuickTime"格式进行输出。(以 QuickTime 格式渲染输出前，请确保系统已安装好 QuickTime 播放器)如图 1-33 所示。

(3)我们之前做的动画其实是带有透明通道的，只不过为了方便观察，After Effects 默认会给一个黑色背景色。点击合成面板下方的"切换透明网格"图标，合成窗口就会将透明的地方显示为灰白相间的网格，这与 Adobe Photoshop 中是一样的。如图 1-34 所示。

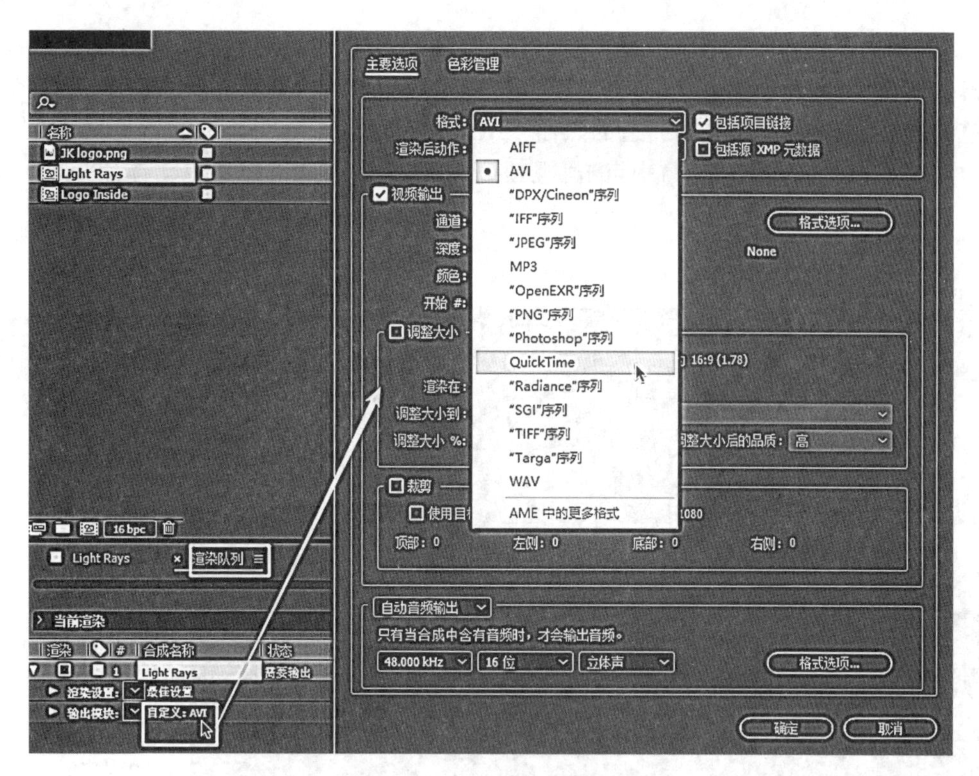

图 1-33　渲染输出模块“格式”设置

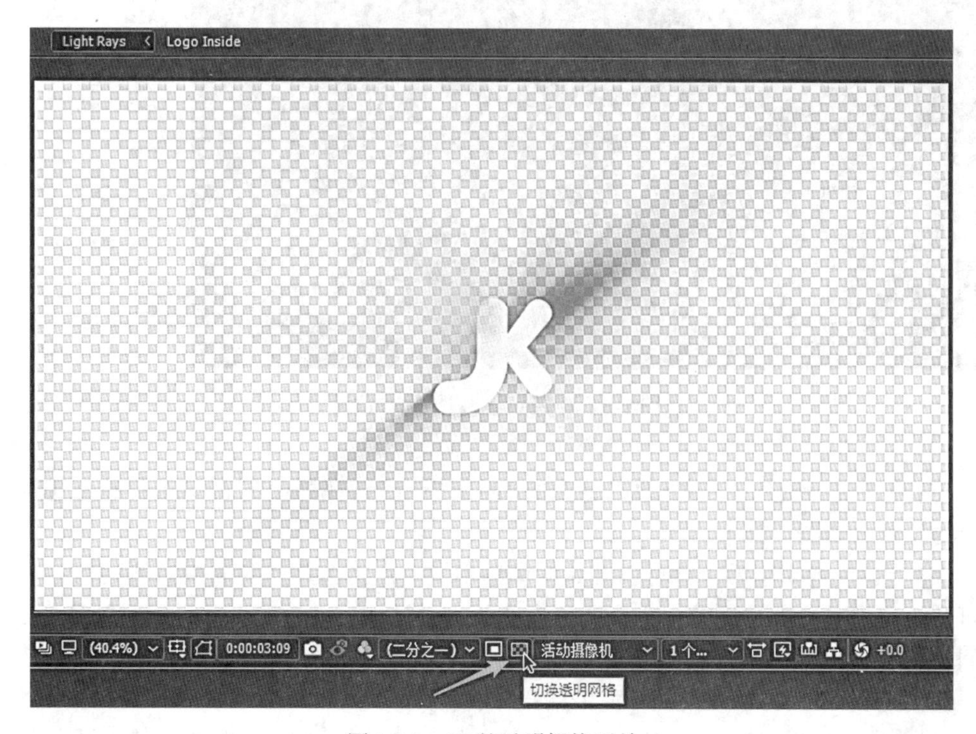

图 1-34　AE 的透明栅格开关

(4)如果不想做出来的东西是固定的黑色背景，可以带透明输出，但还需要改动“输出模块设置”中的几个参数：“通道”设置为“RGB+Alpha”(通道有三种：RGB是不带透明通道的彩色，Alpha是带透明通道的黑白，RGB+Alpha是带透明通道的彩色)。点击右边的“格式选项”，在弹出的窗口中点击“视频编解码器”后面的下拉菜单，选择“动画”。如图1-35所示。

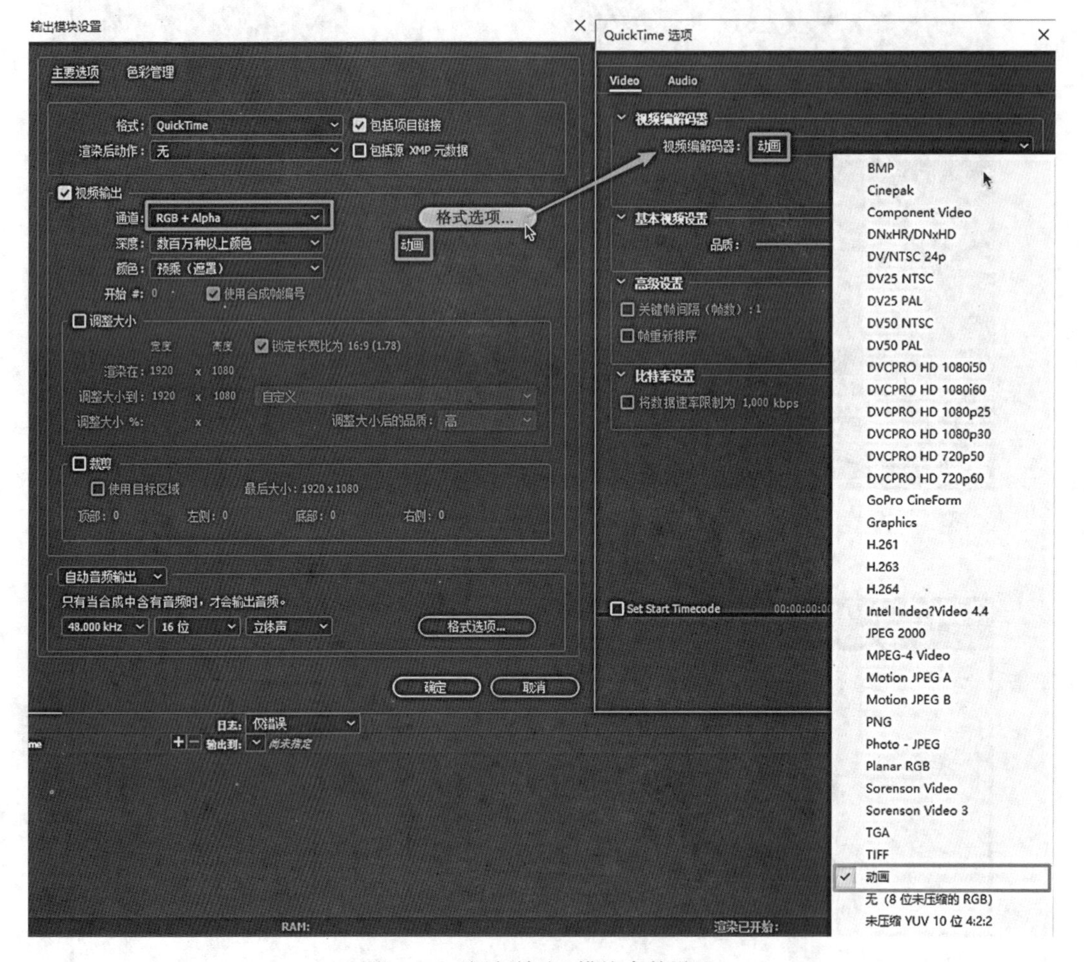

图1-35 “视频输出”模块参数设置

(5)点击渲染队列中“输出到”后面的“尚未指定”，在弹出的窗口选择视频渲染输出存放的位置。如图1-36所示。

(6)上述设置完毕后，就可以开始渲染输出了。点击渲染队列面板右侧的“渲染”按钮即可开始渲染。渲染过程中，会有蓝色进度条实时显示渲染进度，并且实时计算显示已用时间、剩余时间、RAM(内存)资源占用百分比等数据。如图1-37所示。

链接到Adobe Media Encoder渲染输出

(1)Adobe Media Encoder是Adobe公司出品的专业视频和音频编码应用程序。Media

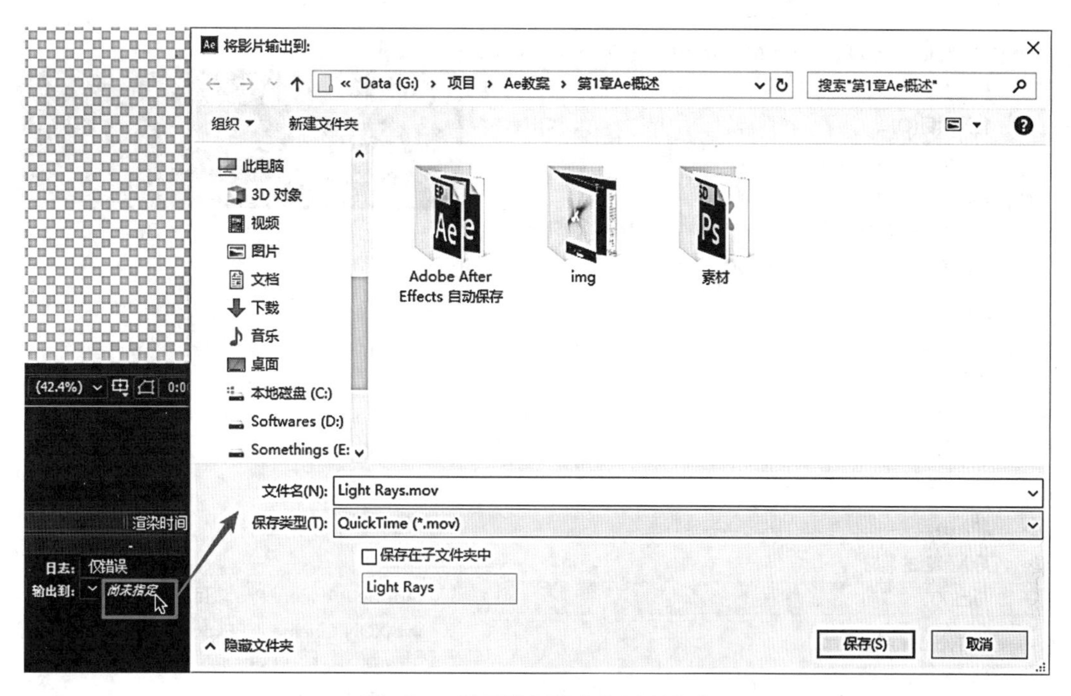

图 1-36　设置视频输出位置和名称

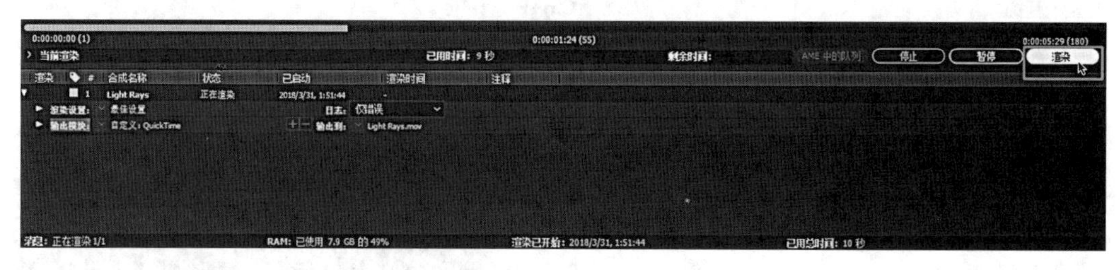

图 1-37　渲染面板

Encoder 支持更多的视频渲染输出格式，例如常见的 MP4、RMVB 等。在利用 After Effects 通过 Media Encoder 程序渲染输出视频之前，需要系统已经安装 Adobe Media Encoder 程序。

执行“文件→导出→添加到 Adobe Media Encoder 队列”命令。如图 1-38 所示。Media Encoder 程序会自动开启。

(2)打开后，右侧队列中会呈现刚刚在 After Effects 做好的工程项目，默认是用“H. 264”编码、以“. mp4”格式输出的中等比特率质量的视频。任意点击“H. 264”或者“匹配源-中等比特率”，会先弹出“正在连接到动态链接服务器”，过一会儿弹出“导出设置”窗口。用过 Adobe Premiere Pro 程序的人看着这个界面就会觉得倍感亲切了，因为 Premiere Pro 的导出设置窗口与这个一模一样。如图 1-39 所示。

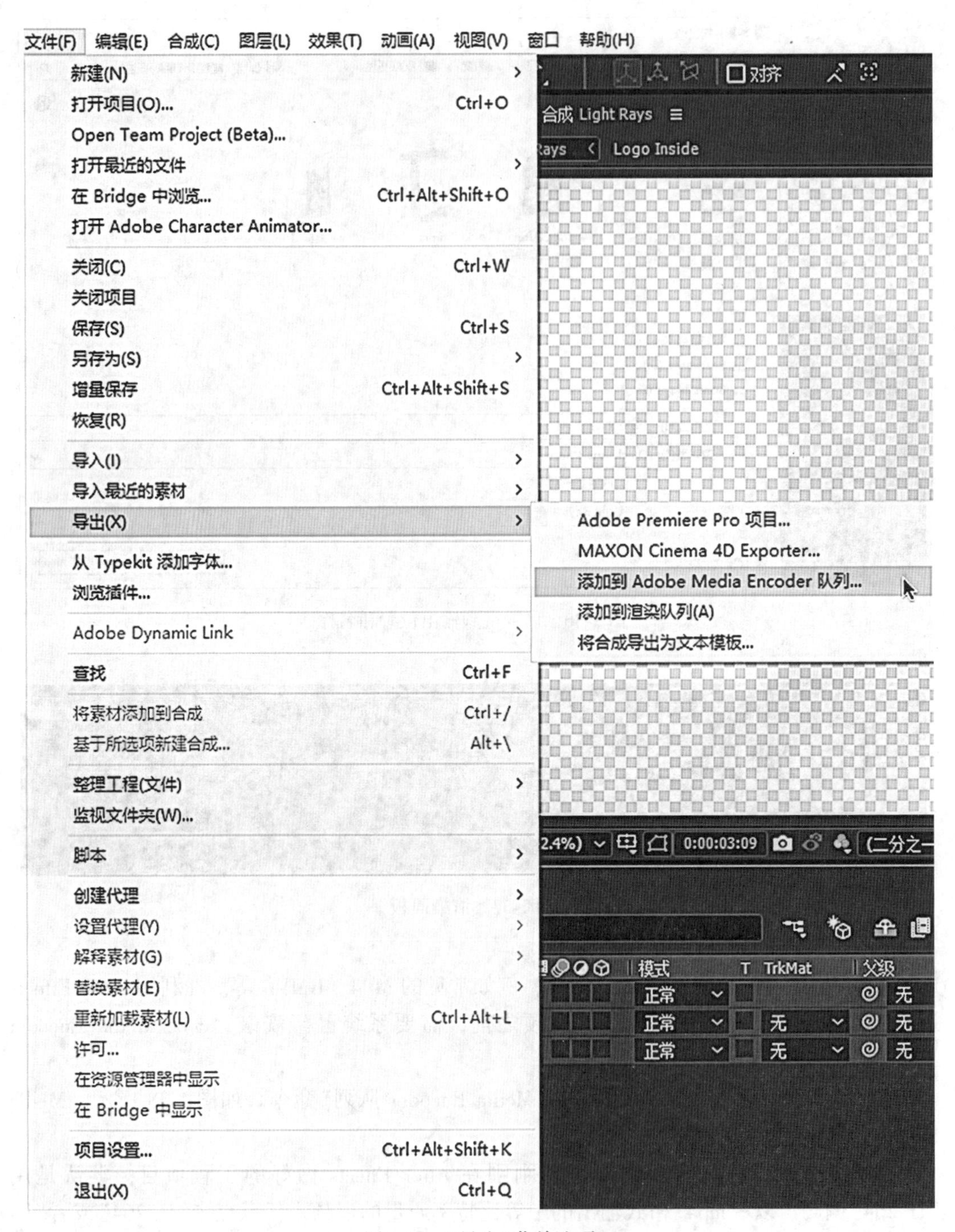

图 1-38 “导出”菜单选项

(3)保持“导出设置”中“格式”为 H. 264，由于我们做的合成并没有音频，所以取消勾选“导出音频”选项。预设中的选项是程序预先设定好的一些导出设置，每个预设参数设

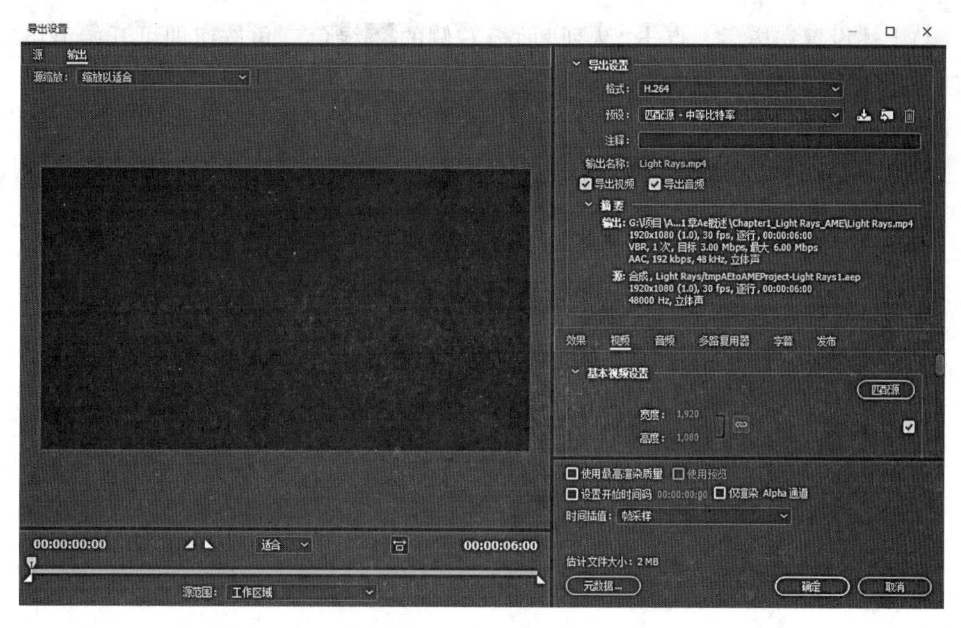

图 1-39　“导出设置”窗口

置非常固定，所以当取消勾选“导出音频”选项时，“预设”会变成“自定义”。如图 1-40 所示。

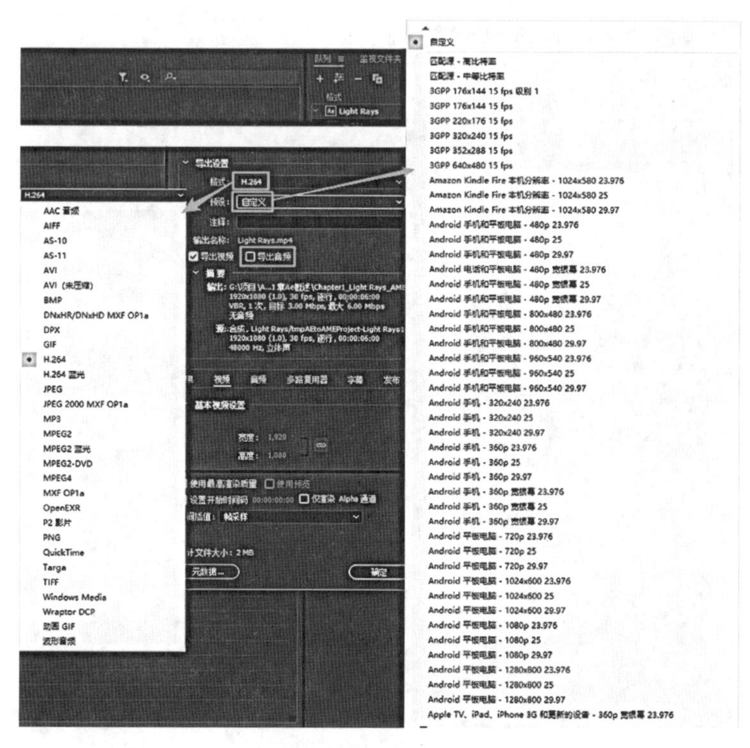

图 1-40　导出参数设置

(4)上述设置完毕后，点击“队列”面板右侧的▶绿色三角按钮即可开始渲染输出。在渲染输出过程中，下方的编码区域会有缩略图实时显示渲染画面，显示渲染进度。

实验二　After Effects 基础动画合成

实验目的

1. 了解 After Effects 制作影视后期动画的基本流程。
2. 掌握关键帧的基本设置。
3. 制作《龙猫小动画》和《清明上河图》。

实验学时

4 学时

实验器材

多媒体计算机、Windows 7、Adobe After Effects CC 2017 版

实验原理

After Effects 与 Flash 相比较有一个很大的优点就是做动画十分便捷，可以提高视频的制作效率，而且 AE 的主要操作流程与 Flash 极为相似，都是图层式操作的软件，这样大大降低了学习成本。在使用 AE 的过程中，图层是一个很重要的概念，因为所有的效果、合成都是基于图层来制作和操作的。

本实验通过两个案例带领大家逐步掌握基于图层式操作软件的基本视频制作流程，熟悉图层的位置、缩放、旋转、不透明度等属性，掌握基本的关键帧动画的设置与制作。

实验内容

实例一：龙猫小动画

(1)点击 AE 菜单栏“合成—新建合成”（或者按住“Ctrl+N”）命名为“第二章练习”，如图 2-1 所示。然后点击 AE 菜单栏“文件—导入—文件”(或者按住“Ctrl+I”)导入素材，如图 2-2 所示。

(2)在项目面板中将“第二章动画素材”合成拖入时间轴面板并双击打开，然后选择“向后锚点工具”，移动各个图层的中心点，为制作动画做准备(或者选择图层，按住 A 键，展开锚点属性，更改锚点参数将锚点移到图像中心)，如图 2-3、2-4、2-5 所示。

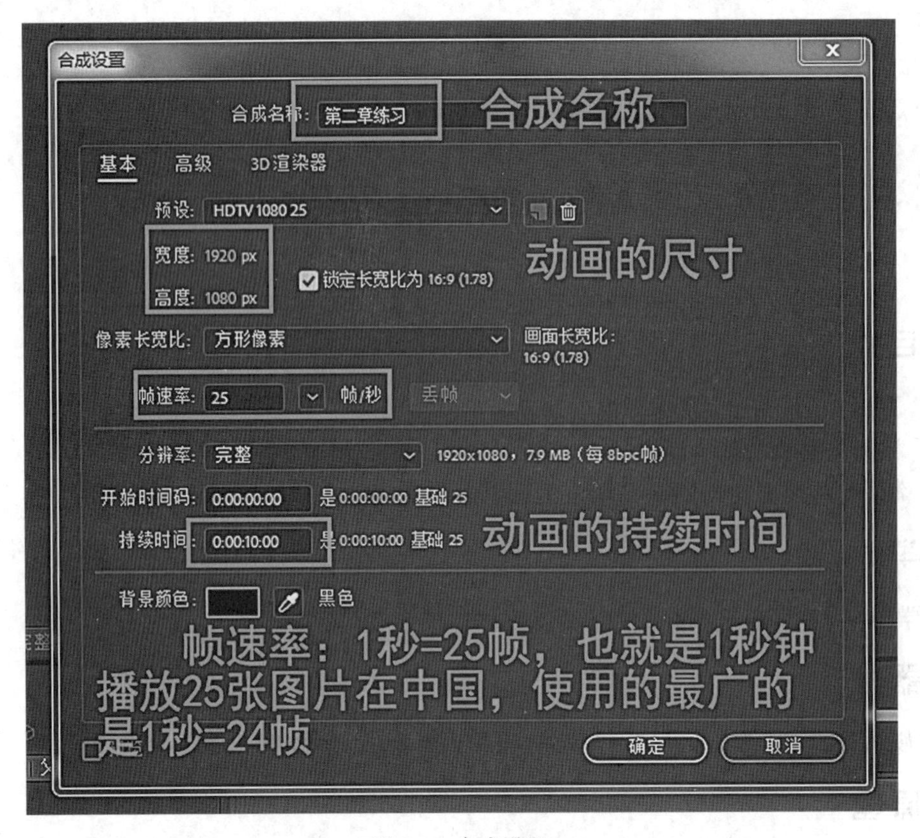

图 2-1　合成设置

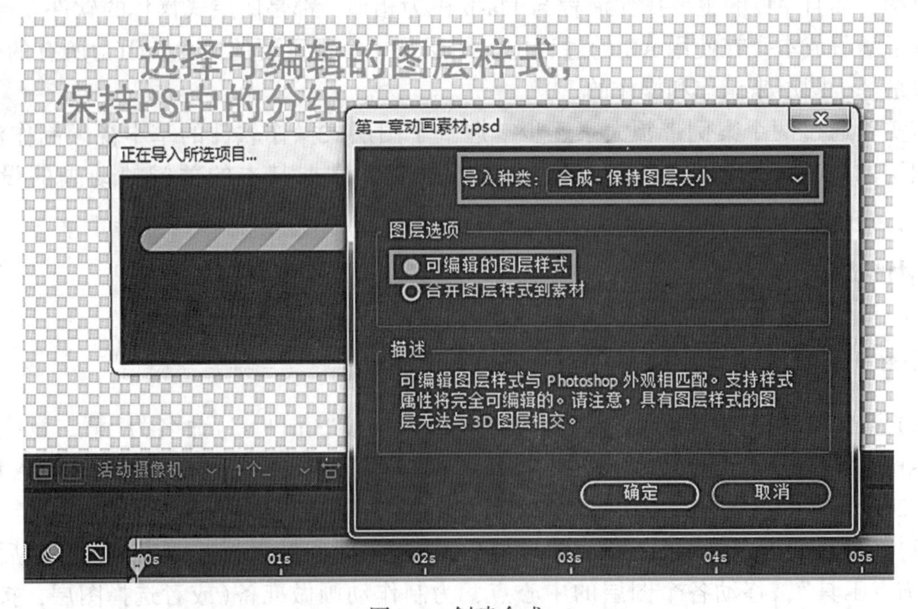

图 2-2　创建合成

图 2-3　移动锚点工具

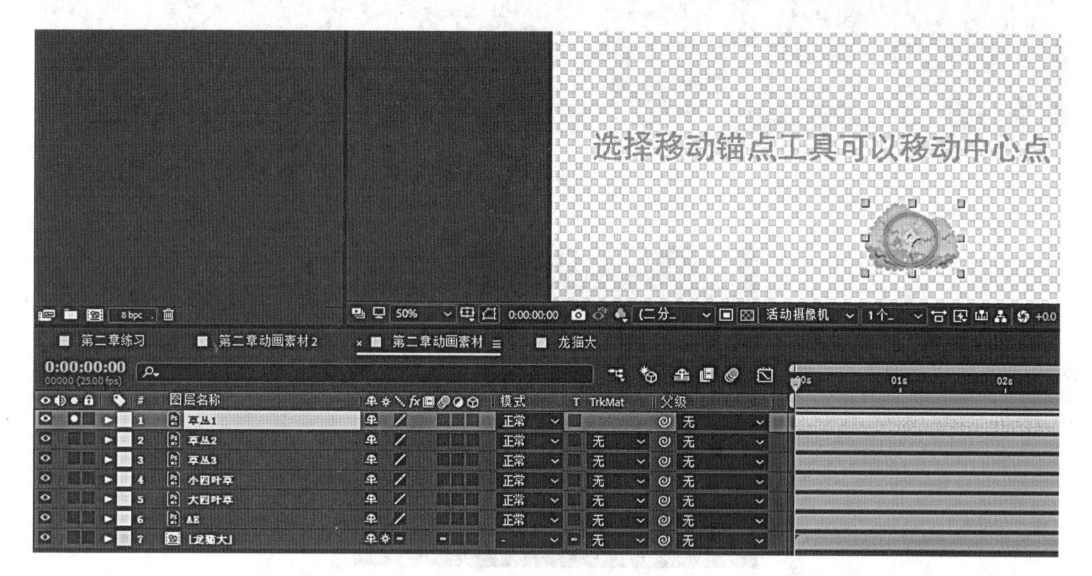

图 2-4　移动锚点到图层正下方

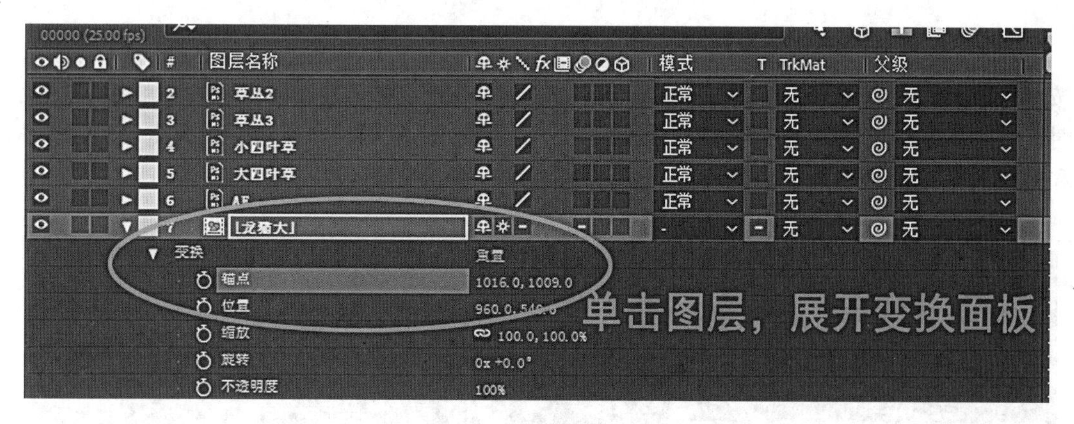

图 2-5　展开变换面板

(3)选择“草丛 1”图层，单击图层，展开“变换”面板，点击“缩放”左边的小时钟，设置一个关键帧，这时，时间轴上会出现一个小棱形，表示成功设置关键帧，更改缩放数值为 0；将时间线拖动至 13 帧，更改缩放数值为 100，再设置一个关键帧，如图 2-6 所示。点击“预览”面板的播放按钮(或者空格键)预览动画，如图 2-7 所示。

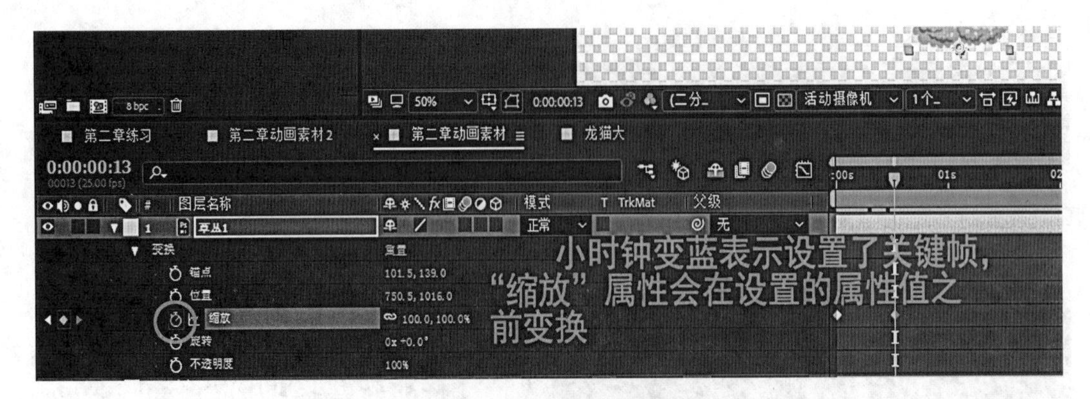

图 2-6　设置缩放关键帧

图 2-7　预览界面播放按钮

(4)鼠标框选"草丛 1"图层的 2 个棱形关键帧(被选中的关键帧会从灰色变成蓝色)，按住"Ctrl+C"复制下来。然后选中打开其他图层的变换选项，逐一按住"Ctrl+V"粘贴，此时，其他图层就会被设置关键帧，如图 2-8 所示。滑动时间轴上的小棱形(关键帧)的顺序和间隔，更改动画的播放时间和先后顺序，让动画变得更有节奏感，如图 2-9 所示。

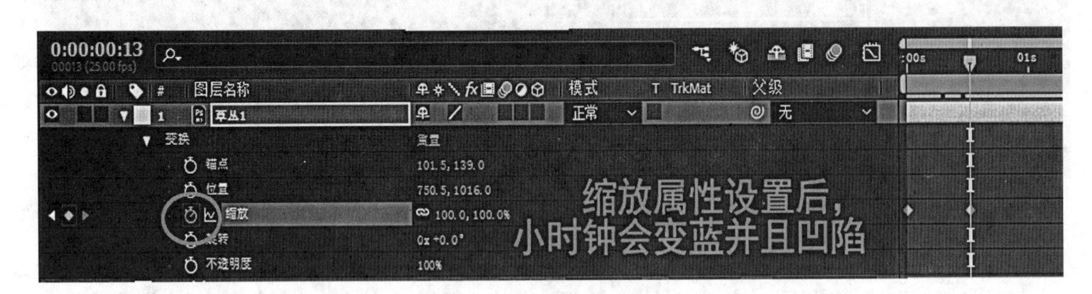

图 2-8　小时钟的变化

(5)进入"大龙猫"合成，打开"左耳"图层的变换选项，为"旋转"设置关键帧，使耳朵产生抖动的效果(0 帧参数为 0，13 帧为-20，1 秒处为 0)。然后框选"左耳"的关键帧，

图 2-9　排列关键帧顺序

复制粘贴到“右耳”图层(记得更改旋转角度，否则 2 只耳朵旋转方向一致)，如图 2-10、2-11 所示。

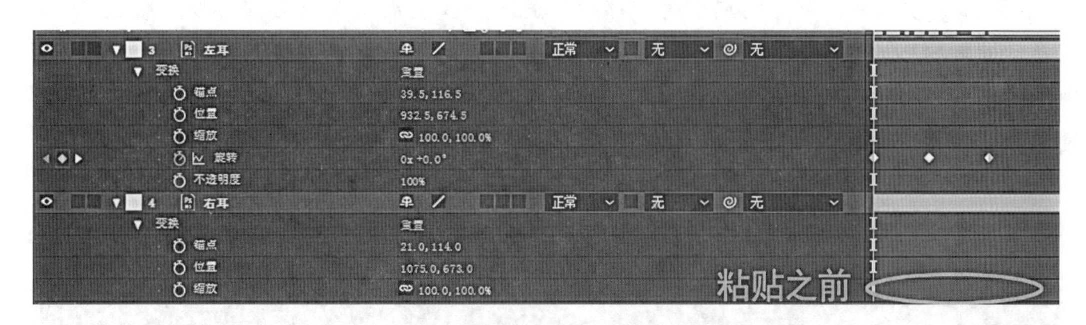

图 2-10　关键帧粘贴之前

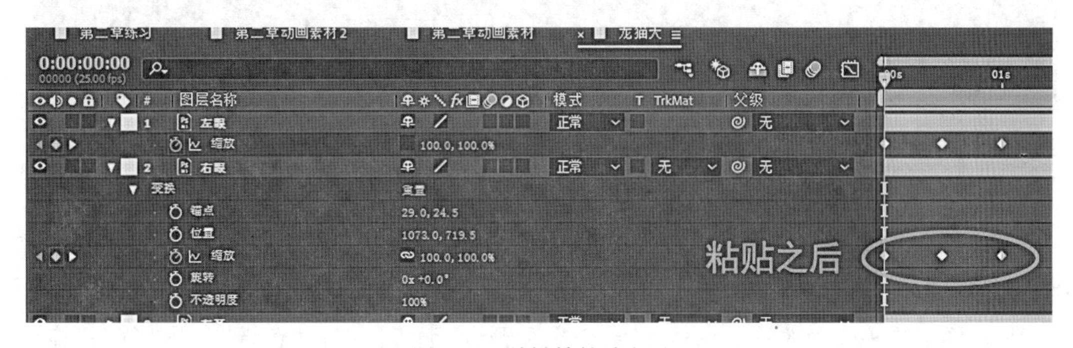

图 2-11　关键帧粘贴之后

(6)选择“左眼”图层，为“左眼”的“缩放”设置关键帧，记得点击“缩放”参数前面的“小锁链”，使 X、Y 轴缩放断开链接，设置 Y 轴的缩放参数(0 帧为 100，13 帧为 8，1 秒处为 100)。然后复制粘贴“左眼”图层的关键帧到“右眼”图层。

(7)返回“第二章练习”合成，预览动画，发现还是有点生硬。点击进入“第二章动画素材”合成，展开变换选项，为“龙猫大”的“旋转”选项设置关键帧，如图 2-12 所示。这里希望龙猫全部出现之后再进行旋转，所以大家需要注意第一个旋转关键帧所在位置的设置。同时我们希望龙猫眨眼睛、摇耳朵也从这一关键帧开始。点击进入“龙猫大”合成，选择所有图层，按 U 键展开所有关键帧，框选所有关键帧，然后往后移动关键帧位置，使龙猫摇动的同时开始眨眼睛、摇耳朵。

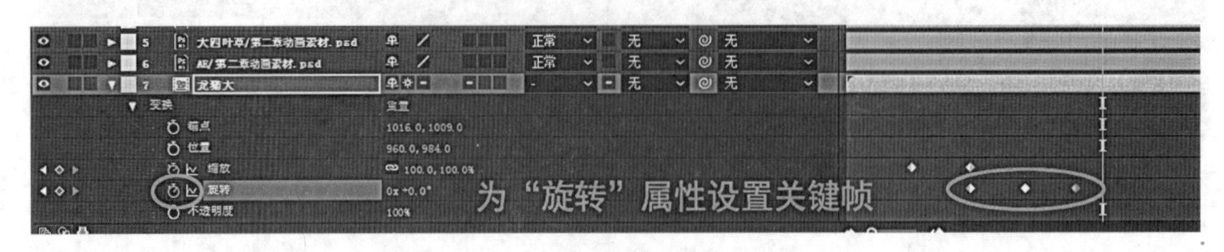

图 2-12 “龙猫大”的旋转关键帧

(8)预览动画后，发现动画没有立体感。此时，我们需要给动画添加阴影。选中“第二章动画素材”合成，按住“Ctrl+d”将合成复制一份，并重命名为“阴影图层”，如图 2-13 所示。然后打开该图层“三维图层开关”，展开图层变换属性，点击缩放属性的“小锁链”使其断开，使 X、Y、Z 的缩放数值互不影响，将 Y 轴缩放改为 35，Y 轴位置改为 853。

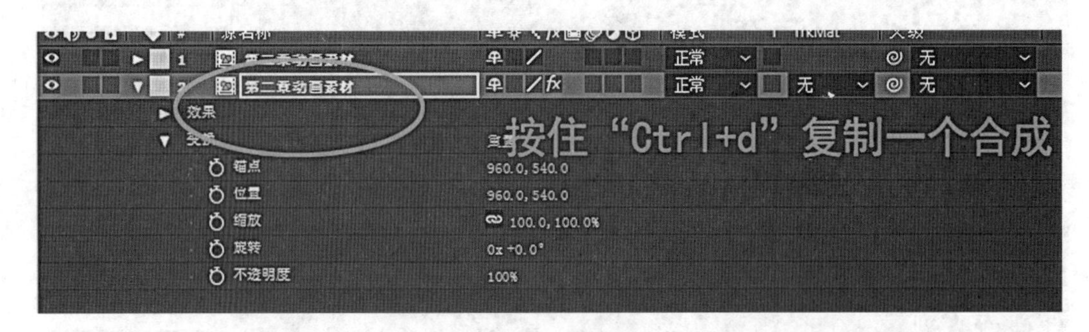

图 2-13 复制合成

(9)选择“效果和预设”面板，搜索“模糊”，我们在这里设置“高斯模糊”，将“高斯模糊”拖动到缩放后的“阴影图层”，如图 2-14 所示。在效果控件面板更改模糊度为 73.4，使得原始图层出现阴影的效果。再选择“效果和预设”面板，搜索“色调”，将“色调”拖动到“阴影图层”，黑色映射到黑色，白色映射到 R：168 G：162 B：162。

(10)选择“图层—新建—纯色”(或者“Ctrl+Y”)新建纯色图层，给动画添加青绿色背景 R：57 G：219 B：129，如图 2-15 所示。

(11)选择菜单栏的“文件—导出—添加到渲染队列”，将合成添加到渲染队列，导出。(AE 默认格式为 AVI，最终视频占用内存较大，而从 AE2017 开始的新版本则不支持导出

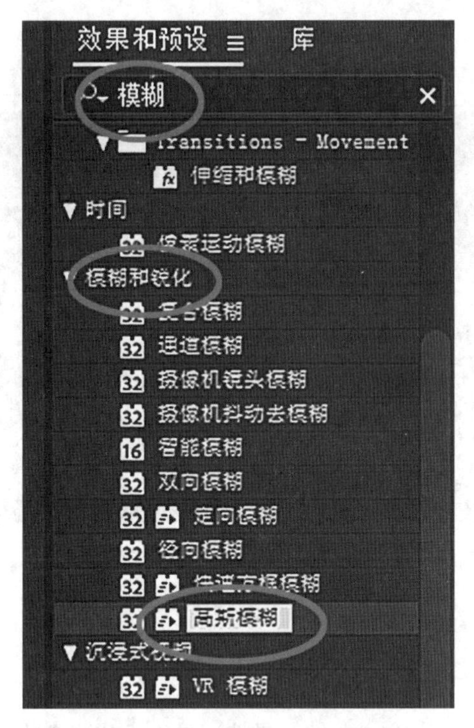

图 2-14　在“效果和预设”搜索效果

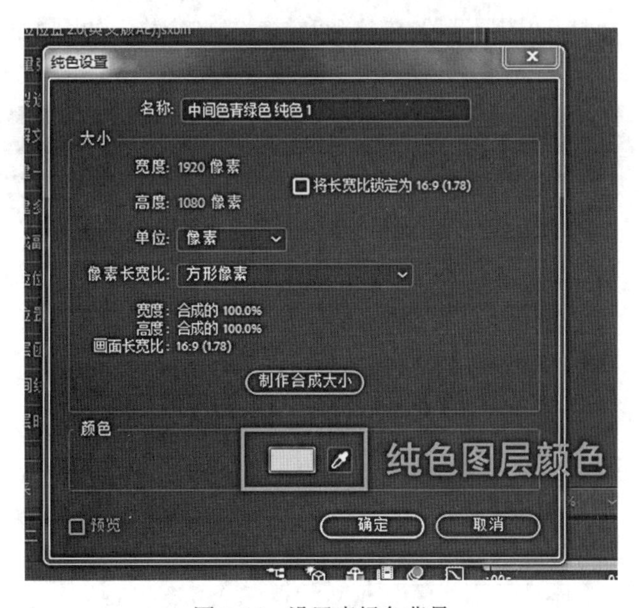

图 2-15　设置青绿色背景

体积小的 FLV 格式。若结合 AME 软件，选择菜单栏的“文件—导出—添加到 AME 队列”，则可以导出 MP4 格式）。预览如图 2-16 所示。

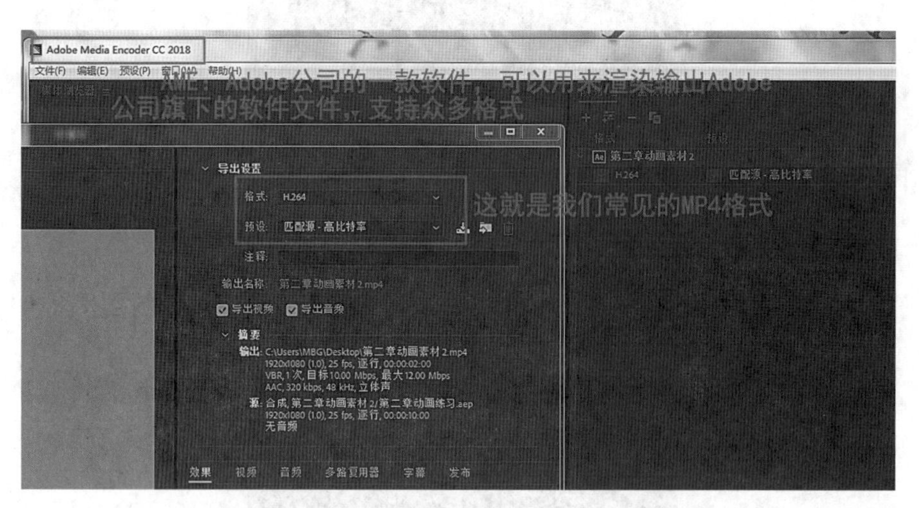

图 2-16　在 AME 中渲染

实例二：清明上河图

(1)打开 AE 软件，点击菜单“文件—导入—文件”或者按住“Ctrl+I”导入“清明上河图.PSD”，勾选创建合成，如图 2-17、2-18 所示。这样 AE 会直接基于“清明上河”创建合成。开始制作前，需要打开“图层开关”窗格和“转换控制”窗格，如图 2-19。

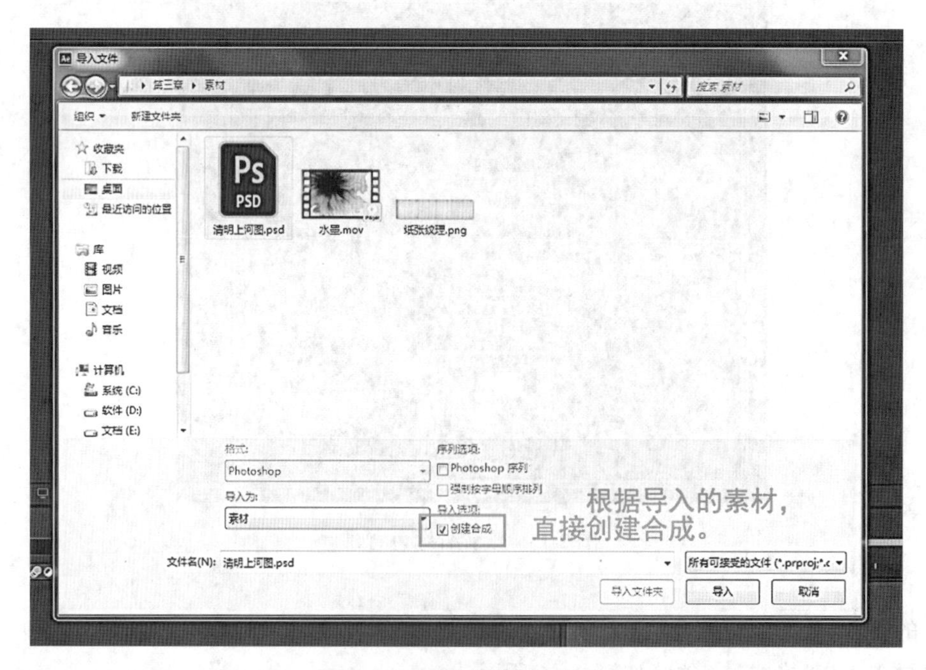

图 2-17　根据素材创建合成

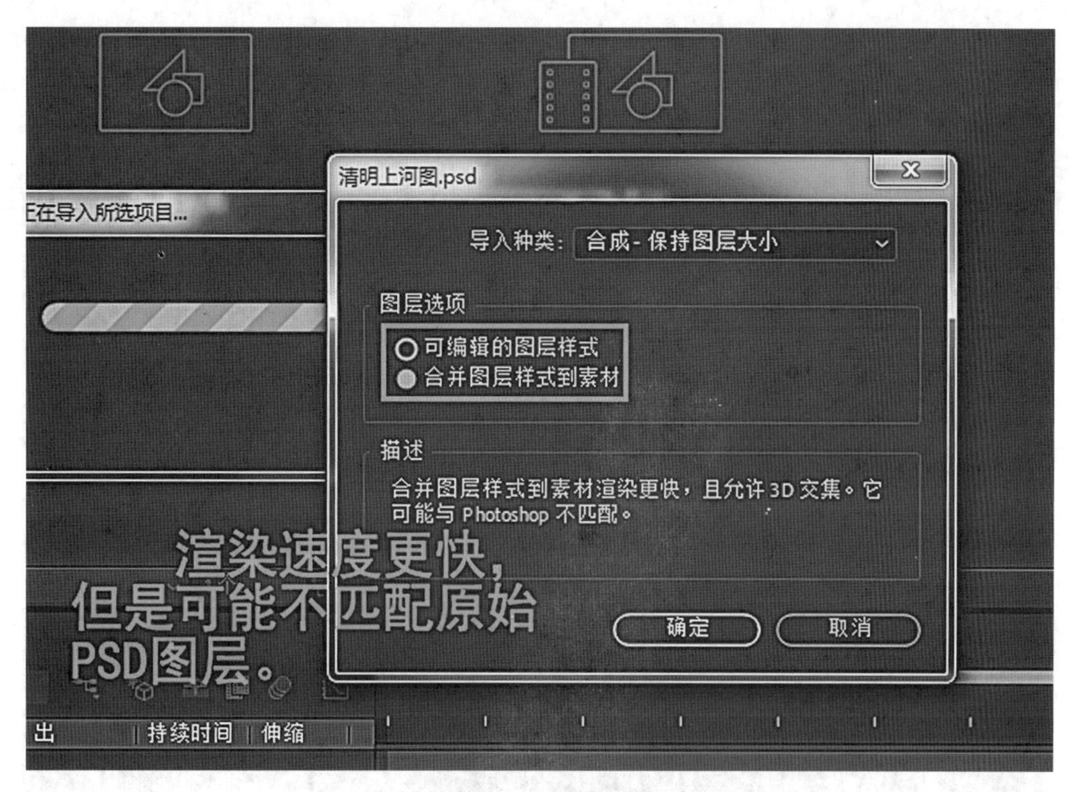

图 2-18　合成设置

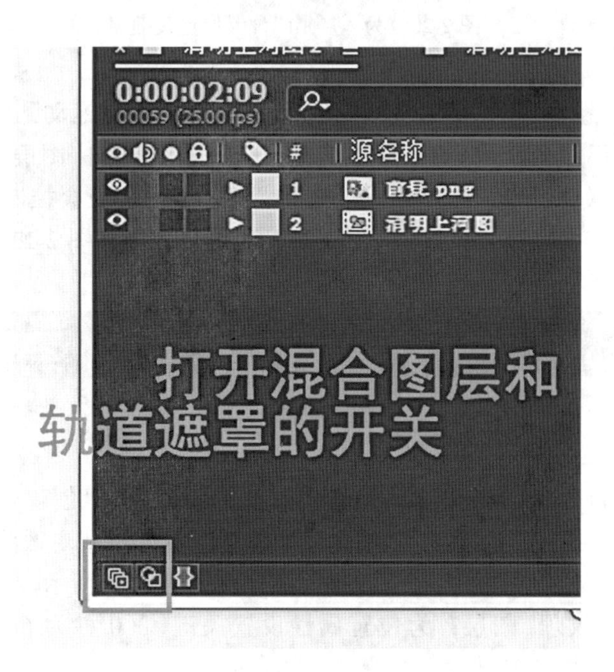

图 2-19　打开图层开关

(2)点击进入“清明上河图”图层，AE 会根据 PSD 文件中的分组来划分图层。点击“卷轴 1”图层，鼠标左键单击图层，打开“变换”选项，为位置属性设置关键帧(0 秒为 587. 0，379. 5，3 秒为 53. 0，379. 5)，如图 2-20 所示。

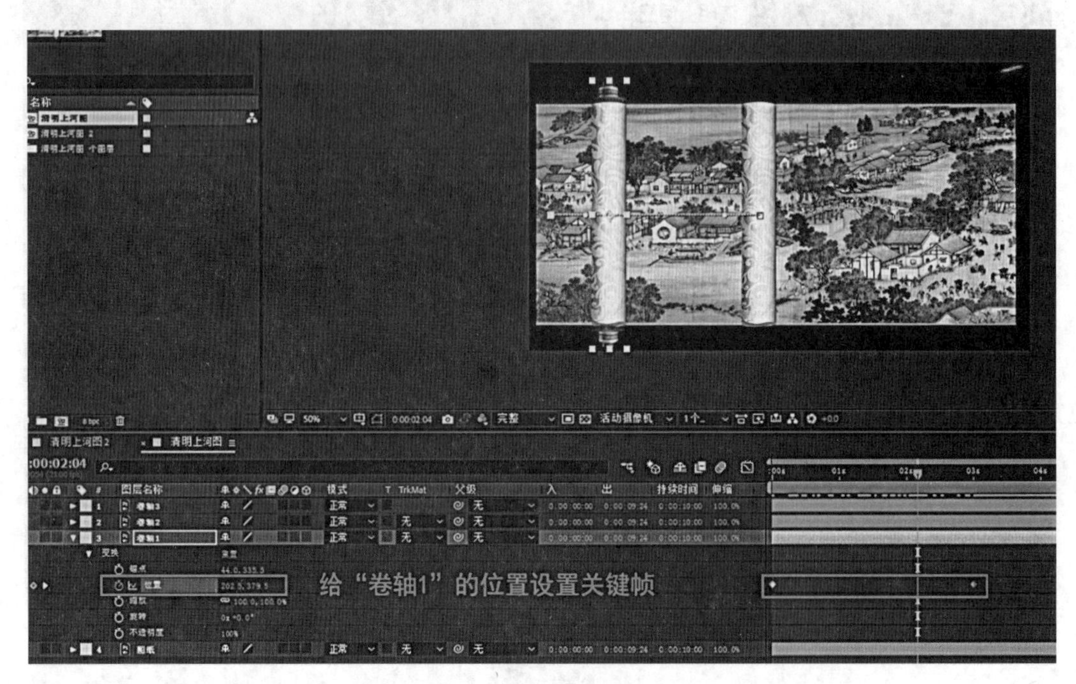

图 2-20　为“卷轴 1”设置位置关键帧

(3)我们点击“卷轴 3”图层栏的“螺旋状”图标，将它拖动到“卷轴 1”图层，如图 2-21所示。这时，播放动画，发现“卷轴 3”图层会随着“卷轴 1”图层一起运动。因为 2 个图层建立了父子级关系，“卷轴 3”成为“卷轴 1”的子级，父级会控制子级的旋转、缩放、位置属性。同理，将“卷轴 2”设置为“卷轴 1”的子级。效果如图 2-22。

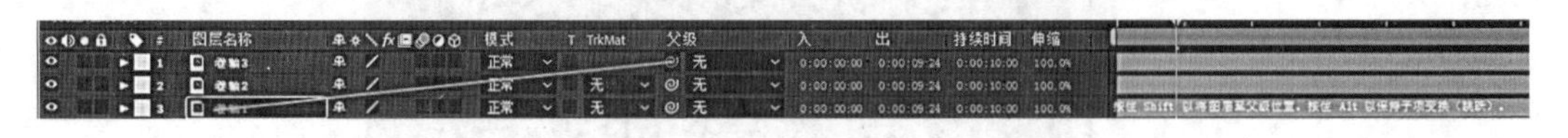

图 2-21　拾取父子级

(4)按住“Ctrl+I”导入“纸张纹理 . PNG”，此时不要勾选“创建合成”，如图 2-23 所示。将“纸张纹理”放置于“卷轴 3”图层之下。将图层混合模式更改为“相乘”，将轨道遮罩更改为“亮度”，此时“卷轴 3”会自动被隐藏掉，如图 2-24 所示。

(5)点击“纸张纹理”图层，为位置属性设置关键帧(0 秒为 640. 0，360. 0，3 秒为 1147. 0，360. 0)，如图 2-25 所示。

(6)鼠标框选“卷轴 3”“纸张纹理”“卷轴 2”“卷轴 1”4 个图层，按住“Ctrl+Shift+C”创建预合成，命名为“卷轴左”，如图 2-26 所示。鼠标双击进入“卷轴左”预合成。点击菜单

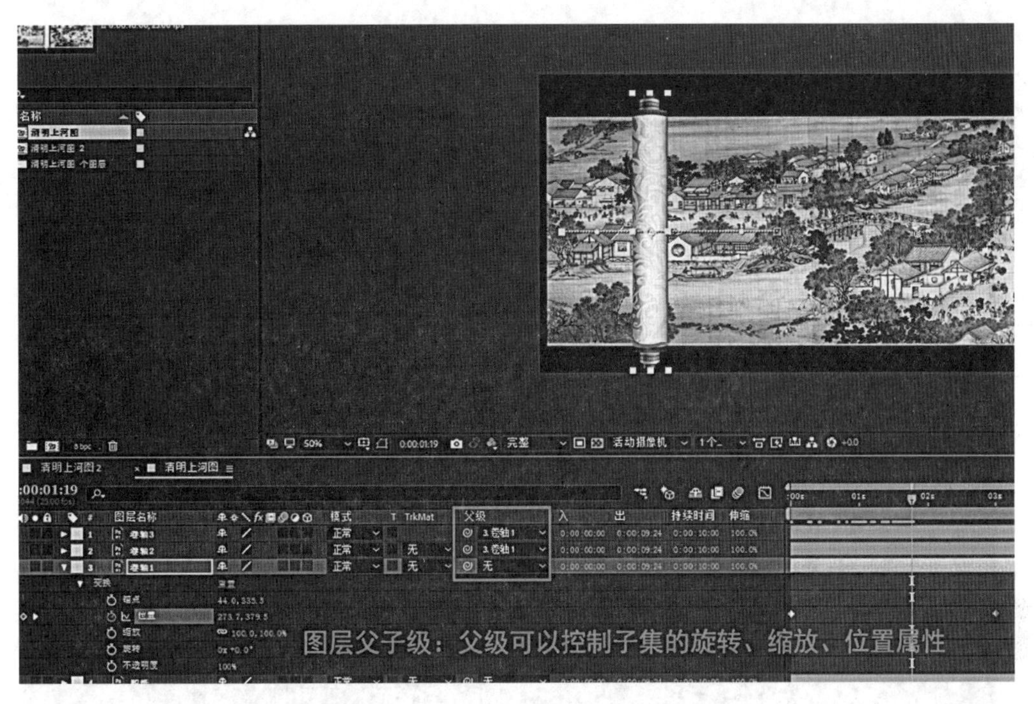

图 2-22　图层父子级

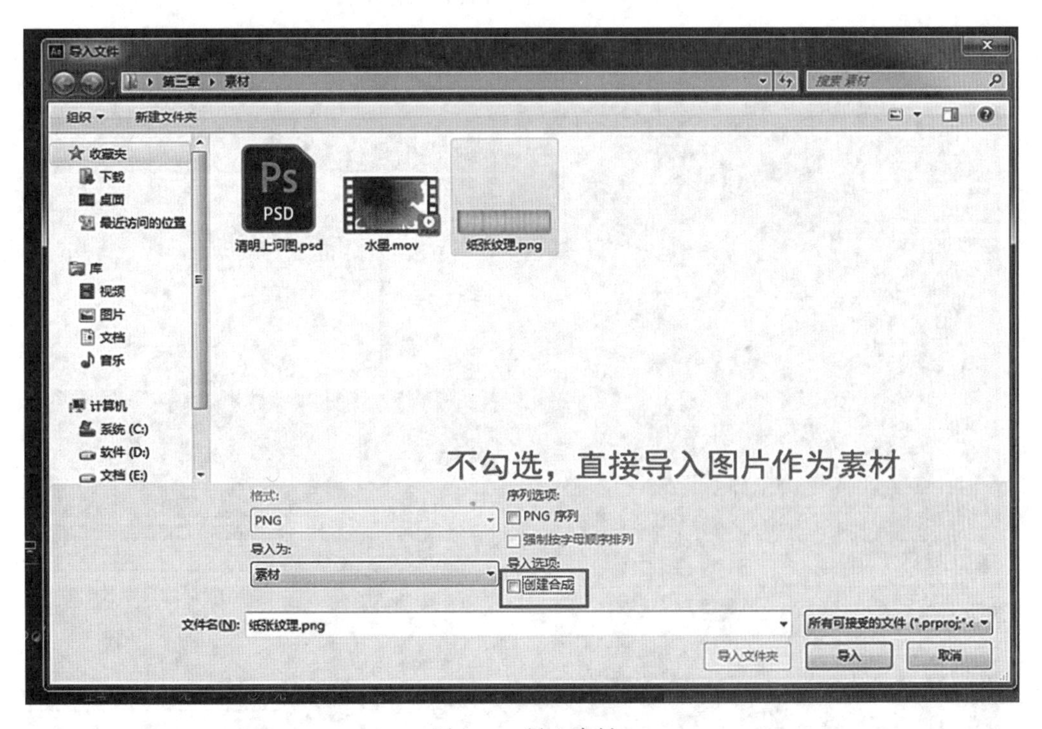

图 2-23　导入素材

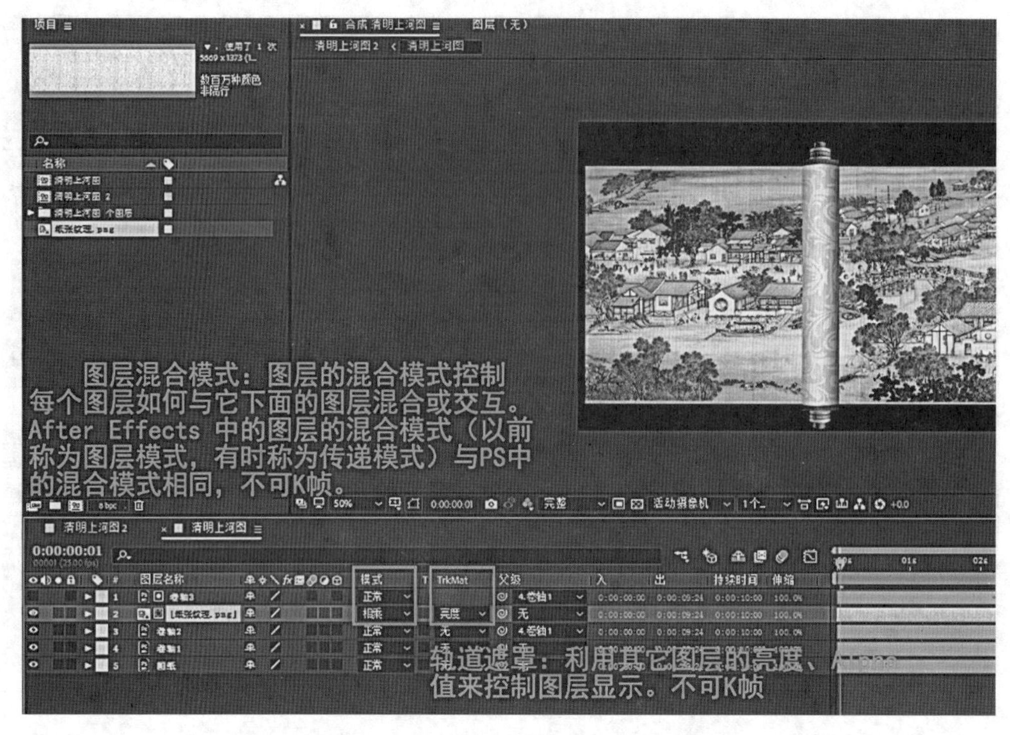

图 2-24　图层混合模式和轨道遮罩

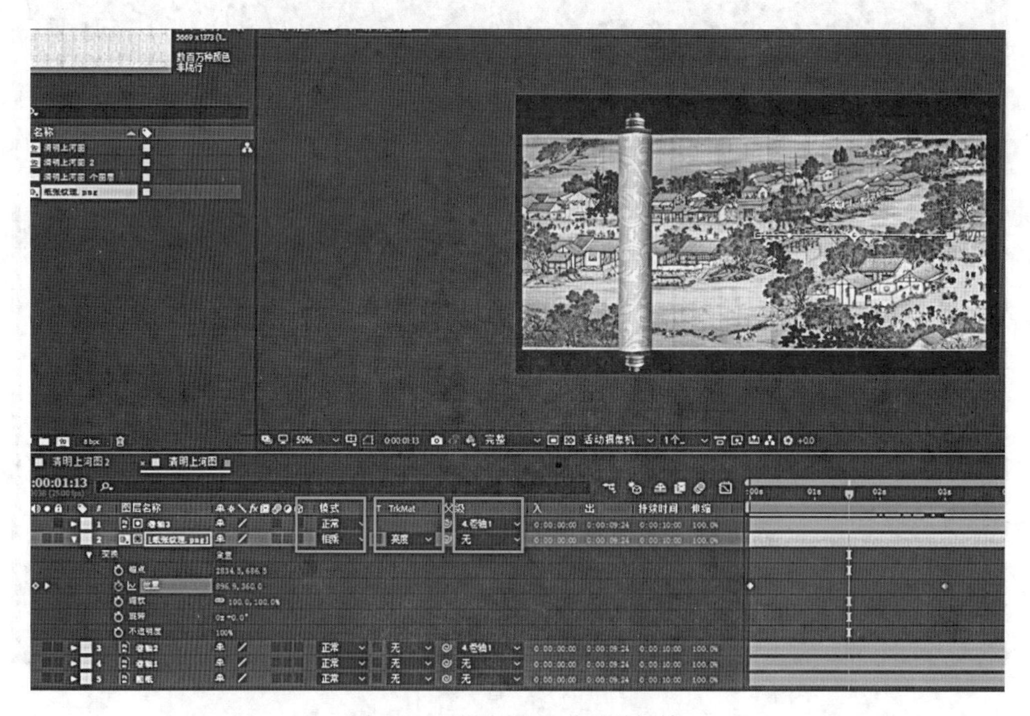

图 2-25　“纸张纹理”位置关键帧

栏“图层—新建—纯色”或者“Ctrl+Y”新建黑色纯色图层，点击菜单栏的矩形工具或者钢笔工具为纯色图层绘制一个矩形蒙版，如图 2-27 所示，位置靠近卷轴。

图 2-26　选中图层进行预合成

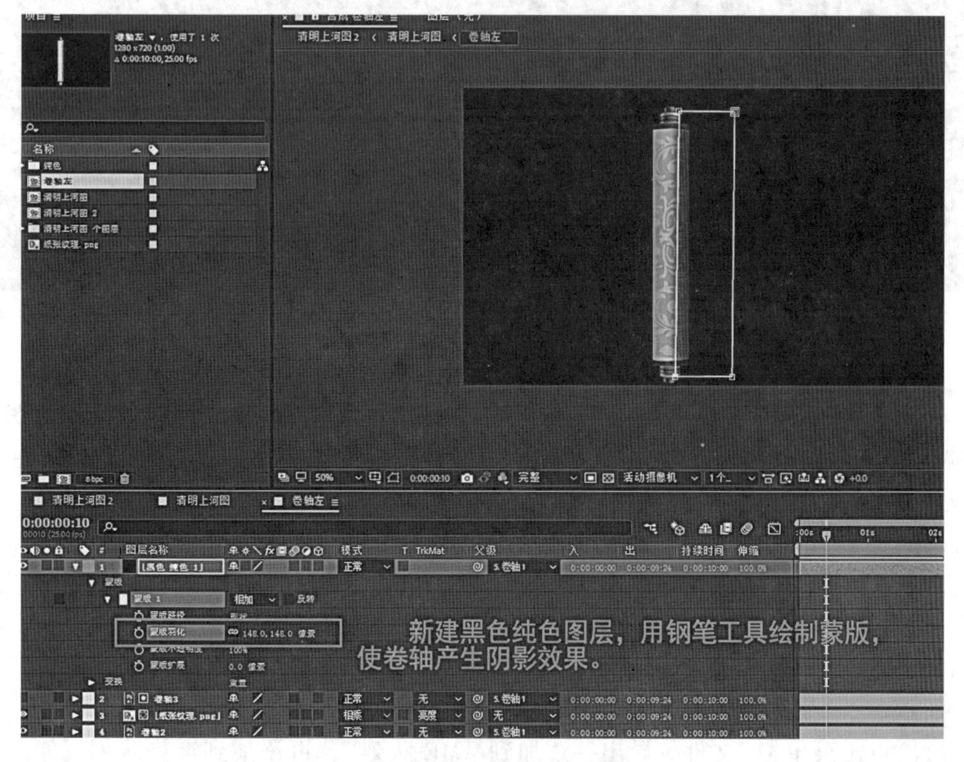

图 2-27　给纯色图层绘制蒙版

(7)点击纯色图层展开蒙版属性，加大蒙版羽化的数值为148.0，148.0，再将纯色图层的父级设置为“卷轴1”。回到“清明上河图”合成，播放动画。

(8)按住“Ctrl+D”，将“卷轴左”复制一份(制作副本)，重新命名为“卷轴右”。打开“卷轴右”的变换属性，将旋转角度调整180度，适当调整位置属性(Y轴位置为401)，使得“卷轴右”在垂直(Y轴)方向方位和“卷轴左”保持一致，如图2-28所示。点击“图纸”图层，使用矩形工具为图层画一个蒙版，打开蒙版属性设置，为蒙版路径设置关键帧，使蒙版路径与画卷展开同步运动，如图2-29所示。

图2-28　调整卷轴为对称分布

(9)在项目面板中，将“清明上河图”合成拖到“新建合成”按钮上创建“清明上河图2”合成。点击图层打开变换属性，为缩放属性设置关键帧(0秒为58%，58%；3秒为100%，100%)，如图2-30所示。

(10)回到“清明上河图”合成，导入“水墨.MOV”，将它放置于“图纸”图层之上。将“图纸”图层复制一份，重命名为“图纸2”。将“图纸”的图层混合模式更改为“相乘”，轨道遮罩更改为“亮度遮罩”，如图2-31所示。回到“清明上河图2”合成，导入“前景.PNG”，将图层混合模式更改为“相加”。预览动画，整体已经基本完成，如图2-32所示。

(11)点击菜单栏“文件—导出—添加到AME队列”，再添加到渲染队列，如图2-33所示。导出。

图 2-29　为蒙版路径设置关键帧

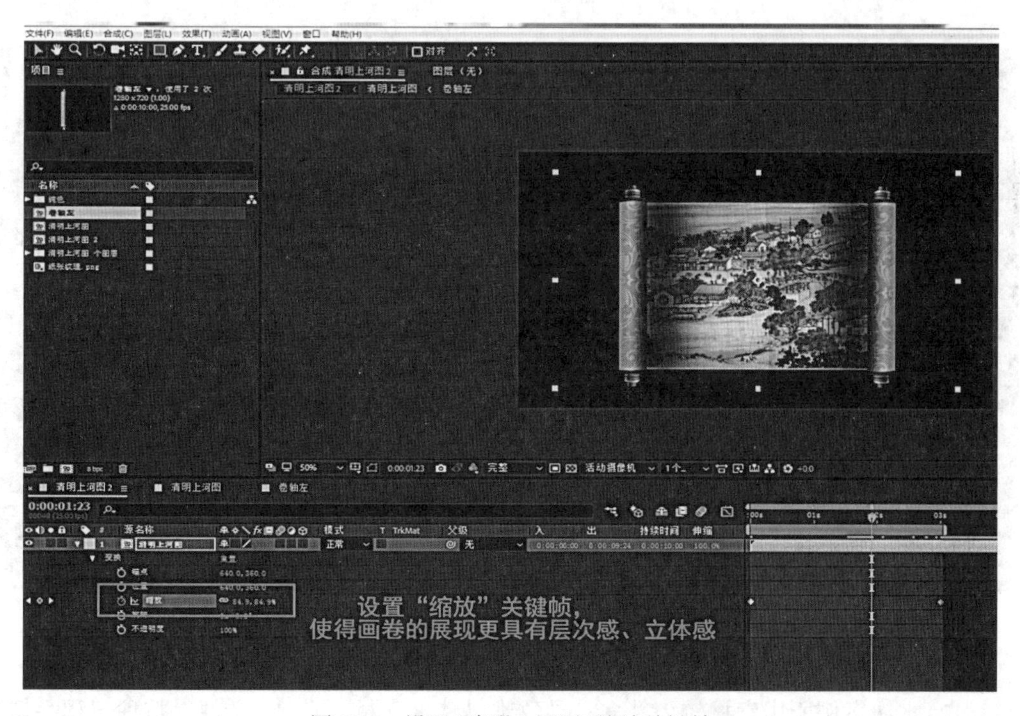

图 2-30　设置“清明上河图”缩放关键帧

图 2-31 “图层混合”和“轨道遮罩”的设置

图 2-32 “前景”的图层混合模式

(12)本次案例所用素材较为繁多，导致难以整理素材。点击“文件—整理工程—搜集文件”，AE 会将工程所用到的素材以及工程文件整理为一个文件夹，如图 2-34 所示。方便学习者日后使用。

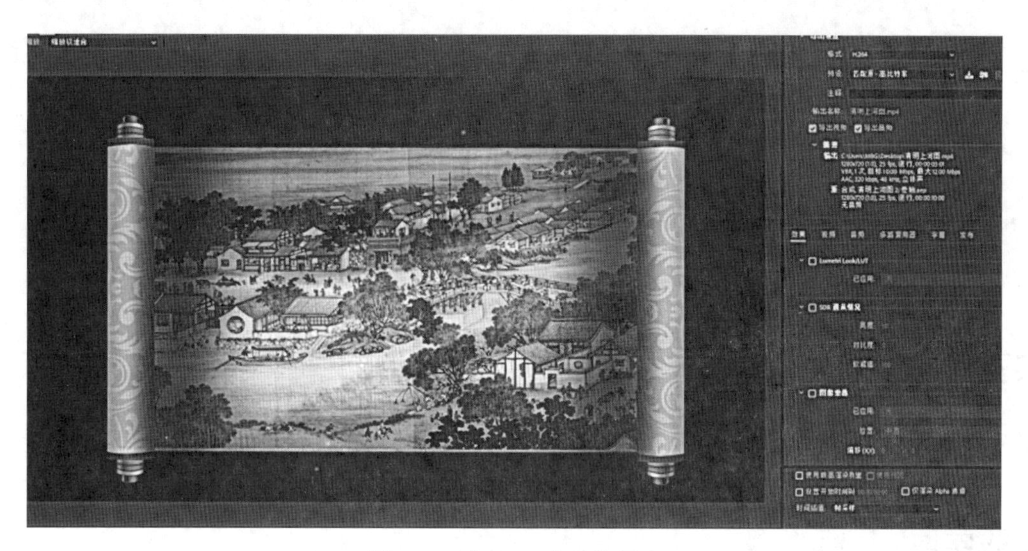

图 2-33　在 AME 中渲染导出

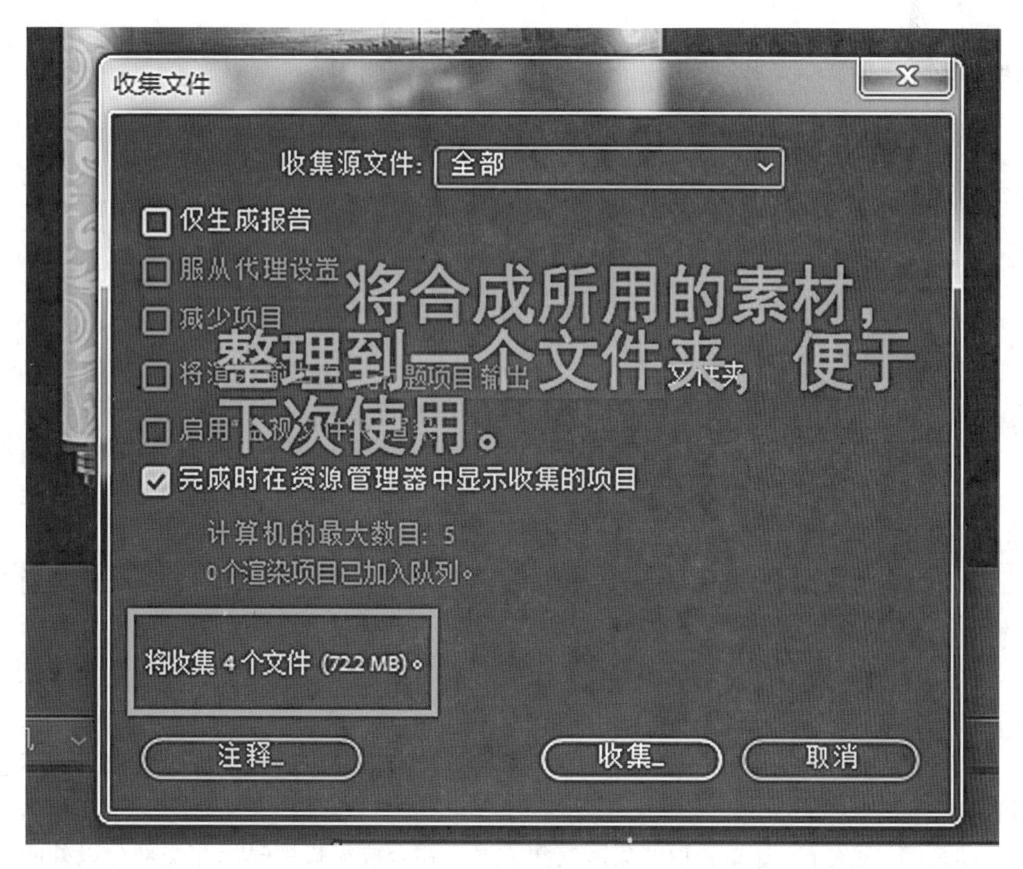

图 2-34　整理素材文件夹

实验三　After Effects 的遮罩

实验目的

1. 了解 After Effects 中遮罩(Mask)的功能。

2. 制作遮罩动画。

实验学时

4 学时

实验器材

多媒体计算机、Windows 7 以上操作系统、Adobe After Effects

实验原理

1. Mask 的功能

Mask 就像一把剪刀，把我们需要的地方留下来，把不需要的地方剪去。

2. Mask 模式

Mask 的模式决定了 Mask 如何在层上起作用。默认情况下，Mask 模式都为加。

在“无”模式下，遮罩采取无效方式，不在层上产生透明区域。

在“加”模式下，遮罩采取相加方式，在合成窗口中显示所有遮罩的内容。遮罩相交部分不透明度增加。

在“减”模式下，遮罩采取相减方式，上面的遮罩剪去下面的遮罩，被剪掉区域的内容不在合成窗口中显示。

在“交叉”模式下，遮罩采取交集方式，在合成窗口中只显示所选遮罩与其他遮罩相交部分的内容，所有相交部分透明度相减。

在“变亮”模式下，与“加”模式相同，但是遮罩相交部分不透明度以当前遮罩的不透明度为准。

在“变暗”模式下，遮罩采取并集减交集方式，在合成窗口中显示相交部分以外的所有遮罩区域。

在“差值”模式下，遮罩采取并集减交集方式，在合成窗口中显示相交部分以外的所有遮罩区域。

3. Mask 属性

Mask 包括 4 种属性，它们用于控制 Mask 的不同状态。

形状属性可以对遮罩的形状进行控制。这个形状包含很多，包括 Mask 的外形、位置、角度等。

羽化属性可以对遮罩边缘做一个羽化设置。因为通常情况下，我们创作的遮罩边缘较硬并使人感觉不舒服，给一个适当的羽化值，可以让它和背景融合得更好。

透明度属性，可以对当前遮罩进行扩展或收缩。当数值为正值的时候，遮罩范围在原始基础上扩展。当数值为负值时，遮罩范围在原始基础上收缩。

实验内容

实例一：手机滑屏动画

（1）打开 AE，点击菜单栏“文件—导入—文件”或者按住“Ctrl+I”导入 PSD 素材，如图 3-1 所示，将 PSD 素材拖入合成图标创建合成，如图 3-2 所示。

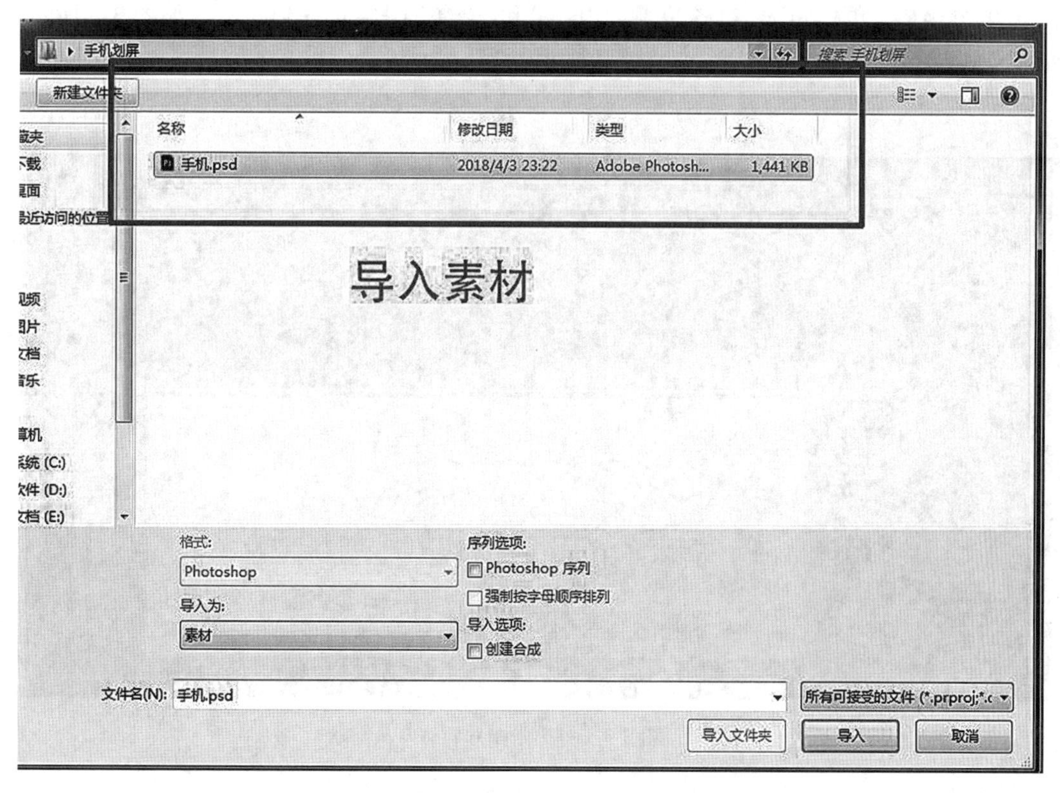

图 3-1　导入素材

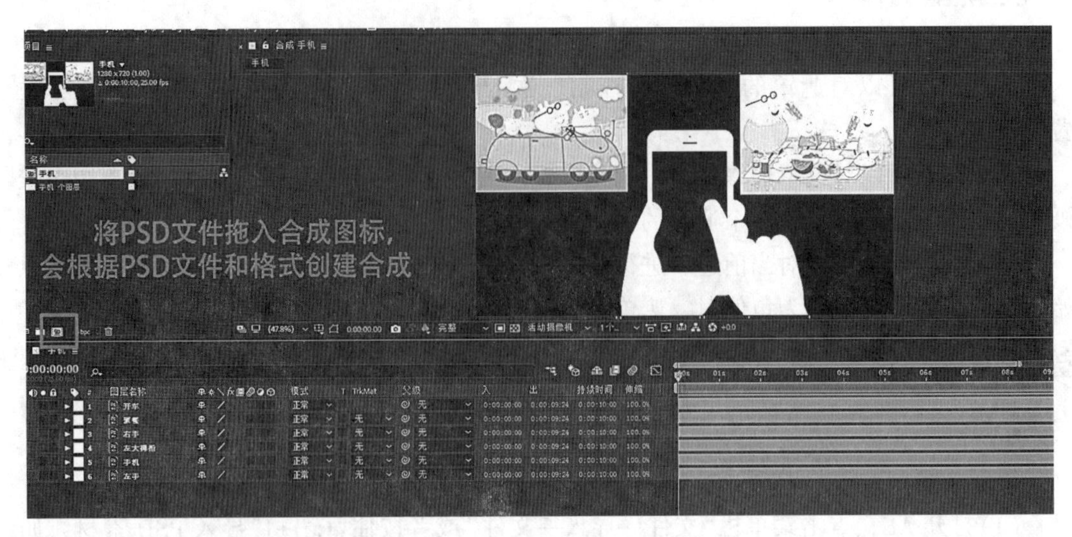

图 3-2　拖入合成图标创建合成

（2）在 AE 菜单栏勾选“对齐”，将“开车”和“聚餐”图层对齐到一起，如图 3-3 所示。然后选中 2 个图层进行预合成，如图 3-4 所示。

图 3-3　将 2 张图片对齐

（3）选择菜单栏矩形工具或者按住“Q”，对“图片”预合成进行蒙版的绘制。将这个预合成放到“手机”图层的上面，如图 3-5、3-6 所示。

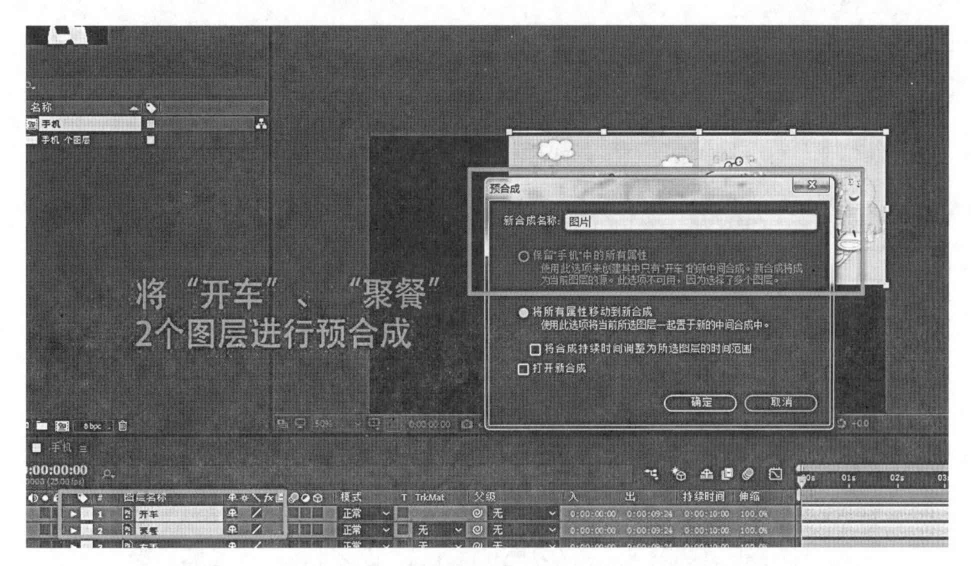

图 3-4　对“开车”“聚餐”进行预合成

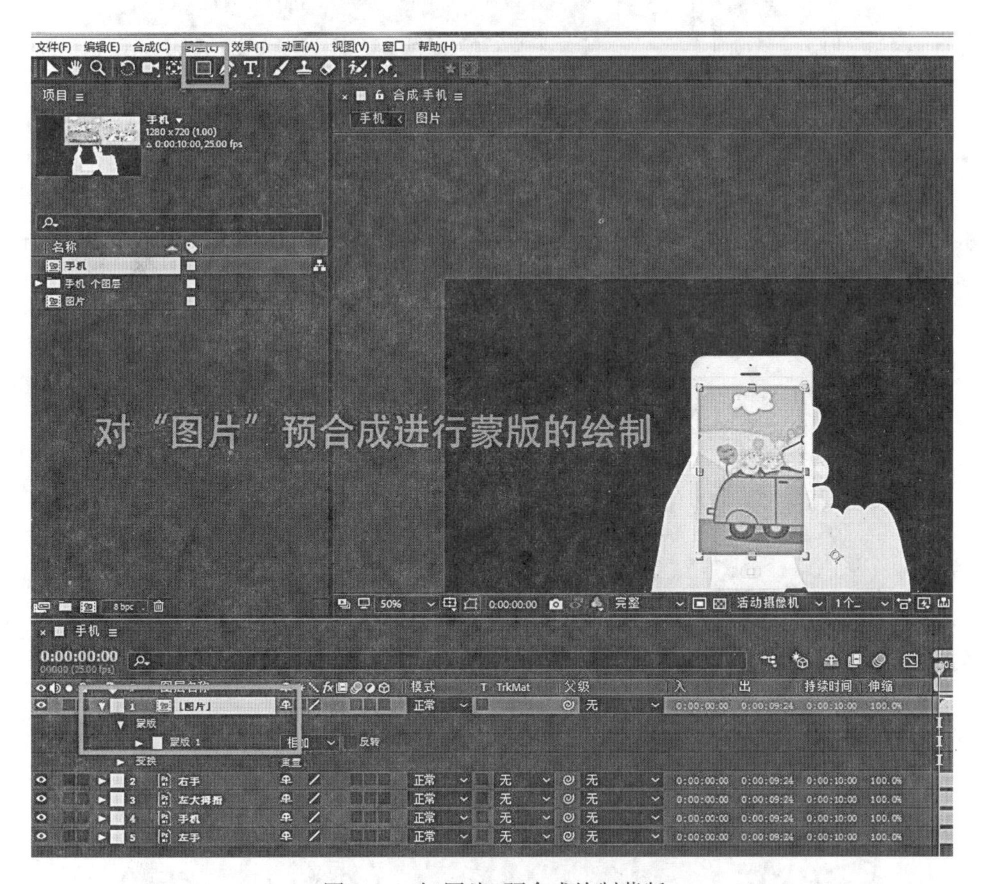

图 3-5　对“图片”预合成绘制蒙版

图 3-6　将"图片"放到"手机"下面

(4)进入预合成，在时间轴面板空白区域，用鼠标右键点击，新建"空对象"，将"开车"和"聚餐"设置为空对象的子级，为空对象的位置属性(0 秒为 640，360；1 秒、1 秒 21 帧为 403.3，360；3 秒为-70，360)设置关键帧，如图 3-7 所示。

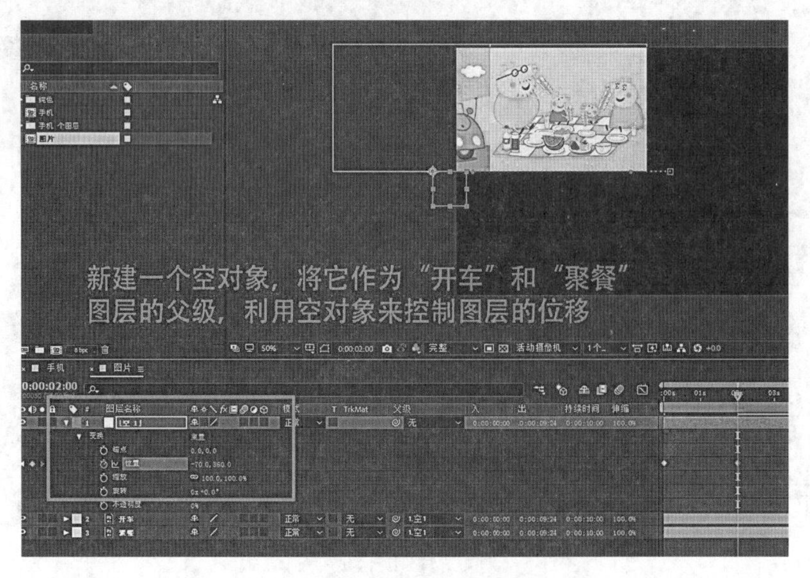

图 3-7　新建空对象作为父级

(5)为“右手”图层的位置属性(0 秒为 860，564.5；1 秒为 791，590.5)设置关键帧，使右手具有滑动屏幕动画的效果，如图 3-8 所示。

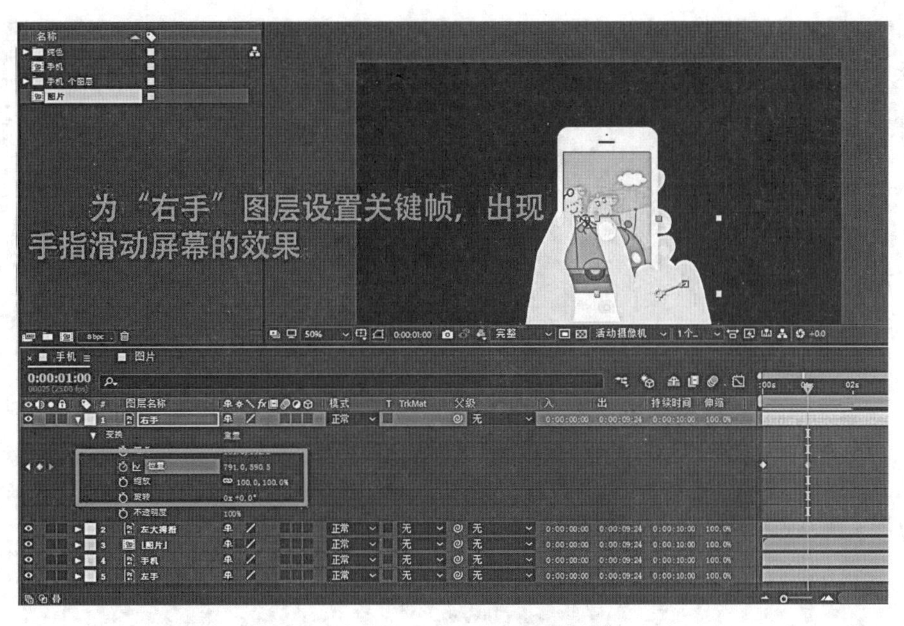

图 3-8　为“右手”图层设置关键帧

(6)为“右手”图层的位置属性(1 秒 10 帧为 860，564.5；3 秒为 755，610)继续设置关键帧，使“右手”图层具有来回滑动的效果，如图 3-9 所示。

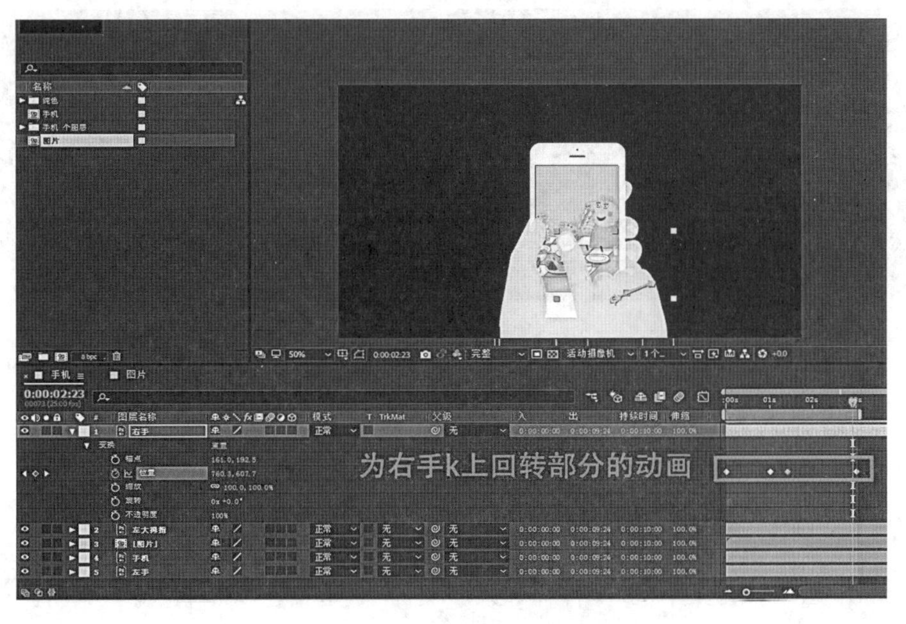

图 3-9　为“右手”设置回转动画

(7)鼠标左键点击时间轴面板上方的曲线图标，发现时间轴变成曲线。调整动画曲线，使动画变得流畅，如图3-10、3-11所示。

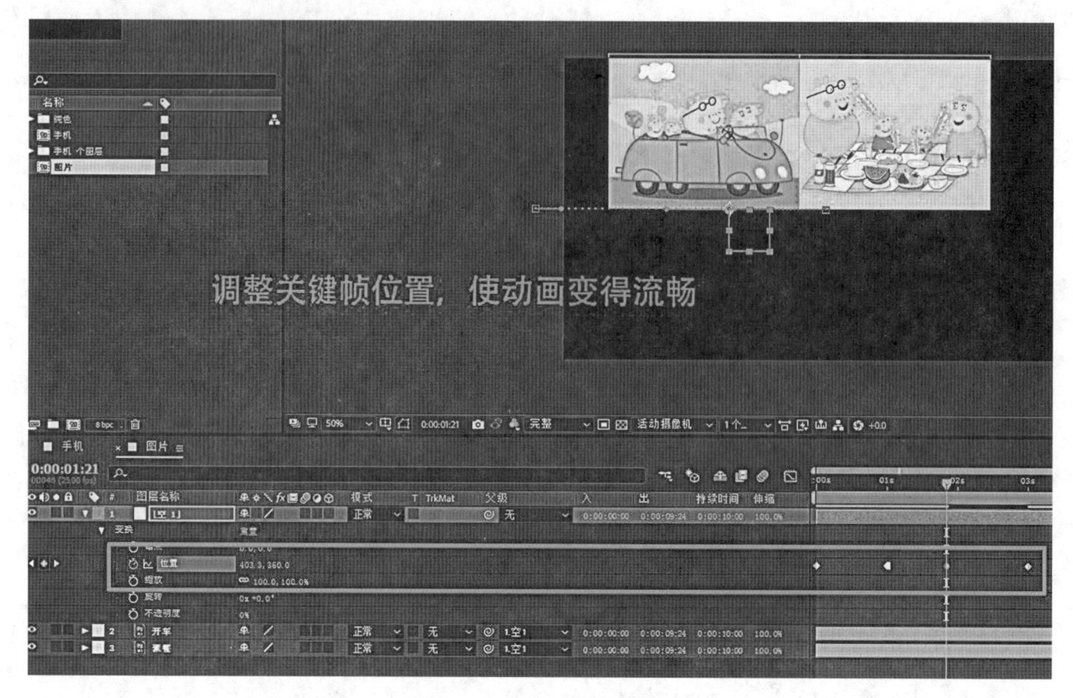

图3-10　调整关键帧位置

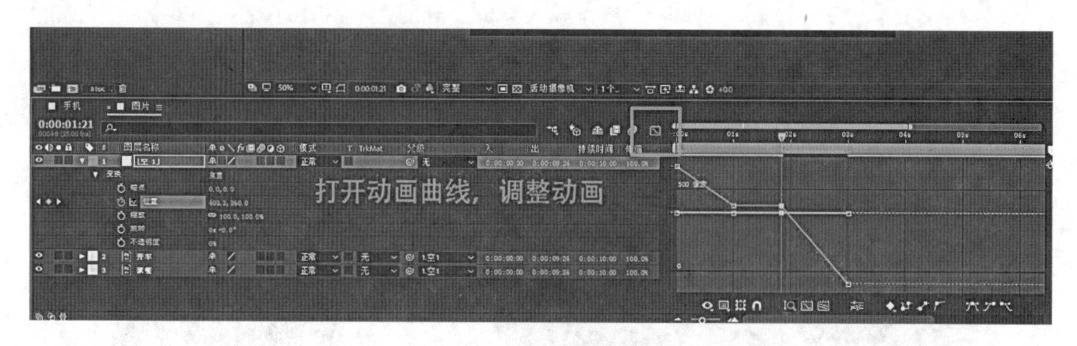

图3-11　调整动画曲线

(8)导入“背景”图层，按住“Ctrl+Alt+F”使它匹配图层，如图3-12所示。再仔细调整动画关键帧，确认流畅后导出。

实例二：水墨动画“竹”

(1)打开AE，点击菜单栏“文件→导入→文件”或者按住“Ctrl+I”导入素材，创建合成。将“竹”放在“背景”图层上方，并将“竹”图层混合模式改为“相乘”，如图3-13所示。

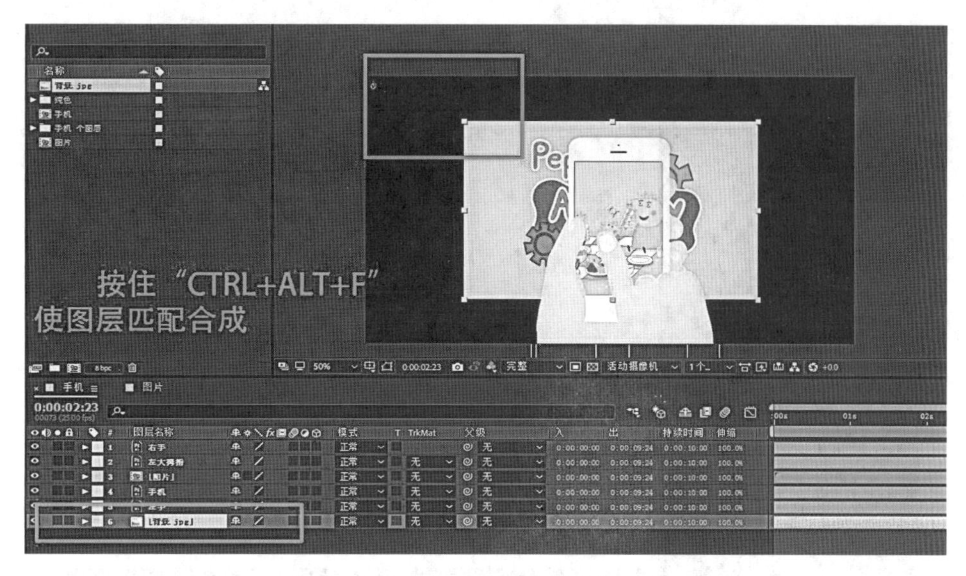

图 3-12　匹配图片到合成

图 3-13　“竹”图层混合模式为“相乘”

(2)选择菜单栏的钢笔工具或者按住“G”(注意不要选择图层，否则会绘制蒙版)，为“竹”图层绘制“竹”文字的第一撇作为形状图层，在工具栏调节“描边”属性值，使得形状能够盖住文字。在时间轴面板展开形状图层，单击“内容—形状—描边”属性，将线段端点设置为“圆头端点”，线段连接设置为“圆角连接”，如图 3-14 所示。

图 3-14　描边属性

(3)用鼠标右键单击“内容”附近的“添加”，选择“修剪路径”，如图 3-15 所示。为“修剪路径”的“开始”属性设置关键帧(0 秒为 0%，17 帧为 100%)，“结束”属性设置为 0，如图 3-16 所示。

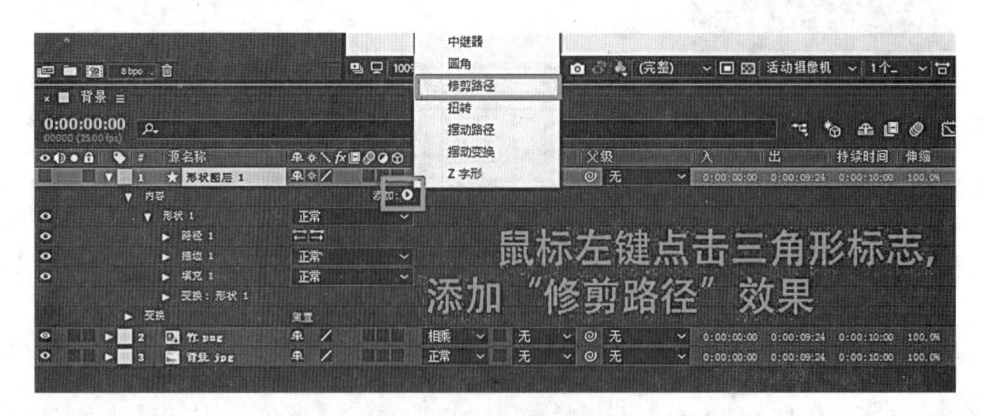

图 3-15　添加修剪路径

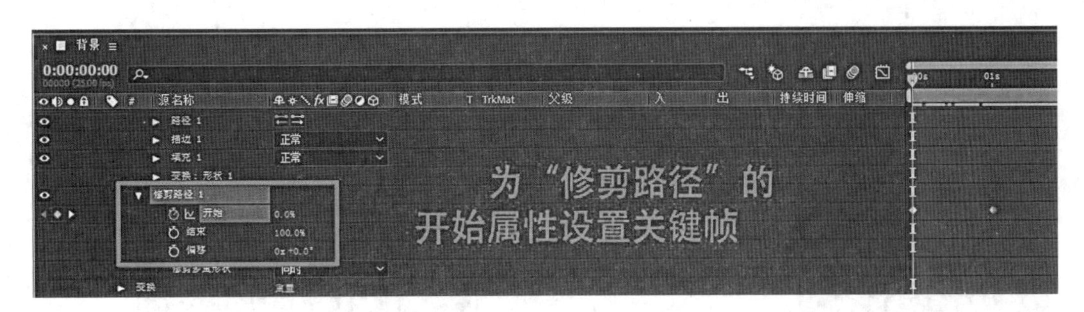

图 3-16　修剪路径的“开始”关键帧

(4)同理，继续绘制其他形状图层，并设置“修剪路径”动画，如图 3-17 所示。

图 3-17　绘制形状图层

(5)用鼠标左键按住“Shift”选择所有形状图层，用鼠标右键点击或者按住“Ctrl+Shift+C”，将所有形状图层进行预合成，命名为“竹遮罩”，如图 3-18 所示。

(6)回到“背景”预合成，用“竹”图层 Alpha 遮罩“竹遮罩”，如图 3-19 所示。

(7)播放动画，发现“竹”字慢慢生成了。调整形状图层的关键帧排布，使动画变得有规律，如图 3-20 所示。

(8)回到“背景”预合成，复制一个“竹”图层。为新的“竹”图层绘制 2 个蒙版来遮罩 2 个印章，为“蒙版路径”设置关键帧，使印章逐渐出现，如图 3-21 所示。

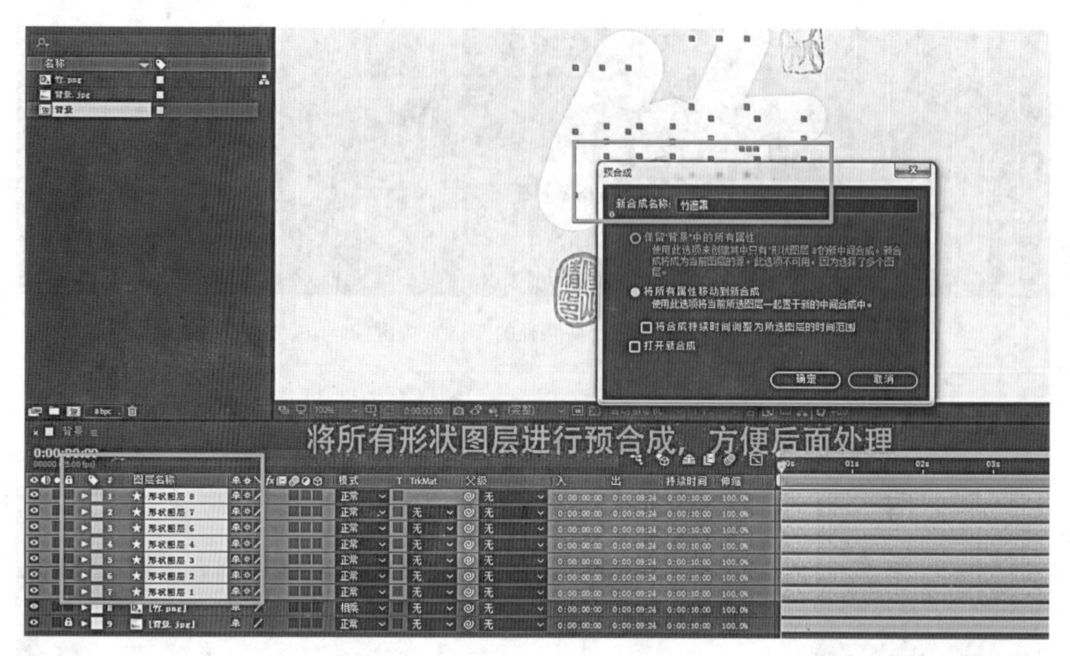

图 3-18　对形状图层的预合成

图 3-19　Alpha 遮罩

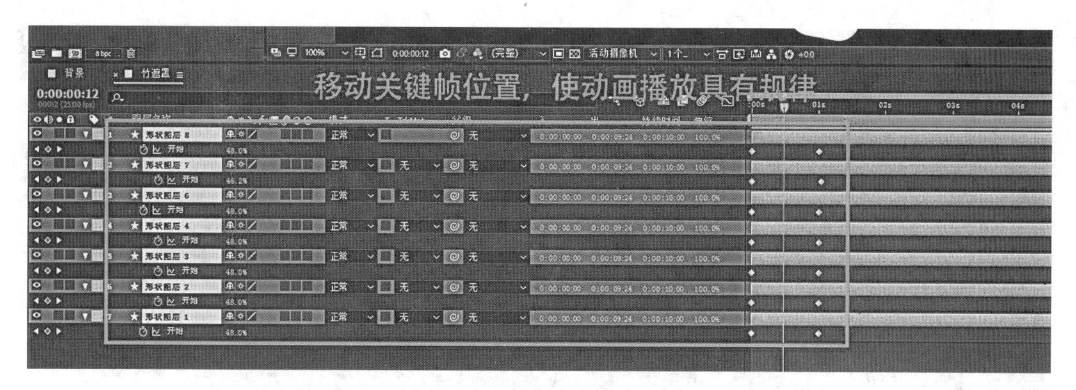

图 3-20　调整关键帧位置

图 3-21　为“竹”绘制 2 个蒙版

(9)将“背景”预合成里面所有的图层再次进行预合成，命名为“水墨”，如图 3-22 所示。

(10)导入“遮罩”素材，放在“水墨”图层上方，并将图层混合模式改为“屏幕”，如图 3-23 所示。

(11)调整动画，渲染导出。

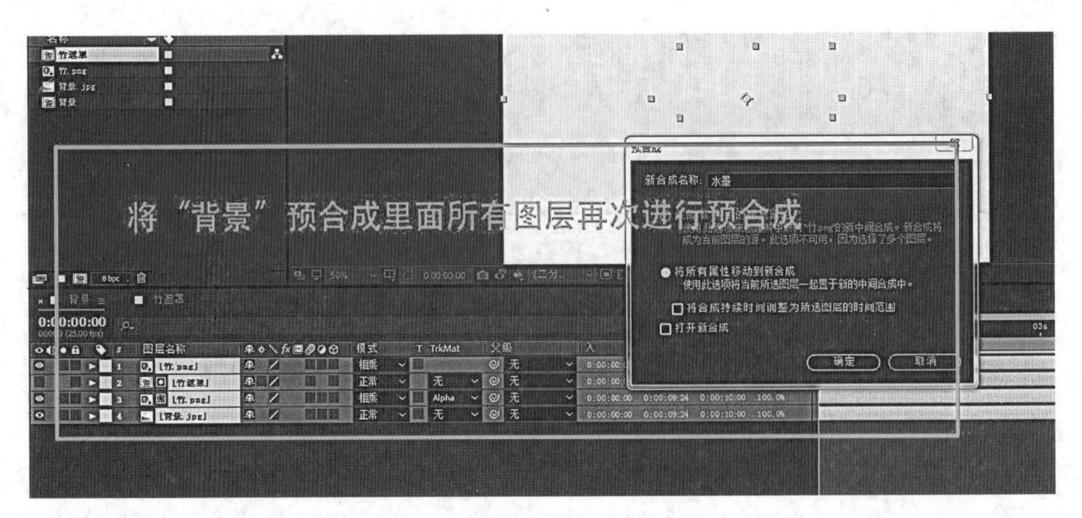

图 3-22　对所有图层预合成

图 3-23　图层混合模式为“屏幕”

实验四　After Effects 文字动画

实验目的

1. 熟悉 After Effects 的文字图层、字符面板和段落面板。
2. 掌握 After Effects 文字动画制作的工作流程。

实验学时

4 学时

实验器材

多媒体计算机、Windows 7 Ultimate 版或 Windows10 Pro 版、Adobe After Effects CC 2017 版、RSMB 动态模糊插件

实验原理

文字作为视觉传达媒介中的重要构成，在电影、电视剧、广告、宣传片等视听产品中起着非常重要的作用。它不仅仅能够补充画面承载的信息，也经常被设计师用作视觉设计的辅助元素。

实验内容

实例一：粒子飞散汇聚文字效果

(1)点击项目面板中的新建合成图标，输入合成名称为"Chapter3_Text Effect"，选择视频制式为 HDTV 1080 25，设置合成持续时间为 3 秒。如图 4-1 所示。

(2)使用"横排文字工具"创建一个"教育科学与技术学院"文字图层，设置"教育科学"文字的字体为"微软雅黑"，字体大小为 120 像素，字符间距为 100，字体颜色为 #EA4335，最后开启"仿粗体"和"仿斜体"效果，如图 4-2 所示。设置"与技术学院"文字的字体为"微软雅黑"，字体大小为 80 像素，字符间距为 100，字体颜色为 #EA4335。如图 4-3 所示。

(3)选择"教育科学与技术学院"文字图层，依次执行"图层→图层样式→斜边和浮雕"和"图层→图层样式→渐变叠加"菜单命令，如图 4-4 所示。

(4)展开"斜边和浮雕"属性栏，设置"大小"值为 1.0，"角度"为 0x+80.0°，"高度"值为 0x+30.0°，如图 4-5 所示。

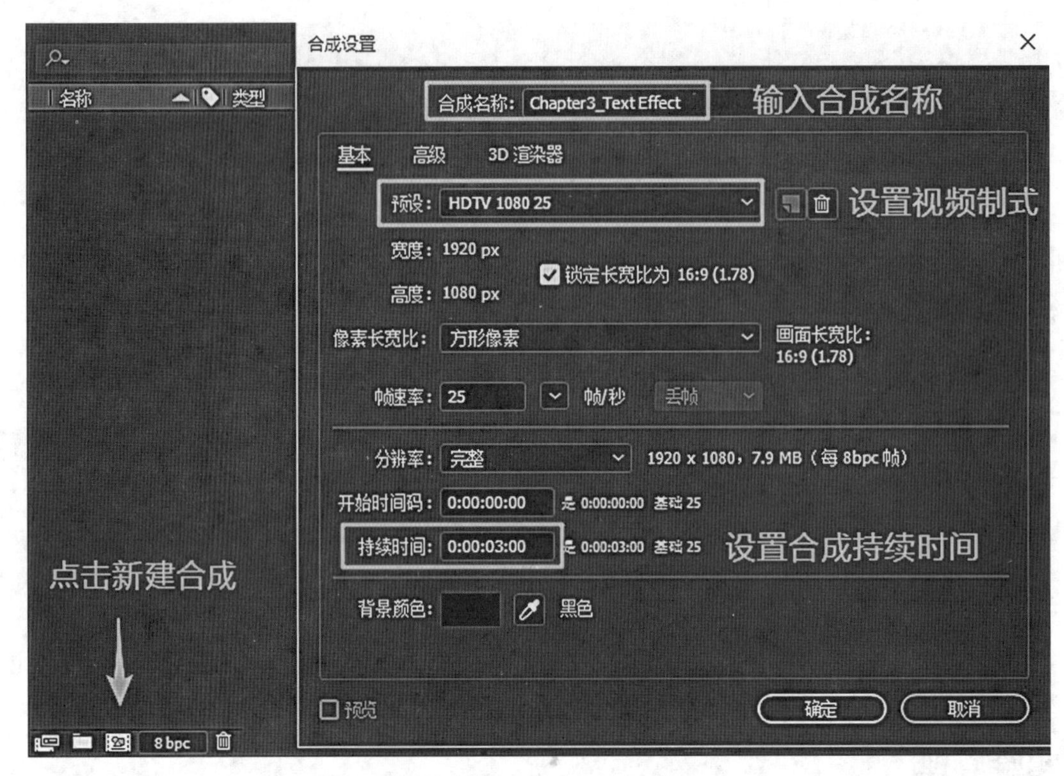

图 4-1 “合成设置”中参数设置

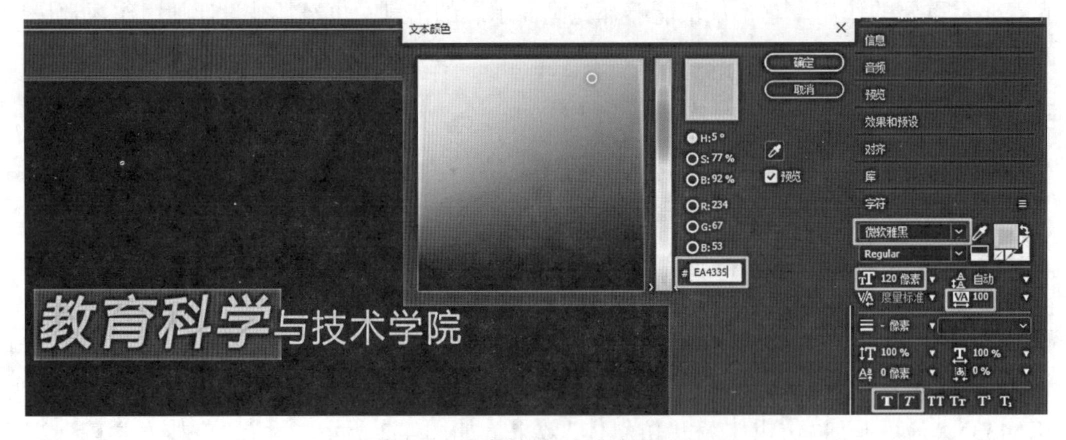

图 4-2 “教育科学”文字参数设置

(5)展开“渐变叠加”属性栏，单击“颜色”属性，编辑其起始渐变颜色值为 #FFD76C、结束渐变颜色值为 #C93002，最后设置“角度”值为 0x+270. 0°。如图 4-6 所示。

(6)用鼠标右键点击“教育科学与技术学院”文字图层，选择“预合成”菜单命令，输入新合成名称为“Text_PreComp”，选中“将所有属性移动到新合成”选项。如图 4-7 所示。

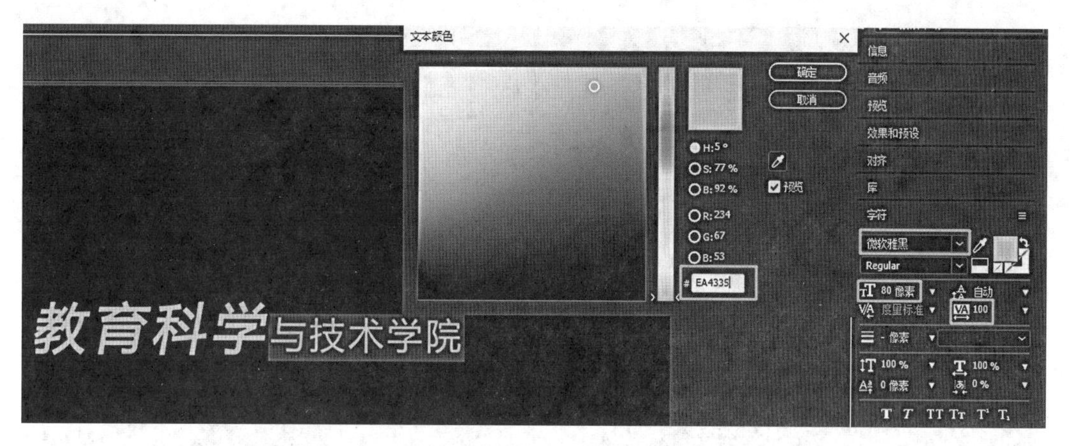

图 4-3 “与技术学院”文字参数设置

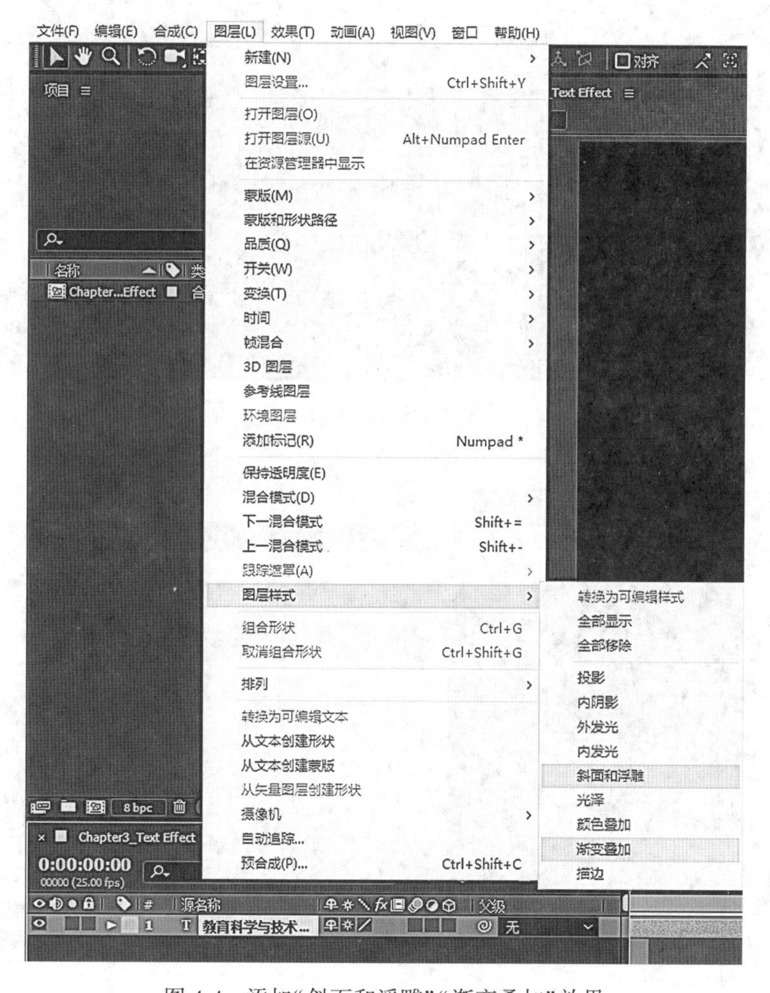

图 4-4 添加“斜面和浮雕”“渐变叠加”效果

图 4-5 “斜面与浮雕”效果参数设置

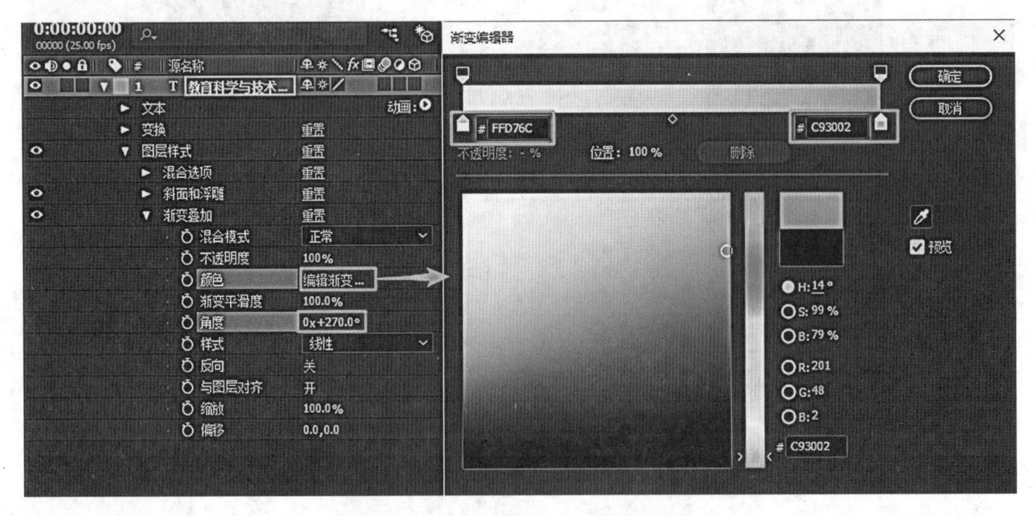

图 4-6 “渐变叠加”效果参数设置

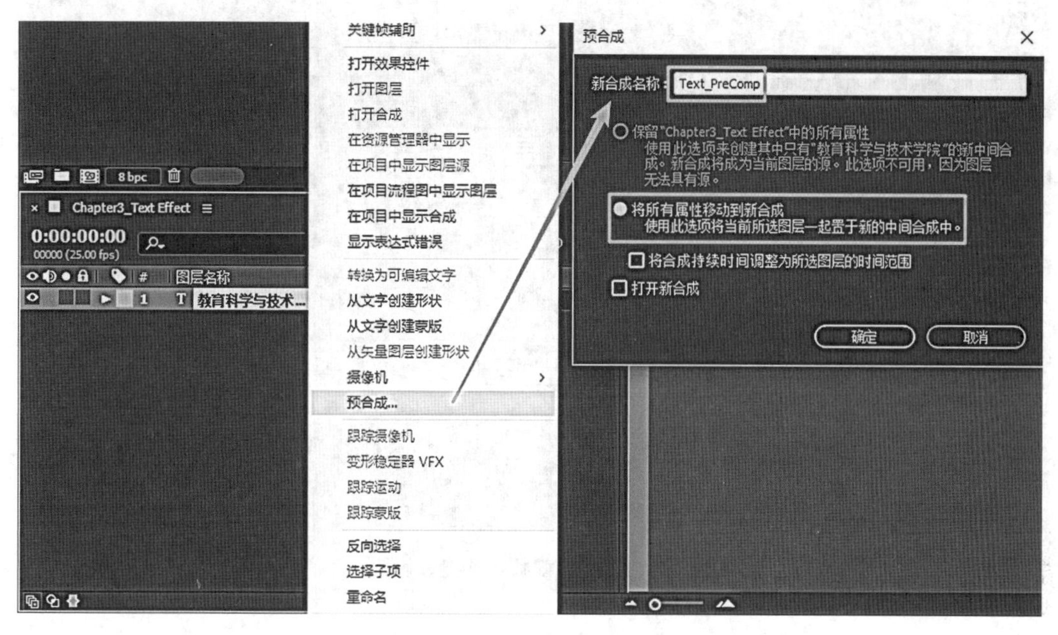

图 4-7 “预合成”设置

(7)选择合并后的图层，然后按快捷键“Ctrl+D”复制当前选择的图层，并将复制得到的新图层命名为“Text_Shadow”。选择“Text_Shadow”图层，然后使用“椭圆工具”创建蒙版，如图 4-8 所示。然后设置该图层的“位置”值为(960，645)，取消“缩放”值前面的长宽缩放链接图标，并将“缩放”值设为(100，-100%)，最后展开该图层蒙版的属性，设置“蒙版羽化”值为(500，500 像素)、“蒙版不透明度”值为 35%。如图 4-9 所示。

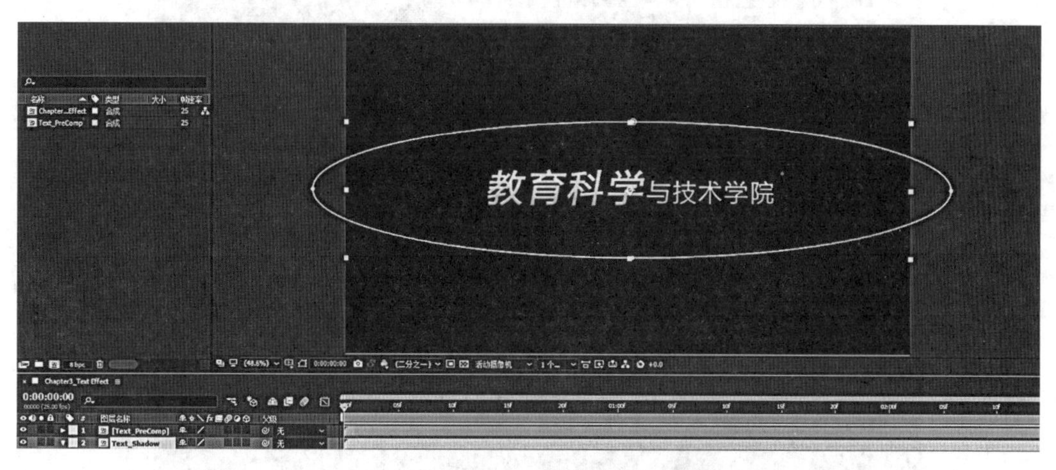

图 4-8 绘制椭圆形蒙版

教育科学与技术学院
0:00:00:00
[Text_PreComp]
Text_Shadow

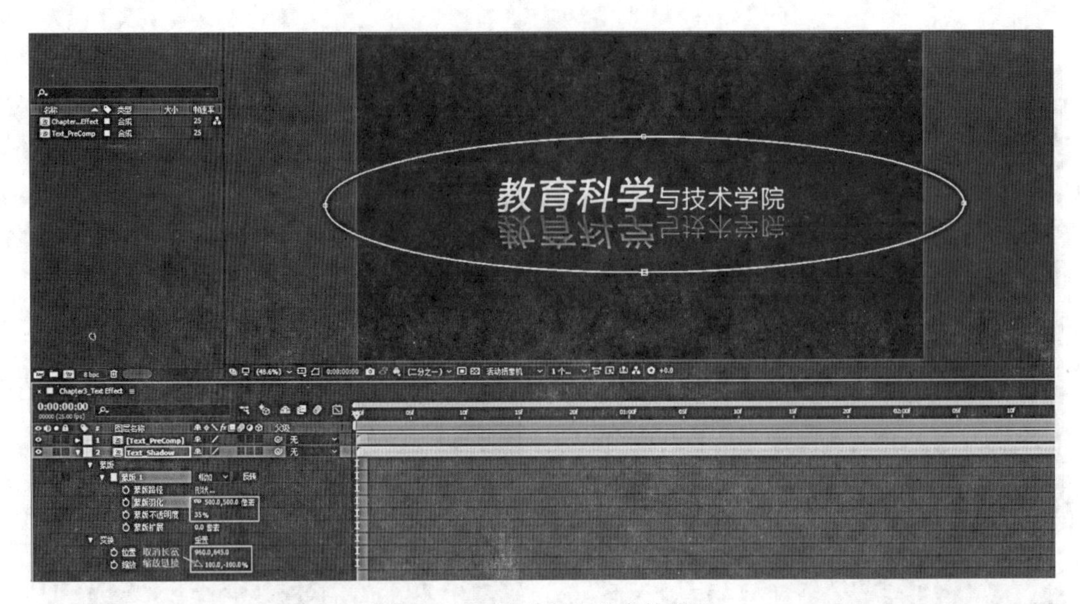

图 4-9　图层和蒙版相关参数设置

(8)新建合成，填写合成名称为“Final Effect”，选择预设 HDTV 1080 25 的合成制式，确认合成的持续时间为 3 秒。如图 4-10 所示。

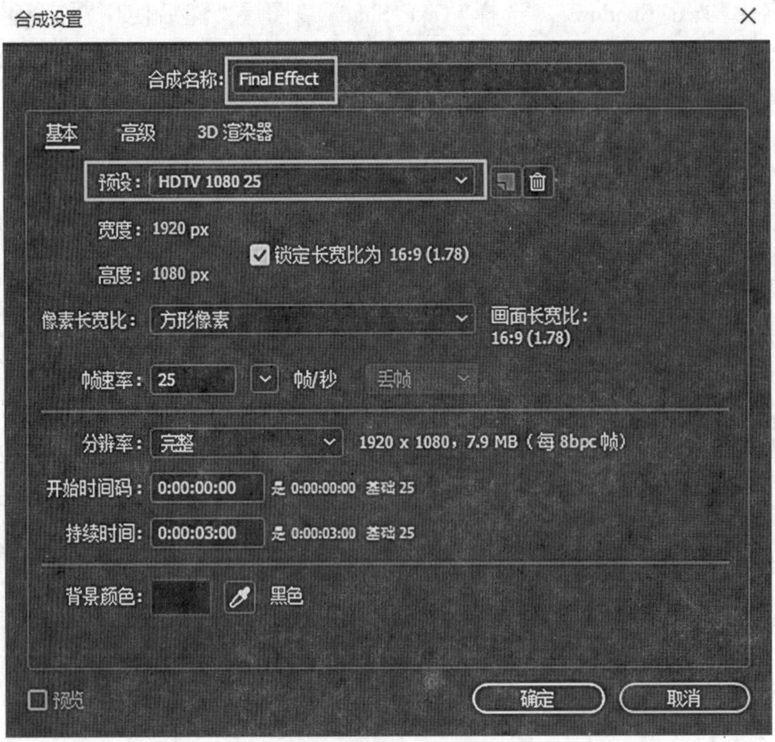

合成设置
合成名称：Final Effect
基本
高级
3D 渲染器
预设：HDTV 1080 25
宽度：1920 px
锁定长宽比为 16:9 (1.78)
高度：1080 px
像素长宽比：方形像素
画面长宽比：16:9 (1.78)
帧速率：25
帧/秒
丢帧
分辨率：完整
1920 x 1080，7.9 MB（每 8bpc 帧）
开始时间码：0:00:00:00
是 0:00:00:00 基础 25
持续时间：0:00:03:00
是 0:00:03:00 基础 25
背景颜色：
黑色
预览
确定
取消

图 4-10　新建合成参数设置

(9)执行"文件→导入→文件"菜单命令，导入"Background_Fire. mp4"文件，然后将其拖曳到 Final Effect 合成的时间线上，同时也将项目面板中的"Chapter3_Text Effect"合成添加到 Final Effect 合成的时间线上，并将"Chapter3_Text Effect"合成的"缩放"值调整为(139，139%)，如图 4-11 所示。

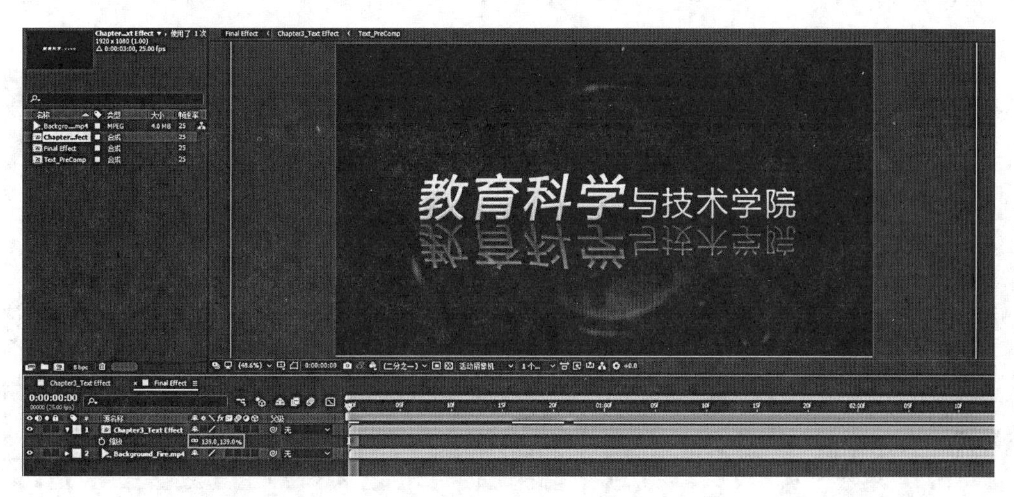

图 4-11　导入素材并调整尺寸

(10)选择"Chapter3_Text Effect"图层，执行"效果→模拟→CC Pixel Polly"菜单命令。如图 4-12 所示。

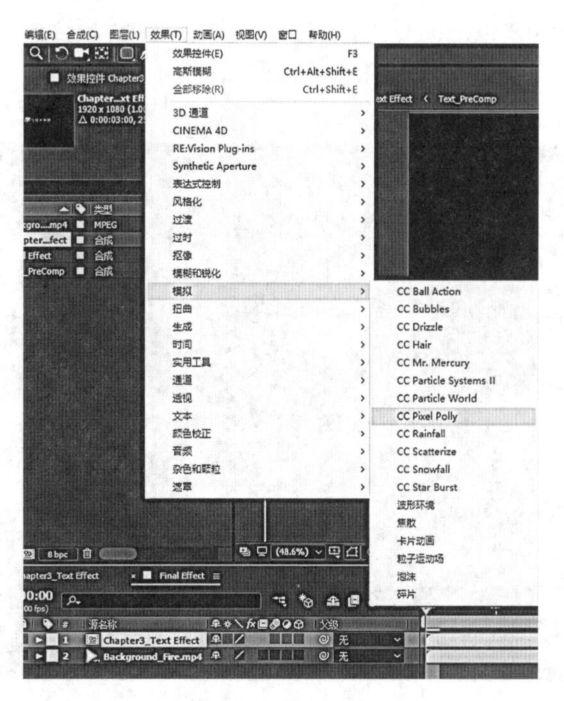

图 4-12　添加"CC Pixel Polly"效果

(11)在“CC Pixel Polly”效果中，设置“Direction Randomnes”值为100%、“Speed Randomness”值为100%、“Grid Spacing”值为5，开启“Enable Depth Sort”选项。接下来我们设置“Force”和“Gravity”属性的关键帧动画，在时间线的第10帧(10f)处，设置“Force”值为0，“Gravity”值为0；在第2秒10帧处，设置“Force”值为100，“Gravity”值为1.2。如图4-13所示。

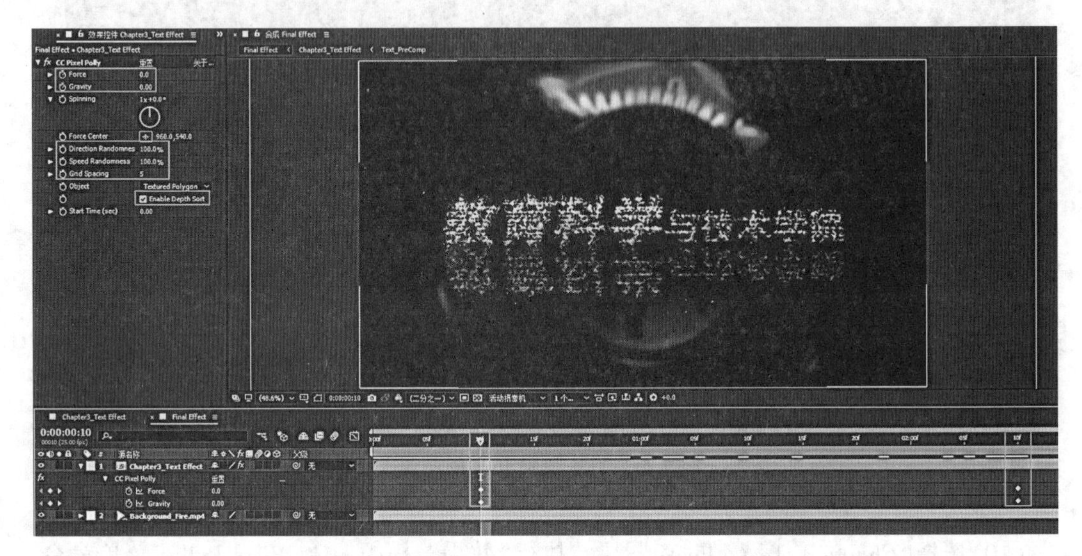

图4-13 “CC Pixel Polly”效果参数及关键帧设置

(12)用鼠标右键点击“Chapter3_Text Effect”图层，选择“预合成”菜单命令，命名新合成名称为“Chapter_Text Effect_Up”。如图4-14所示。

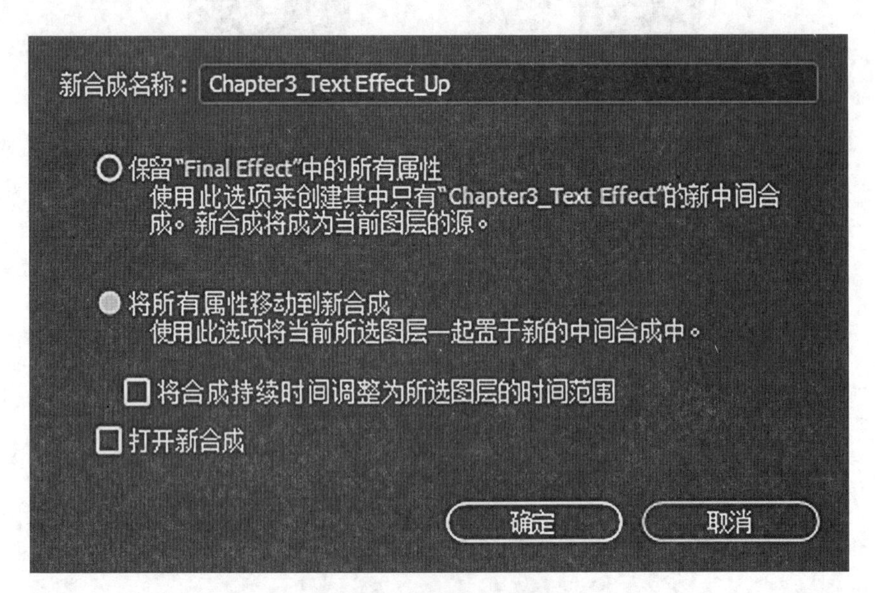

图4-14 “预合成”设置

（13）选择“Chapter3_Text Effect_Up”图层，按“Ctrl+Alt+R”快捷键对该图层做“倒放”效果的设置。执行“效果→RE：Vision Plug-ins→RSMB”菜单命令，如图 4-15 所示。设置“Blur Amount”值为 1，“Motion Sensitivity”值为 100。如图 4-16 所示。

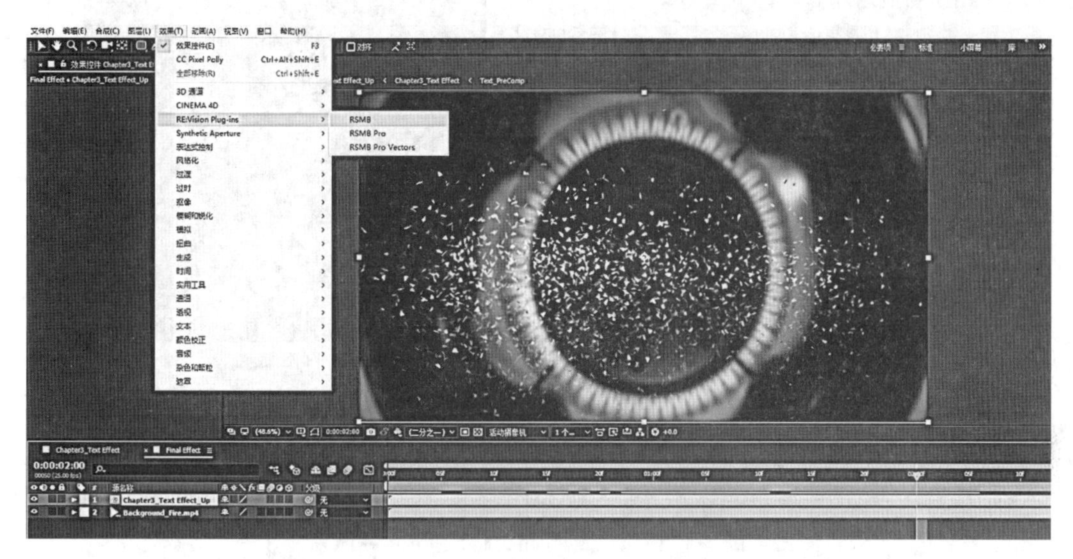

图 4-15　添加“RSMB”效果

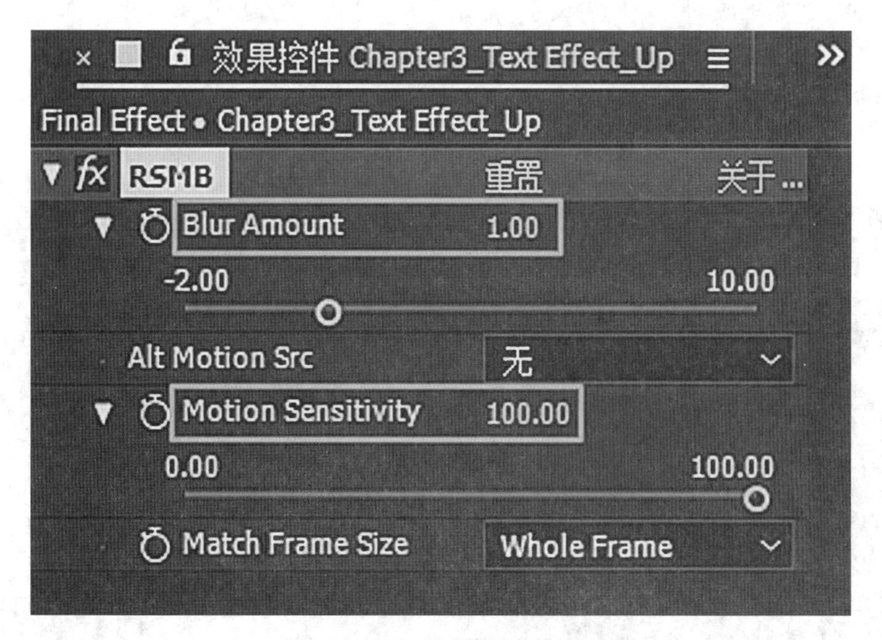

图 4-16　“RSMB”效果参数设置

（14）接下来我们导出“. mp4”视频格式文件。执行“文件→导出→添加到 Adobe Media Encoder 队列”菜单命令，如图 4-17 所示。

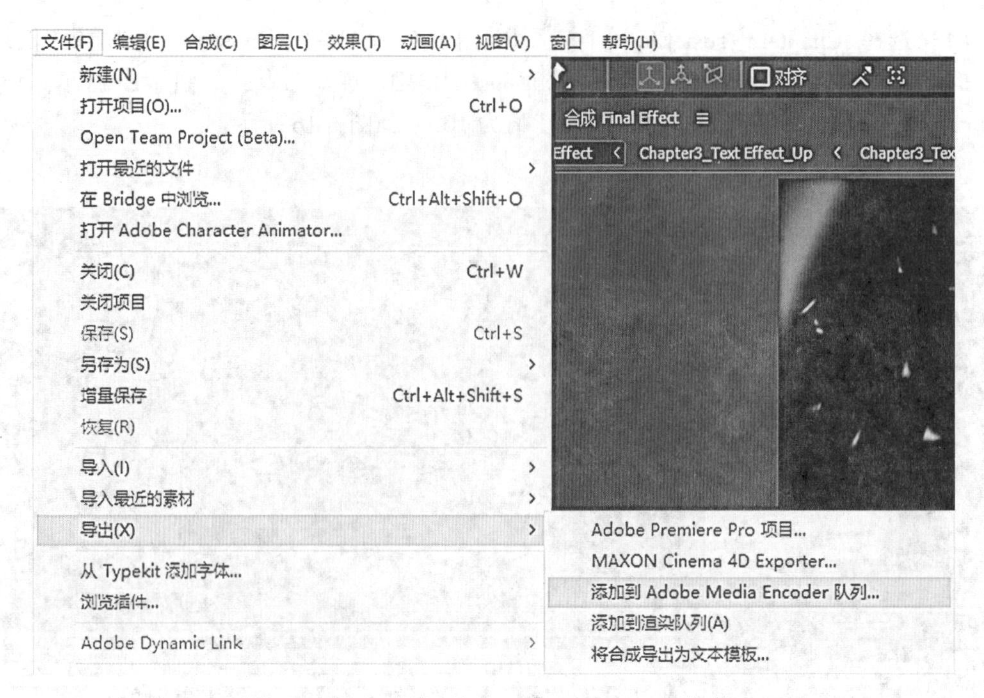

图 4-17　导出“添加到 Adobe Media Encoder 队列”

(15)默认“匹配源”是高比特率的，点击它，弹出视频导出设置。由于本案例没有音频媒体，所以这里点选取消“导出音频”选项。然后点击输出名称后面的文件名，选择一个文件夹存放导出来的视频，并命名导出的视频文件为“Final Effect. mp4”。如图 4-18 所示。

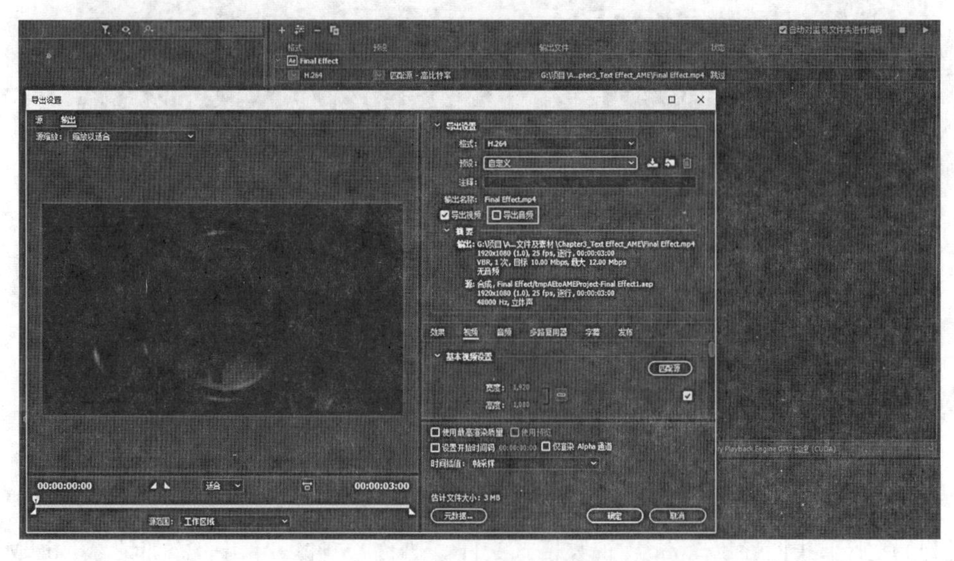

图 4-18　视频导出设置

（16）点击“开始”导出按钮即可开始导出视频。导出过程中可以暂停或终止导出视频。如图 4-19 所示。

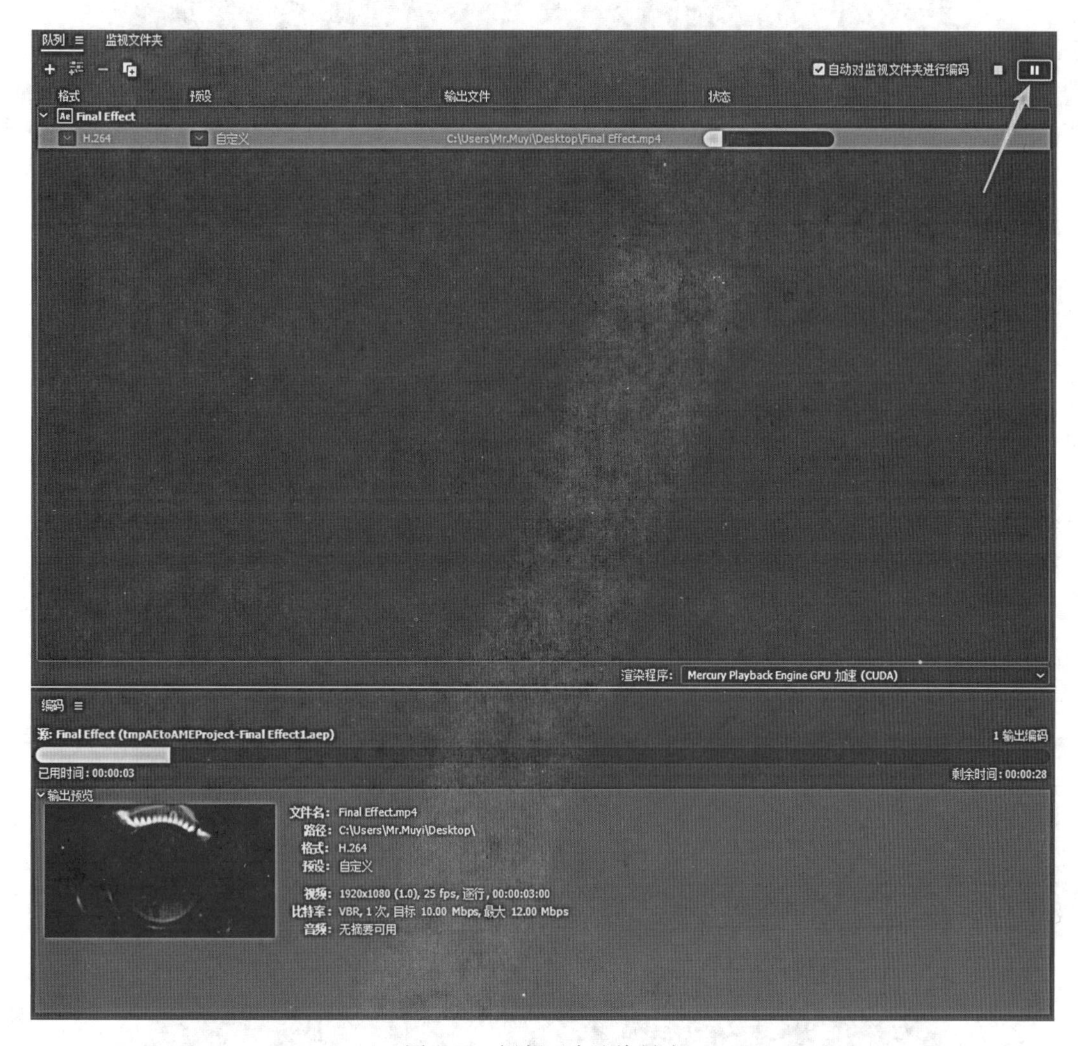

图 4-19　视频正在渲染导出

实例二：文字动画“心”

（1）打开 AE 软件，新建合成，如图 4-20 所示，合成预设为“HDTV 1080 25”，持续时间为 5 秒。

（2）新建白色纯色图层，作为背景，如图 4-21 所示。

（3）选择文本工具，输入文字“心”，大小为 200 像素，使用对齐工具，将文字对齐到合成中心，如图 4-22 所示。

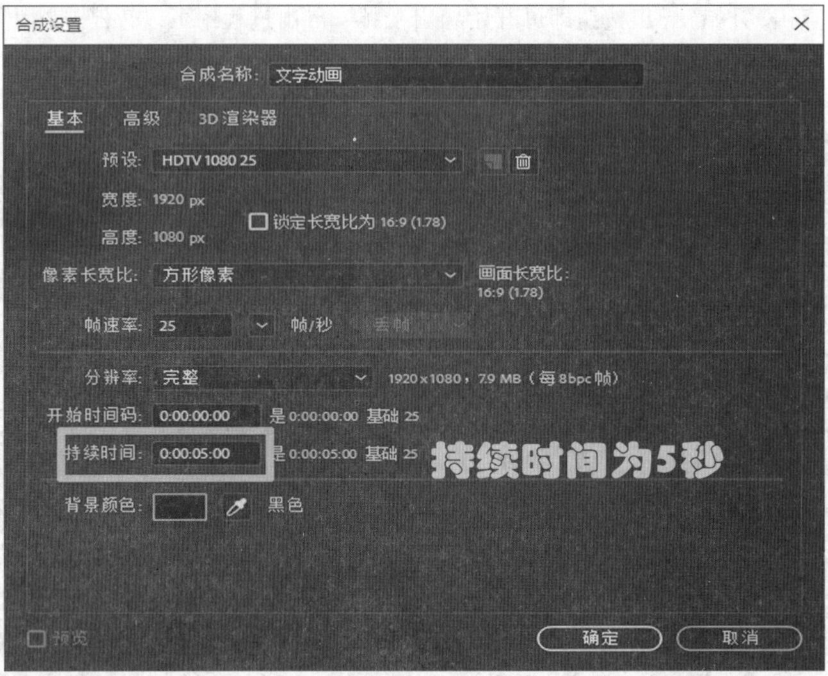

合成设置

合成名称：文字动画

基本　高级　3D 渲染器

预设：HDTV 1080 25

宽度：1920 px

高度：1080 px

锁定长宽比为 16:9 (1.78)

像素长宽比：方形像素

画面长宽比：16:9 (1.78)

帧速率：25　帧/秒　丢帧

分辨率：完整　1920 x 1080，7.9 MB（每 8bpc 帧）

开始时间码：0:00:00:00　是 0:00:00:00 基础 25

持续时间：0:00:05:00　是 0:00:05:00 基础 25

持续时间为5秒

背景颜色：黑色

预览　确定　取消

图 4-20　合成设置

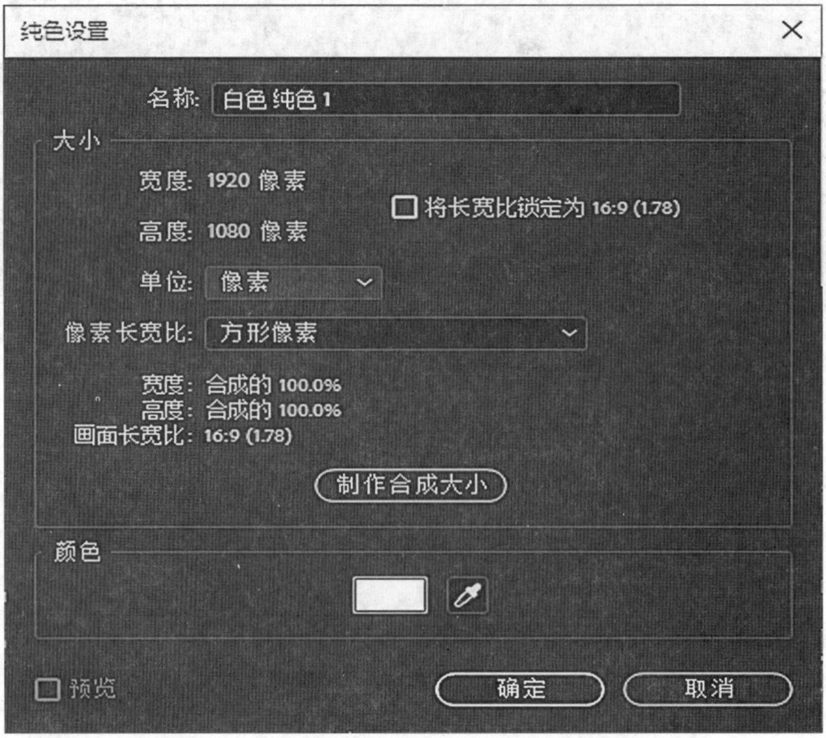

纯色设置

名称：白色 纯色 1

大小

宽度：1920 像素

高度：1080 像素

将长宽比锁定为 16:9 (1.78)

单位：像素

像素长宽比：方形像素

宽度：合成的 100.0%

高度：合成的 100.0%

画面长宽比：16:9 (1.78)

制作合成大小

颜色

预览　确定　取消

图 4-21　新建纯色图层

图 4-22　字体设置

(4)点击"工具栏—视图—显示网格"，对齐到网格，然后用钢笔工具在合成中进行绘制"心"形状，如图 4-23 和图 4-24 所示(可以参考落笔点及形状，形状大小最好和文字部首一般大小，可以参考图 4-28)。

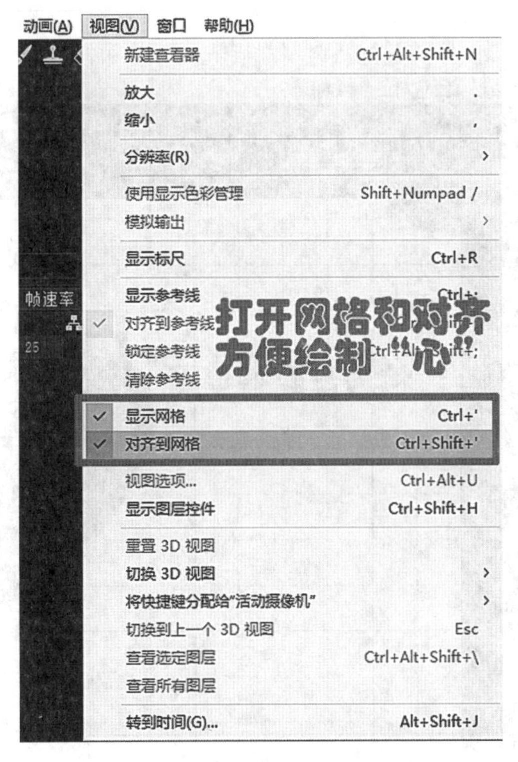

图 4-23　打开网格

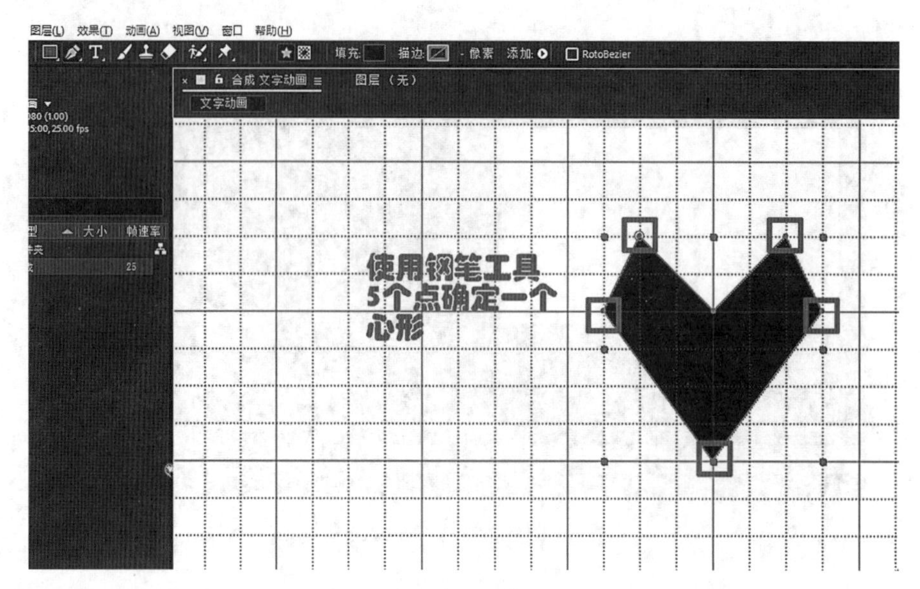

图 4-24　绘制形状

(5)用鼠标左键按住钢笔工具栏，可以将钢笔工具切换为“转换顶点工具”，然后点击“心”形状的顶点，使形状变得平滑。最后使用锚点工具，将“心”的锚点移动到形状中心，如图 4-25、4-26 所示。

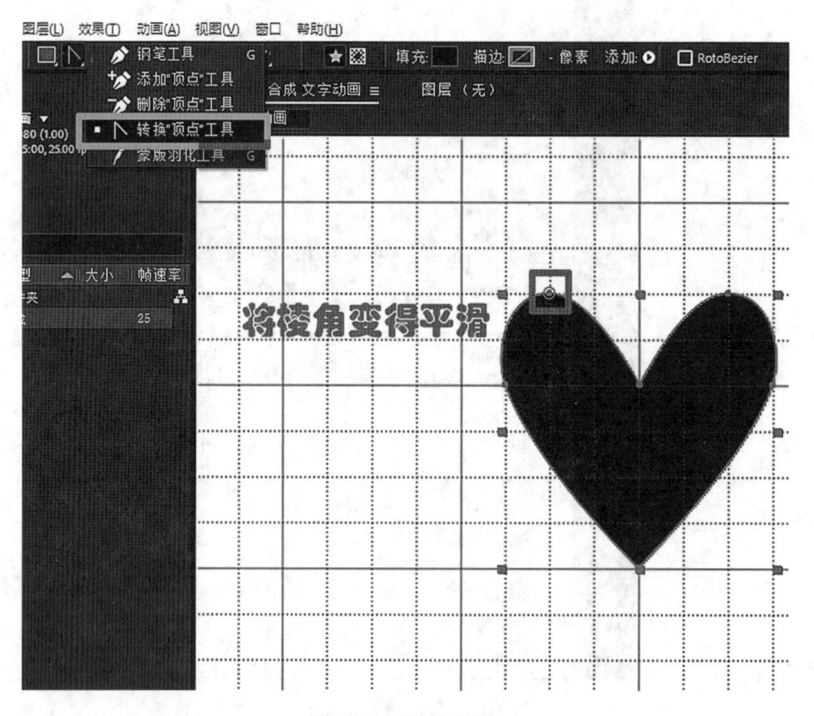

图 4-25　形状平滑

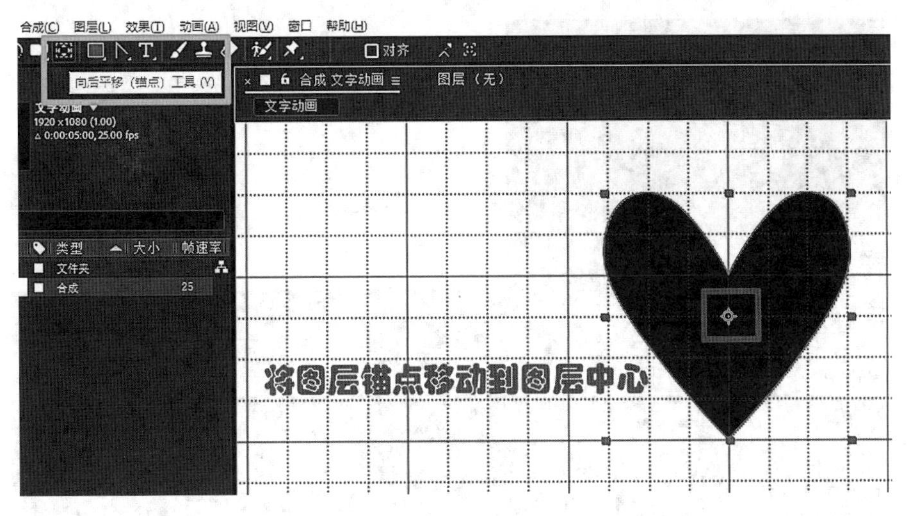

图 4-26　移动锚点

(6)用鼠标右键点击“心”文字。在出现的功能栏中，选择“从文字创建形状”，从“心”文字创建形状图层“心轮廓”，如图 4-27 所示。用鼠标左键点击打开“心轮廓”形状图层的内容，可以看到，“心”形状由 4 个小形状图层组成，如图 4-28 所示。

图 4-27　文字转换形状

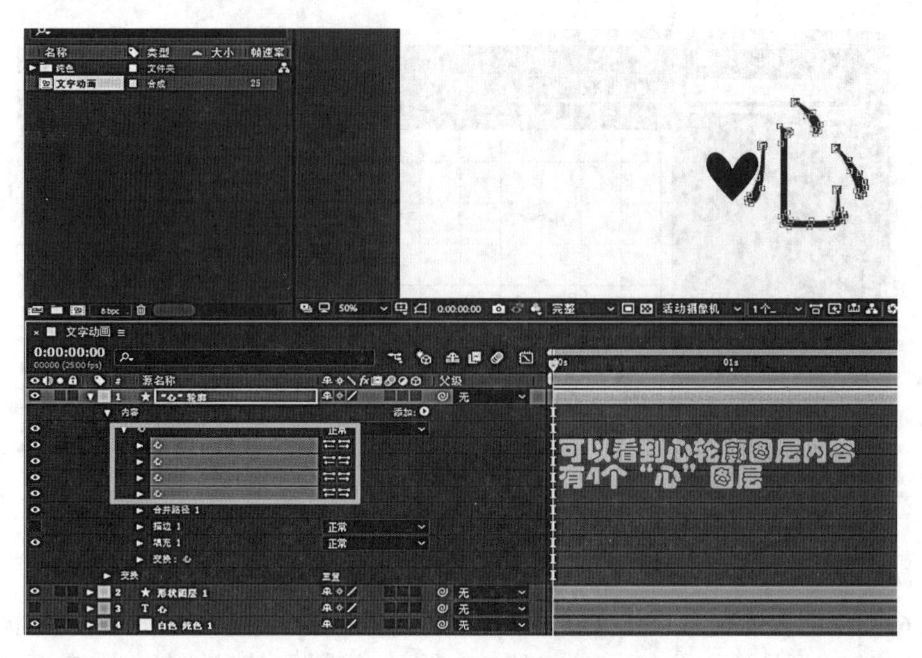

图 4-28　形状图层内容

（7）将"心轮廓"图层复制 3 份，并且分别删除其中的 3 部分笔画，使 4 个图层恰好能组合成文字"心"，如图 4-29 所示。

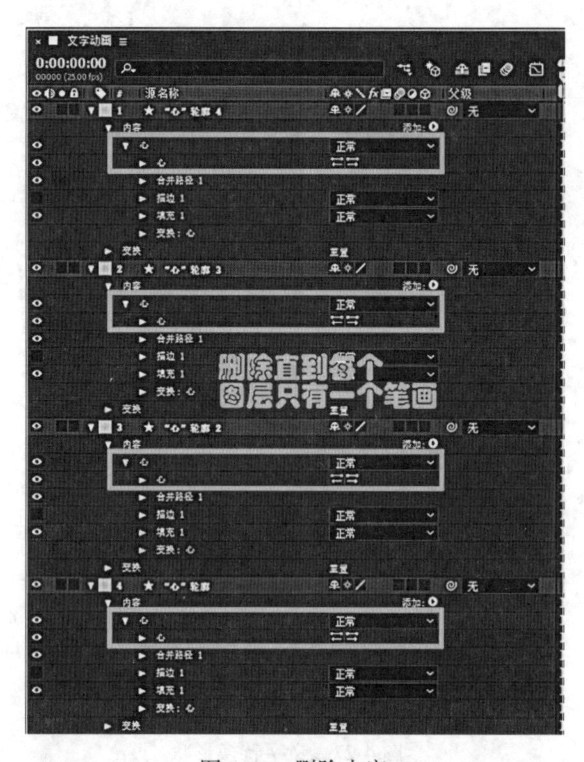

图 4-29　删除内容

(8)展开心形状图层的内容，选中它的路径属性，按住“Ctrl+C”复制。然后打开一个“心轮廓”图层，为它的路径在0秒处设置关键帧，在2秒处按住“Ctrl+V”粘贴复制的路径属性，如图4-30所示。预览动画，可以看到笔画变成心。

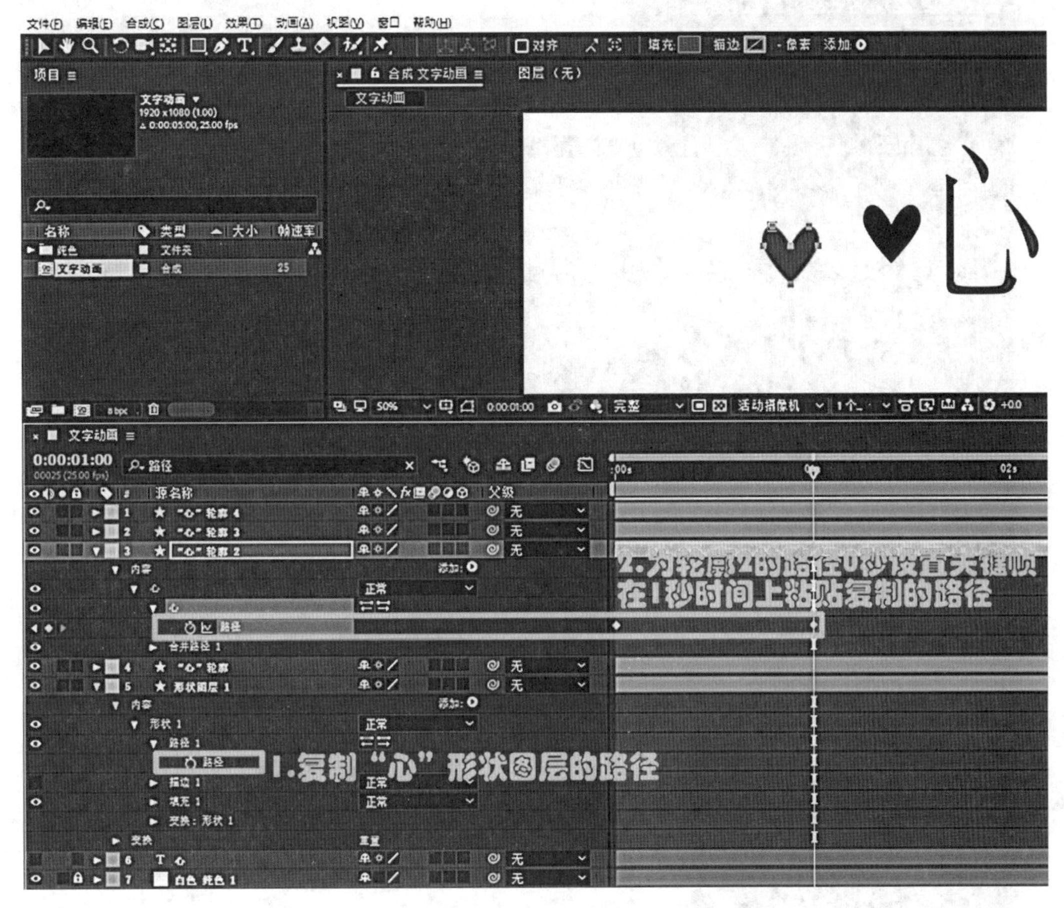

图4-30　复制路径

(9)同理，为其余3份笔画设置路径关键帧动画，然后隐藏绘制的“形状图层1(心)”。预览动画可以看到4个笔画分别变化为4颗心，移动4颗心的位置，使其刚好组成“心”文字。选择包含笔画的4个图层，按“Ctrl+Alt+R”快捷键对图层做“倒放”效果的设置。此时动画开始为静态的心形图案，后面逐渐变为文字“心”。

(10)在0~1秒的时间段，将“心”的“弯钩”部分设置缩放属性为250%~300%(缩放比例设置视初始所绘心形形状大小而定，最大化后为整个“心”文字一般大小)，然后按住“Alt+【”对其余3部分笔画图层的0~1秒进行裁剪，如图4-32所示。

(11)在1~2秒的时间段，制作4颗心从中心散开的动画，缩放属性为300%~80%，位置属性设置从合成中心移动到4个笔画处的关键帧，如图4-33所示。

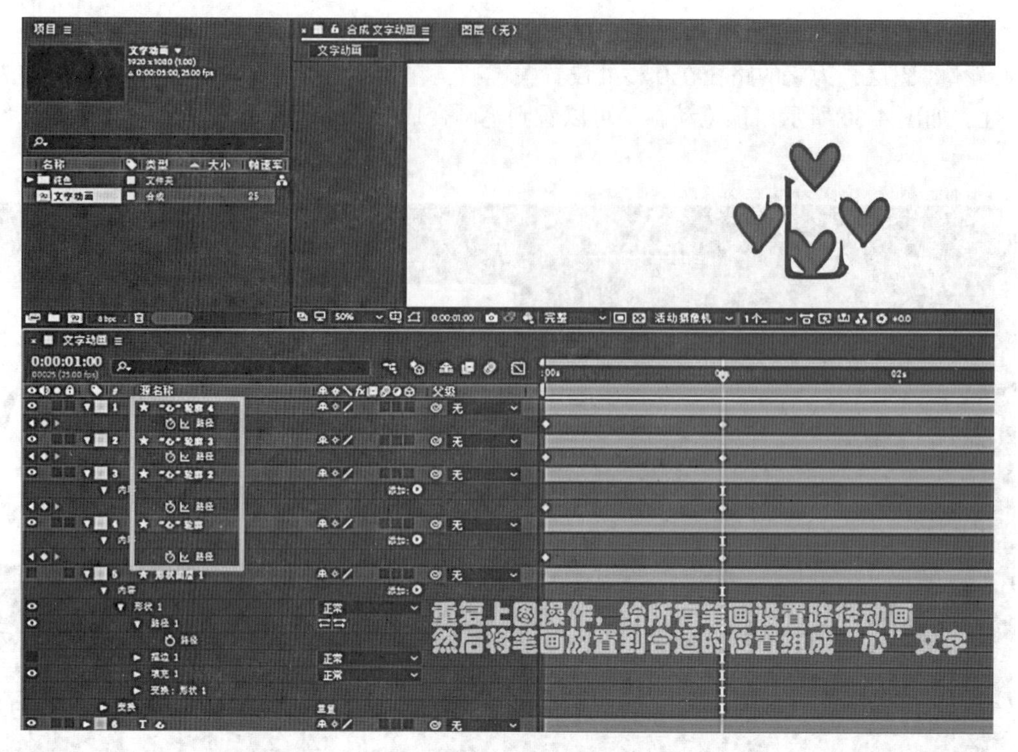

图 4-31　设置动画

图 4-32　图层裁剪

图 4-33　设置缩放动画

(12)在 2~3 秒的时间段，将之前制作的路径动画关键帧分别调整到 2~3 秒的位置，使其产生“心”变化为文字“心”的动画，如图 4-34 所示。

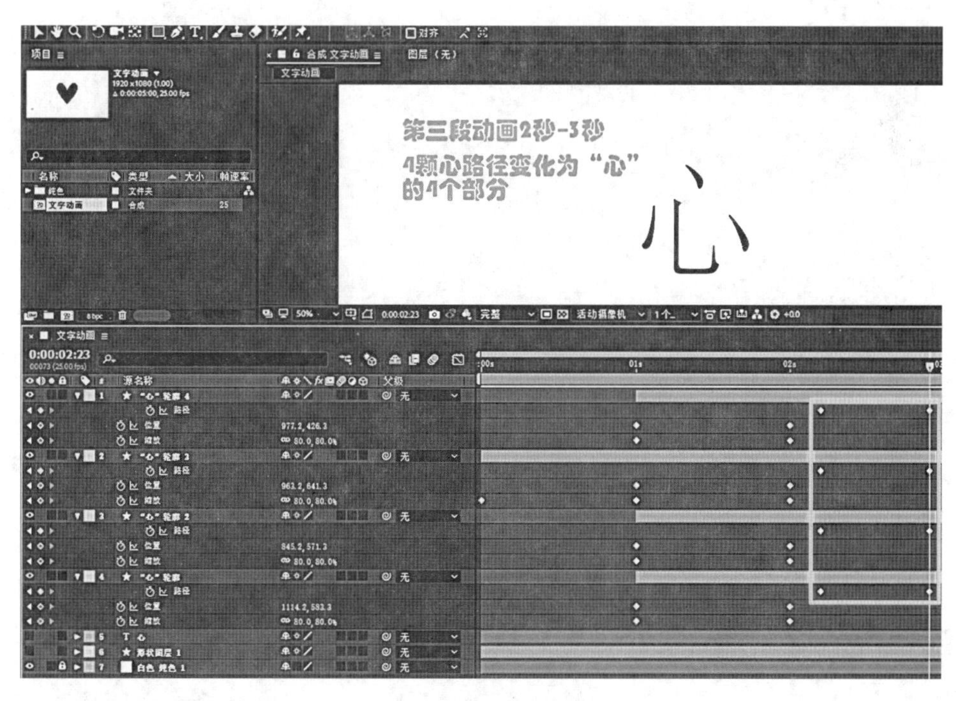

图 4-34　调整关键帧

(13)预览动画，对过程中不流畅的部分进行关键帧调整，最后添加到渲染队列，导出，如图 4-35 所示。

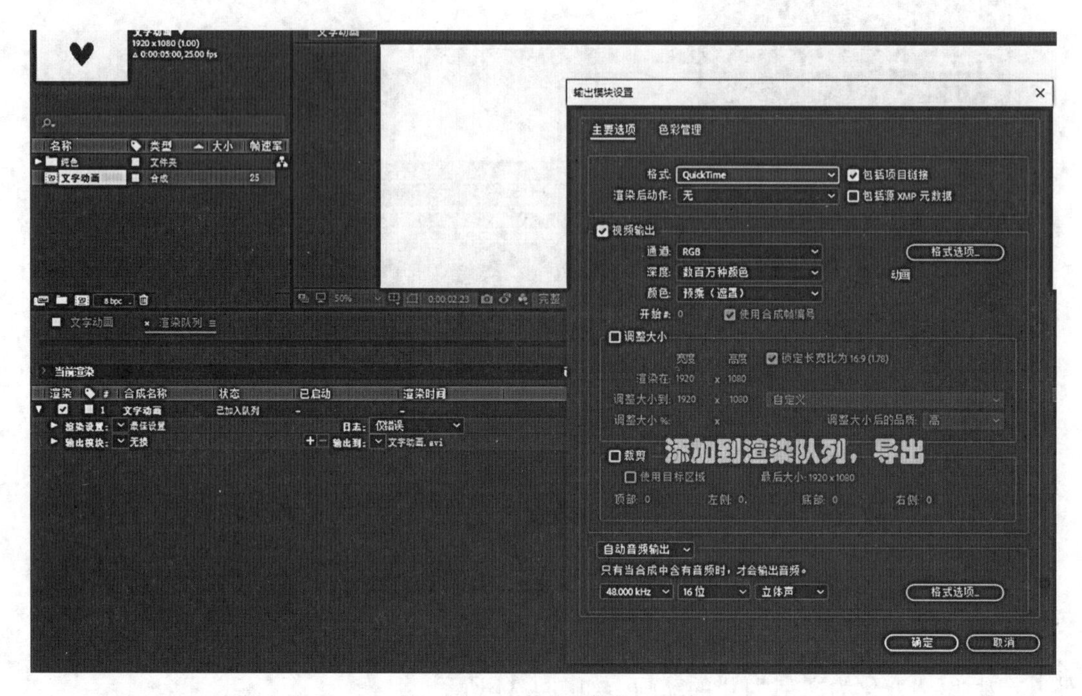

图 4-35　渲染输出

实验五　三维合成

实验目的

掌握 After Effects 中的三维合成功能。

实验学时

4 学时

实验器材

多媒体计算机、Windows 7 以上系统、Adobe After Effects

实验原理

1. 三维图层

在 AE 中进行三维空间的合成，需要将对象的 3D 属性打开，打开 3D 属性的对象，即出现在三维空间内。系统在其 X，Y 轴的坐标基础上，自动为其赋予的三维空间中的深度概念——Z 轴。对象的各项变化属性中自动添加 Z 轴参数。三维层的操作方法与二维层没什么区别，只不过每个层多出了一项 Z 轴参数。

2. 三维视图

在视图数目下拉列表中可以选择当前合成窗口显示的视图数目。我们可以选择显示 1 个、2 个或者 4 个视图，而且可以选择视图的布局方式。

在视图数目左侧的下拉列表中选择使用的视图模式。在进行三维空间的合成时，我们经常需要使用三视图来进行调整。所谓三视图是指前视图、后视图、顶视图、底视图、左视图、右视图。利用这些视图，可以从不同角度观察三维空间中的对象，更加方便和准确地进行调节。

自定义视图通常用于对对象的空间调整。它不使用任何透视，在该视图中可以直观地看到对象在三维空间中的位置，而不受透视产生的其他影响。

如果建立摄像机，可以在有效摄像机视图中对 3D 对象进行操作。通常情况下，如果需要在三维空间中进行特效合成，最后输出的影片都是摄像机视图中所显示的影片。摄像机视图就像我们扛着一架摄像机进行拍摄一样。

在透视模式下，合成窗口显示的图层除了可以用摄像机、旋转工具进行显示外，还可以用菜单“视图——显示所选择的图层”和“视图——显示所有图层”来快速将选中的图层或全部图层(包括摄像机)进行显示。

3. 文本层的局部动画

AE 为文本层提供了局部动画功能。展开文本层的文本属性，可以看到开关面板中的显示动画参数栏。单击参数栏的动画按钮，会弹出所有可以设置动画的属性。

选择需要动画的属性，AE 会自动在文本属性栏下增加一个动画属性。动画属性由三部分组成，分别是范围选择器负责制定动画范围，高级属性对动画进行高级设置以及指定动画的属性。

范围选取用于指定动画参数影响的范围。展开该参数，可以看到合成窗口中文本对象左右两旁的开始和结束位置出现标记线。开始参数控制选取范围的开始位置，结束参数控制选取范围的结束位置。通过调整开始和结束参数，即可改变范围。

设定好选取范围后，可以调整偏移参数，改变选取范围的位置。通过对这三个参数记录关键帧，即可实现文本的局部动画。

高级属性用于控制动画状态。单位下拉列表用于指定使用的单位。基于下拉列表中可以选择动画调整基于何种标准；模式下拉列表中可以设置动画的算法；数量参数设置动画属性对字符的影响程度；形状下拉列表中指定动画的曲线外形；柔和(高)和柔和(低)参数控制动画曲线的平滑度，可以产生平滑或突变的动画效果。

范围选择器和高级以外的另外一个参数，即前面指定的动画属性，该属性对指定的文本区域产生影响。AE 可以对文本的变化属性、颜色、字距、字符等属性设定动画。

为文字添加动画后，可以看到，文本下增加了添加下拉列表。该下拉列表可以在当前动画中新增特性或选择。同时我们也可以在文本上设置若干个动画，产生复杂的文字动画。

实验内容

实例一：三维卡片动画

(1)打开 AE，点击菜单栏“文件—导入—文件”或者按住“Ctrl+I”导入全部素材，如图 5-1 所示。

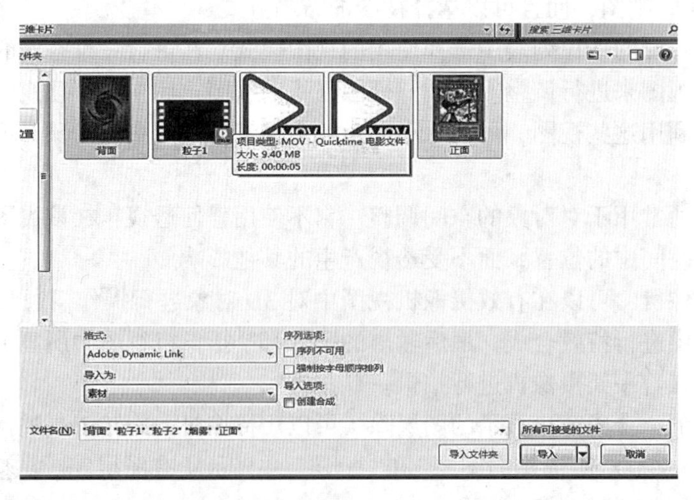

图 5-1　导入素材

(2)创建合成，将素材“正面”“背面”拖入时间轴面板，如图5-2、5-3所示。

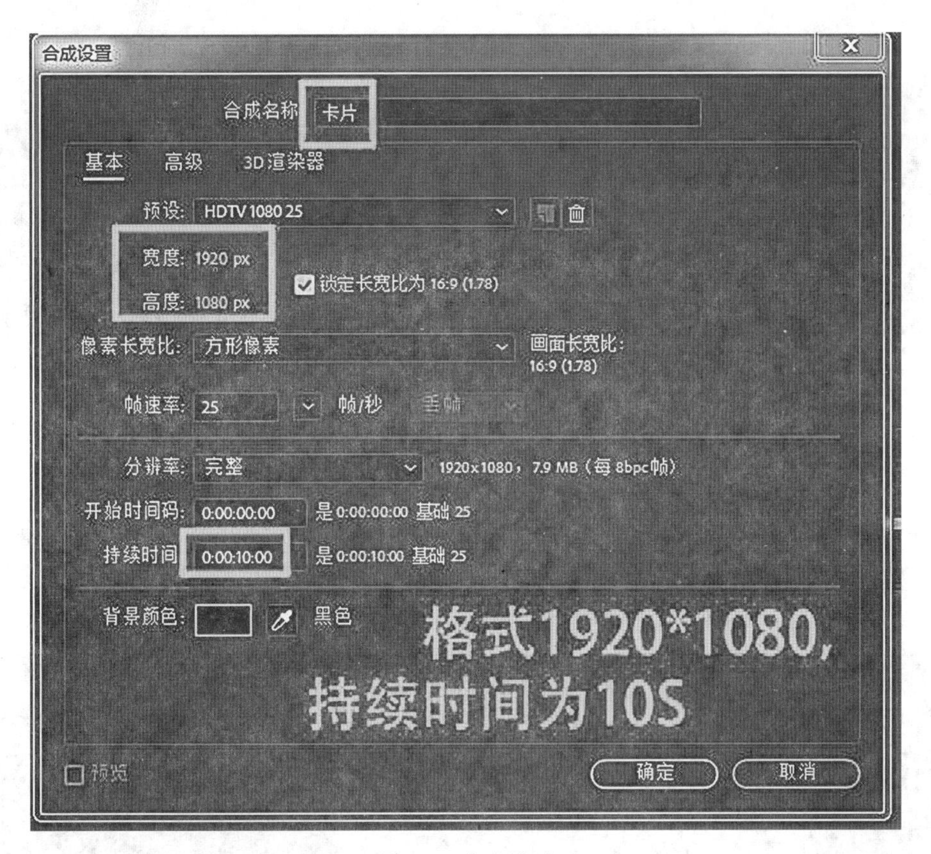

图 5-2　合成设置

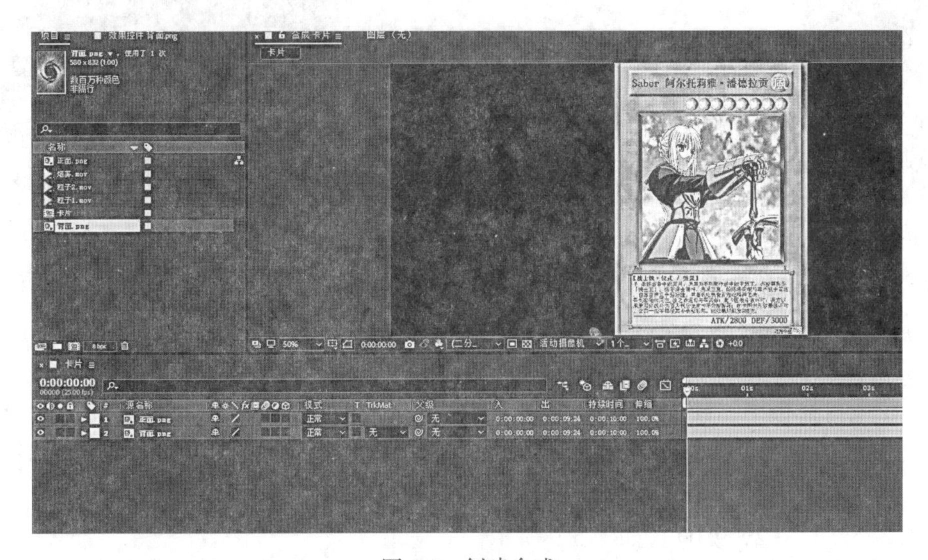

图 5-3　创建合成

(3)打开图层“正面”“背面”的旋转属性，可以发现此时图像只能进行平面旋转，如图 5-4 所示。

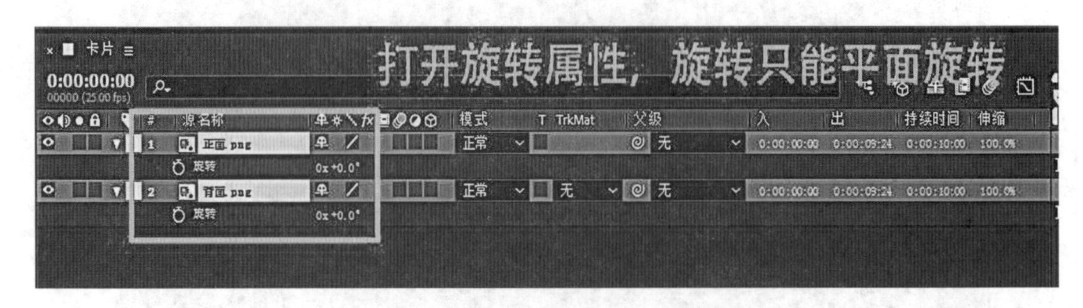

图 5-4　平面旋转

(4)打开图层“正面”“背面”三维图层按钮，右键单击时间轴空白区域(或者单击菜单栏“图层—新建—空对象”)“新建—空对象”作为“正面”和“背面”图层的父级，为空对象 Y 轴旋转属性设置关键帧(0 秒为 0X+0°，2 秒为 2X+0°)，发现卡片开始出现三维运动，但是正反面相同，如图 5-5、5-6 所示。

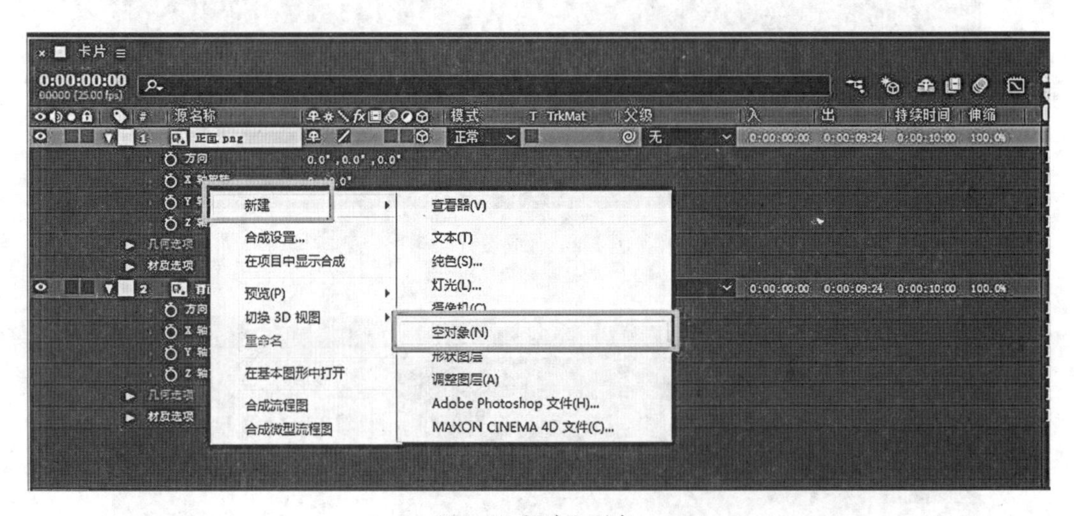

图 5-5　新建空对象

(5)为“背面”图层的 Z 轴位置移动一个位置(0.0，0.0，1.0)，再次旋转空对象，发现卡片拥有正反面了，如图 5-7 所示。

(6)在项目面板中，使用“卡片”合成再次创建合成“卡片 2”，并打开它的三维图层开关。在图层面板中用鼠标右键点击空白区域“新建—摄像机”，使用默认参数创建摄像机，如图 5-8 所示。打开摄像机位置属性，设置关键帧(0 秒 960.0，540.0，−2666.7；1 秒为 3112.5，−262.3，−2909.0)，如图 5-9 所示。

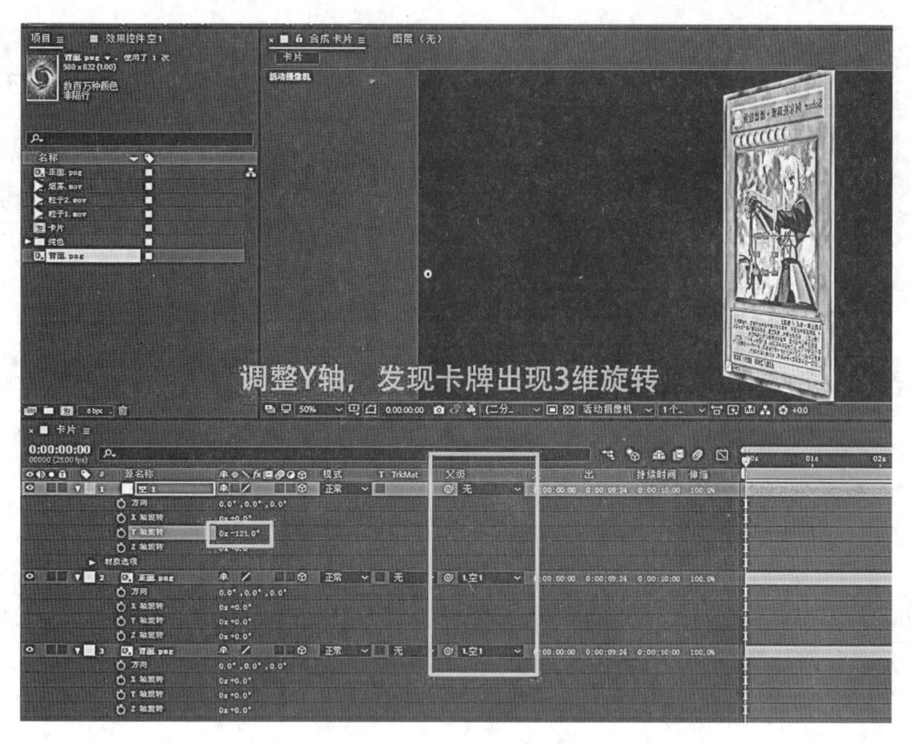

图 5-6　Y 轴旋转

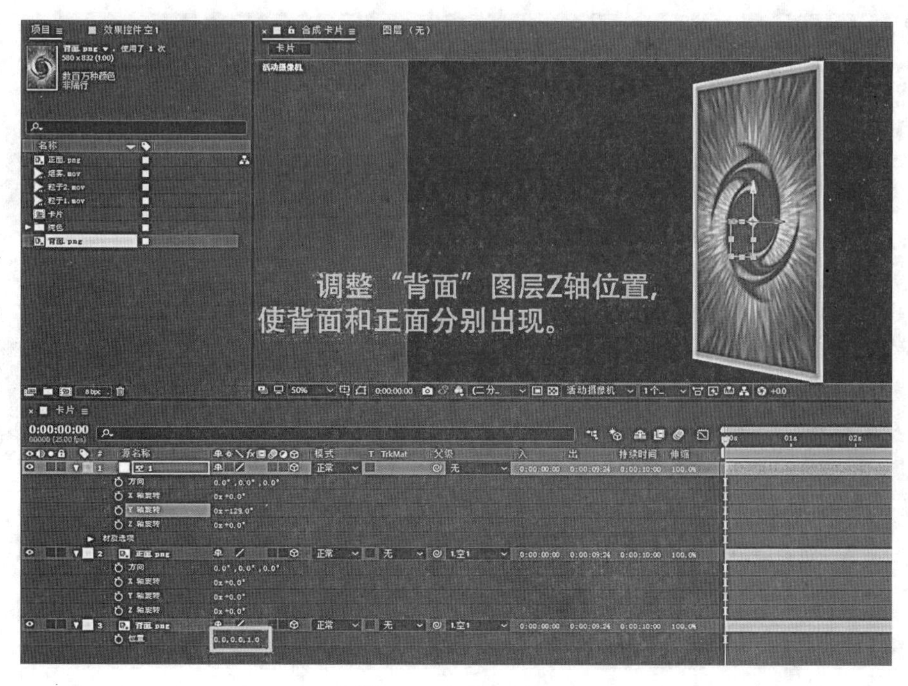

图 5-7　卡牌正反面

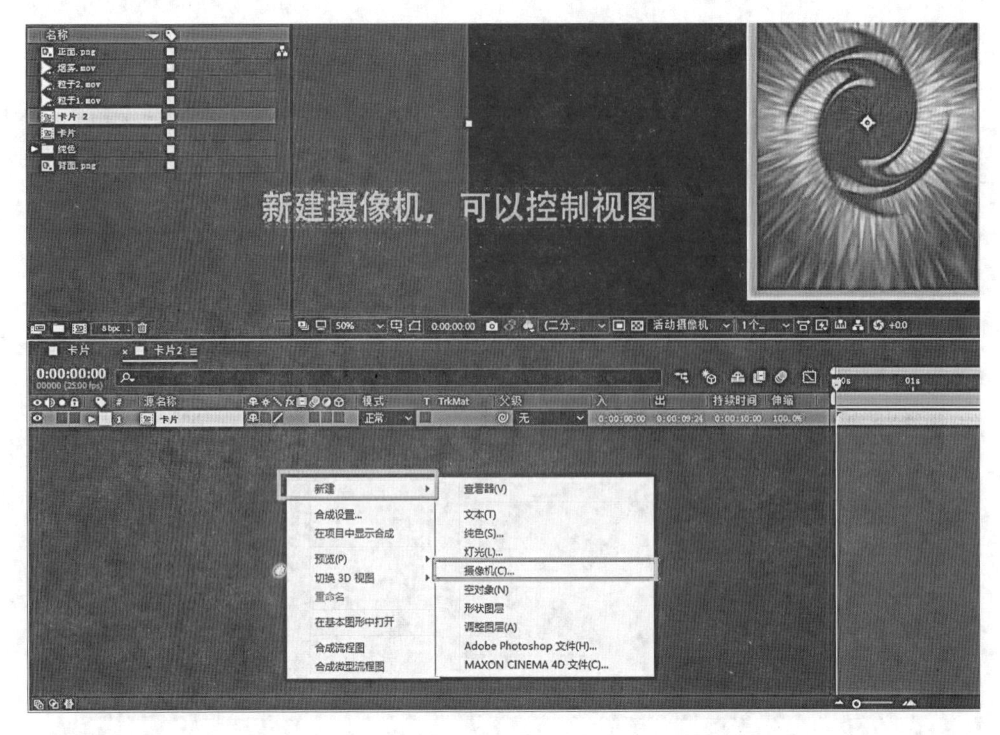

图 5-8　新建摄像机

图 5-9　设置摄像机关键帧

(7)回到“卡片 2”合成，导入 3 个素材“粒子 1”“粒子 2”“烟雾”，放置在“卡片”图层最上方，并将这三个图层混合模式改为“相加”，如图 5-10 所示。

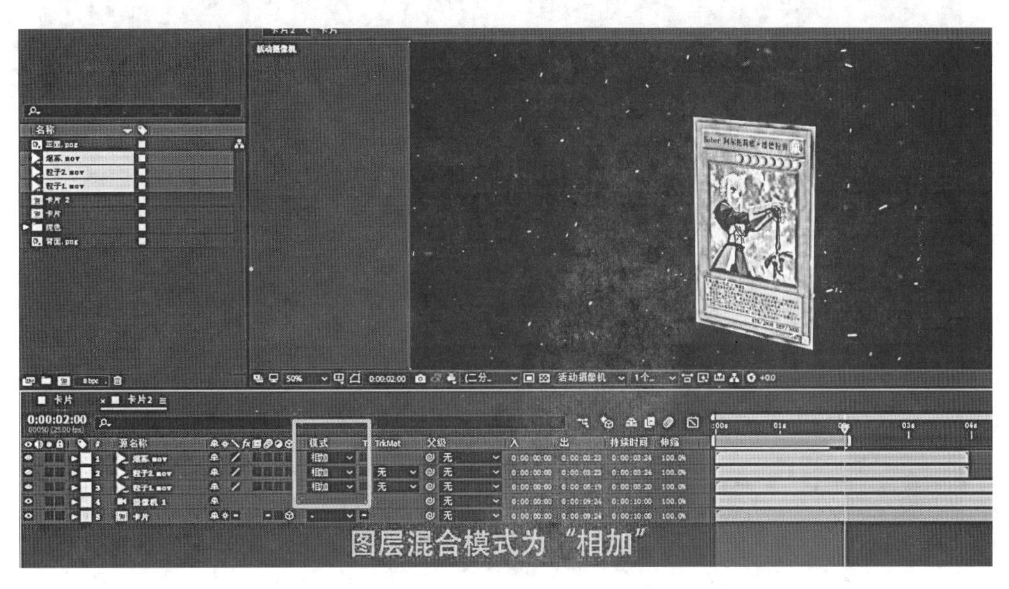

图 5-10　添加 3 个素材

(8)回到“卡片 2”合成，为“卡片”图层添加“高斯模糊”效果，为“模糊度”属性设置关键帧(19 帧模糊度为 37.8，1 秒 11 帧模糊度为 0)。

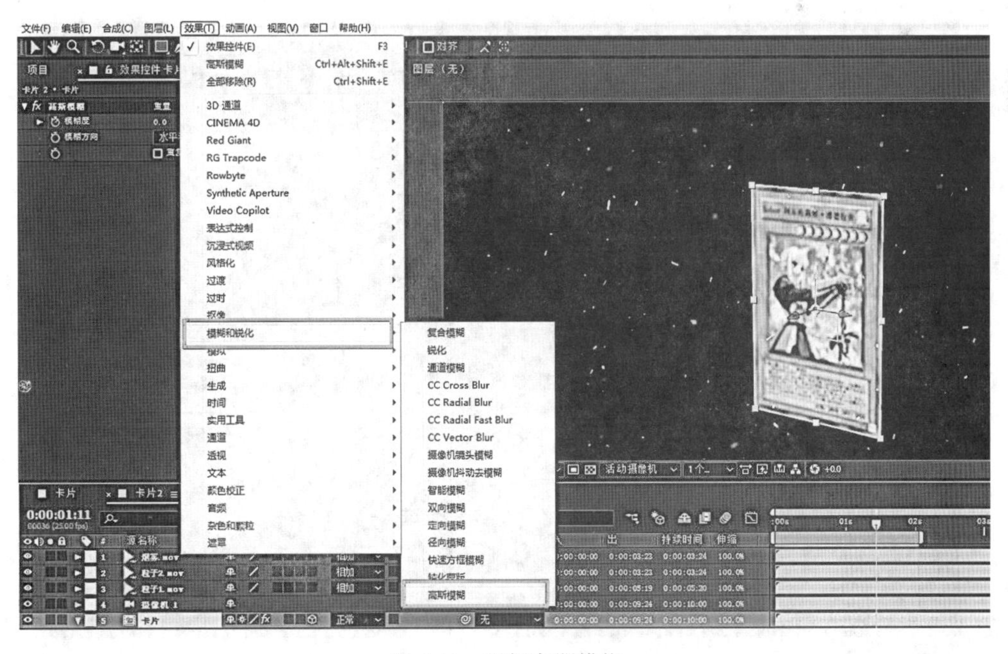

图 5-11　添加高斯模糊

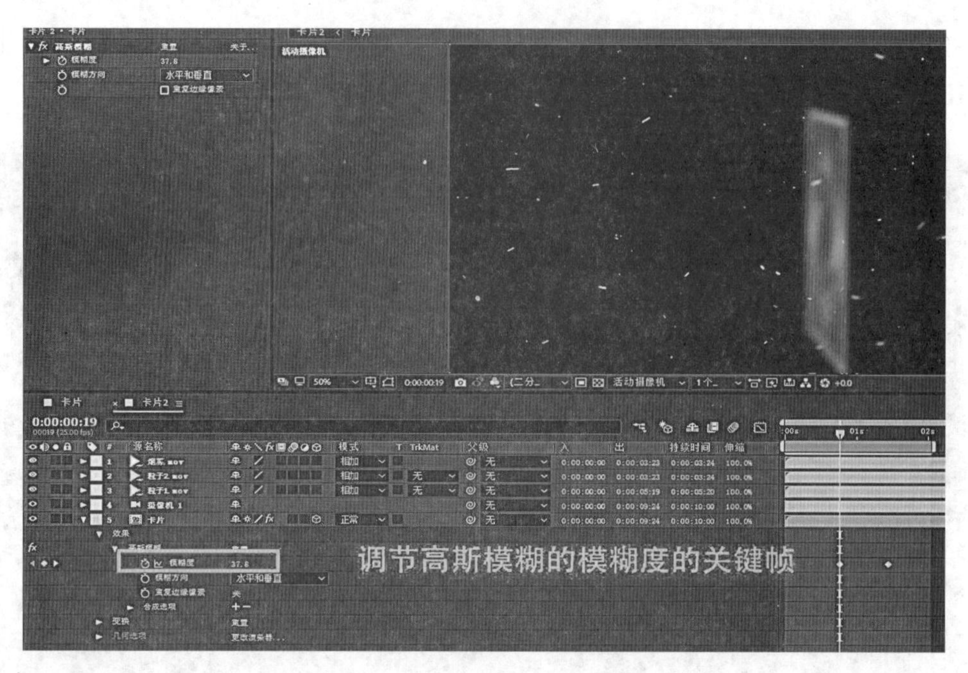

图 5-12　“模糊度”关键帧

（9）展开“摄像机 1”图层属性，选择“摄像机选项—模糊层次”并设置关键帧（1 秒为 850%，1 秒 20 帧为 360%），右键单击选择 1 秒 20 帧的关键帧“关键帧辅助—缓动”使动画模糊效果缓缓消散，如图 5-13 所示。

图 5-13　镜头模糊效果

(10)在时间线上移动到4秒处，按住N键将工作区域设置为当前的4秒。预览动画，导出视频。

实例二：卡通书本动画

(1)打开AE，点击菜单栏“文件—导入—文件”或者按住“Ctrl+I”导入素材“场景”，创建合成，如图5-14所示。

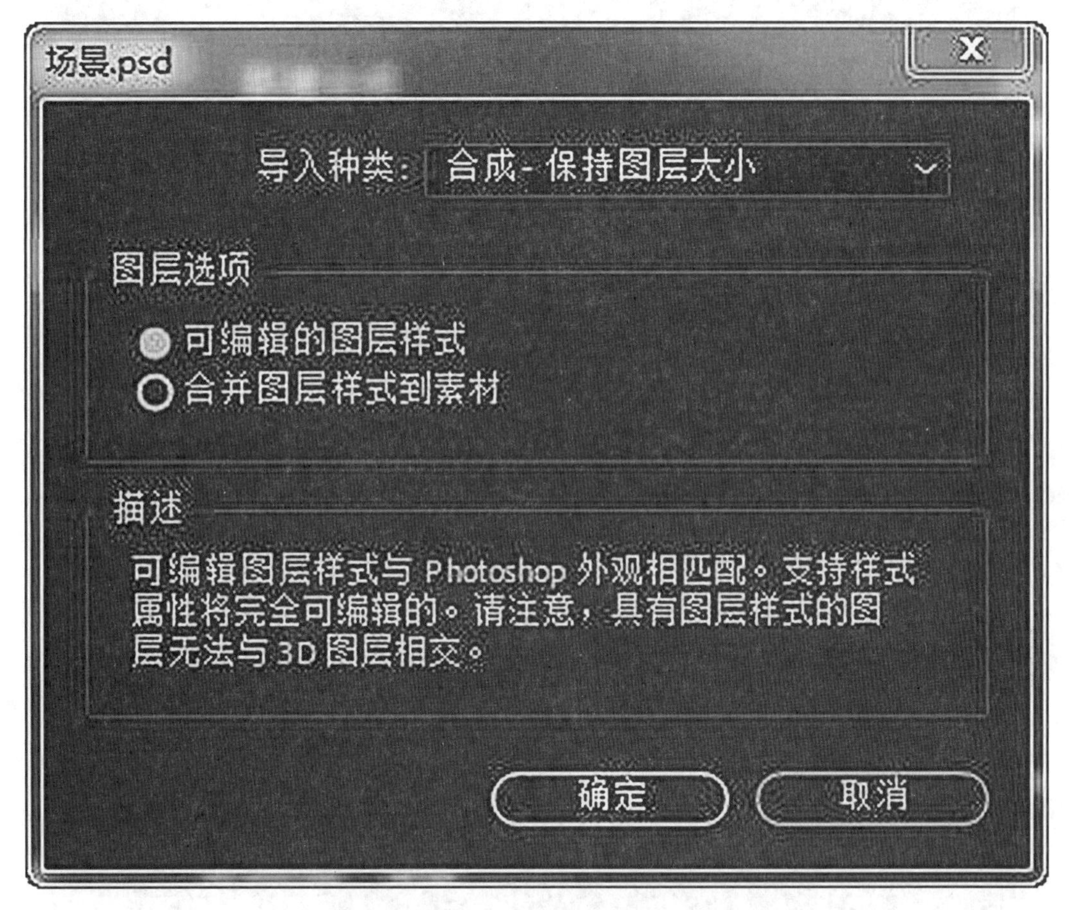

图5-14 导入素材，创建合成

(2)打开“场景”合成，选择菜单栏“向后平移锚点工具”移动所有图层锚点到图层最下方，然后打开图层的三维图层开关，如图5-15所示。展开“学校”图层的变换属性，为X轴旋转设置关键帧动画(0秒为0X−120°，8帧为0X+0°)，然后将它的关键帧复制粘贴到其他图层，如图5-16所示。

(3)将熊和徽章图层位置调到屏幕下方，使得屏幕初始为空白状态。排列关键帧，使图层弹起有先后顺序，显得流畅，如图5-17所示。

图 5-15　移动锚点

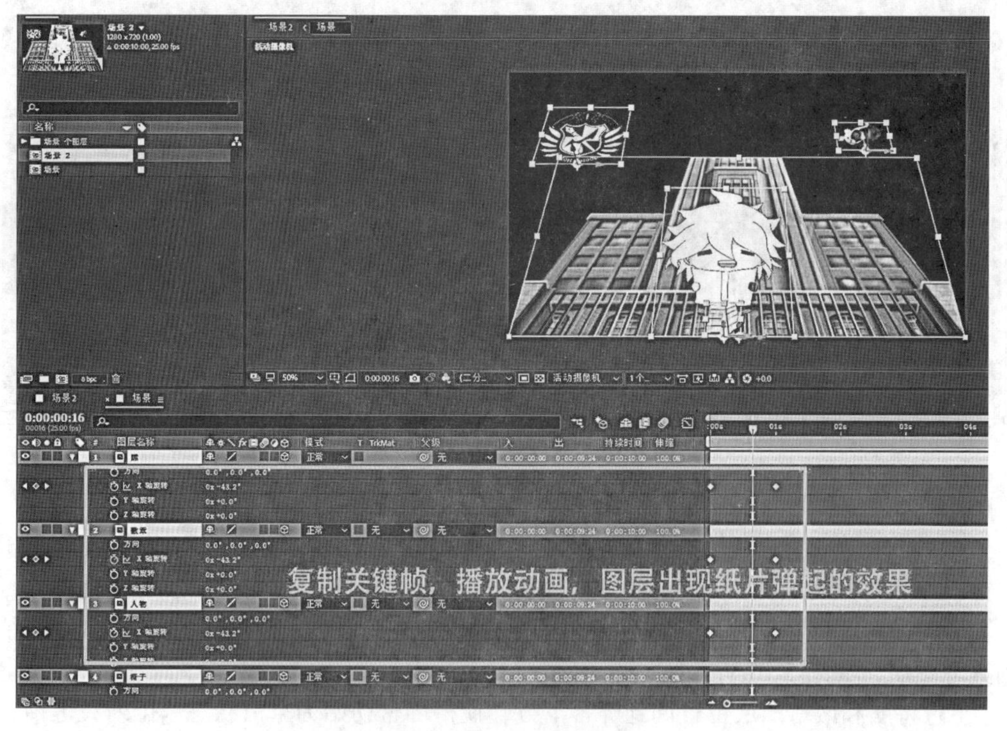

图 5-16　复制关键帧

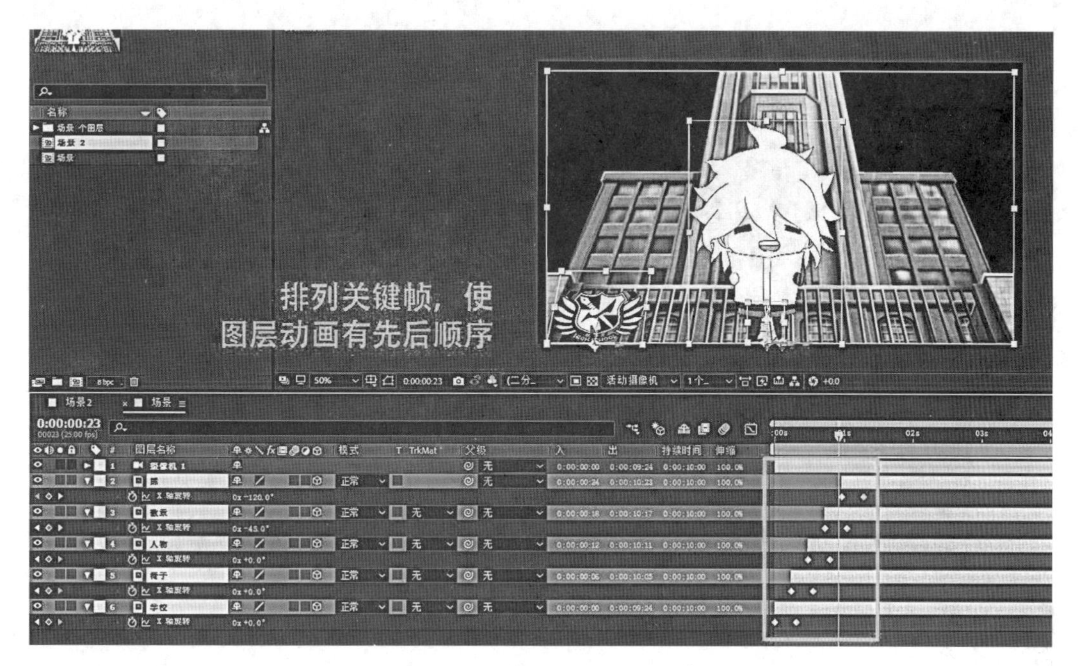

图 5-17　排列时间轴或关键帧

（4）利用“场景”合成创建新合成“场景 2”，导入“纸壳”图层，调整锚点位置到边缘（场景 2 合成需要打开折叠图层按钮，否则合成中的三维图层将不适用）。将“纸壳”图层再复制一层，调整旋转角度为 180 度，调整位置属性，将 2 个“纸壳”图层拼接在一起，如图 5-18、5-19 所示。

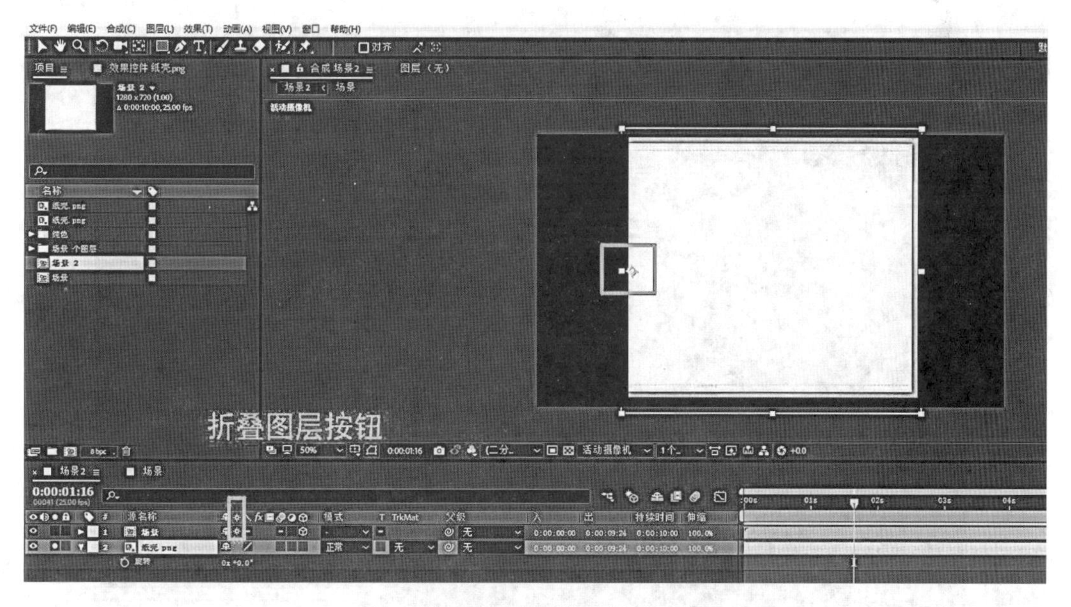

图 5-18　打开折叠图层

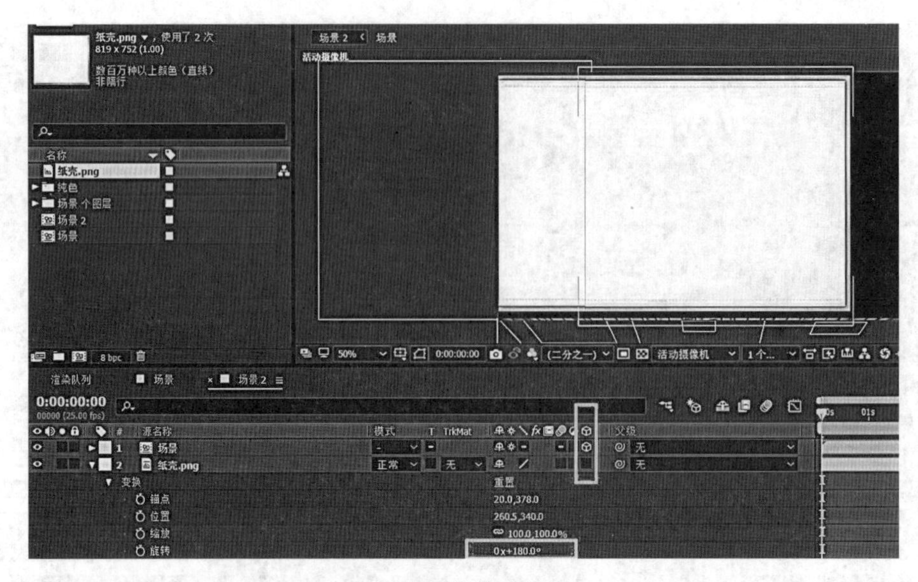

图 5-19　拼接“纸壳”

(5)新建一个空对象，将它作为两个“纸壳”图层的父级。调整空图像的“X 轴旋转”和位置，观察屏幕，使得纸壳图层处于场景图层的正下方。

(6)新建一个摄像机，旋转摄像机来观察图层排布，将场景图层调整到纸壳图层正上方垂直(此时空图像图层的“X 轴旋转”属性值应为-90)。进入“场景”合成，设置各个图层 Z 轴属性，使得各个图层显得错落有致。为摄像机设置关键帧，观察屏幕，使得整个场景旋转进入。如图 5-20、5-21 所示。

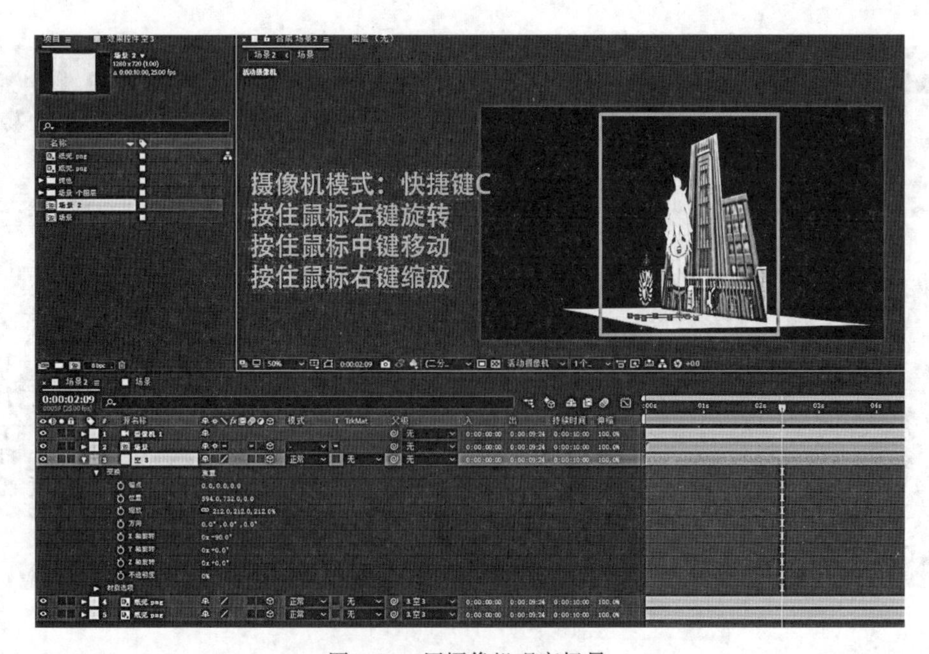

图 5-20　用摄像机观察场景

图 5-21　设置摄像机位置关键帧

(7)为“纸壳”图层的 Y 轴旋转设置关键帧(0 秒为 0X−180°，15 帧为 0X+0°)，产生书本翻开的效果，将“场景”图层时间轴往后拖动 15 帧左右，使得书本翻完再出现场景动画，如图 5-22 所示。

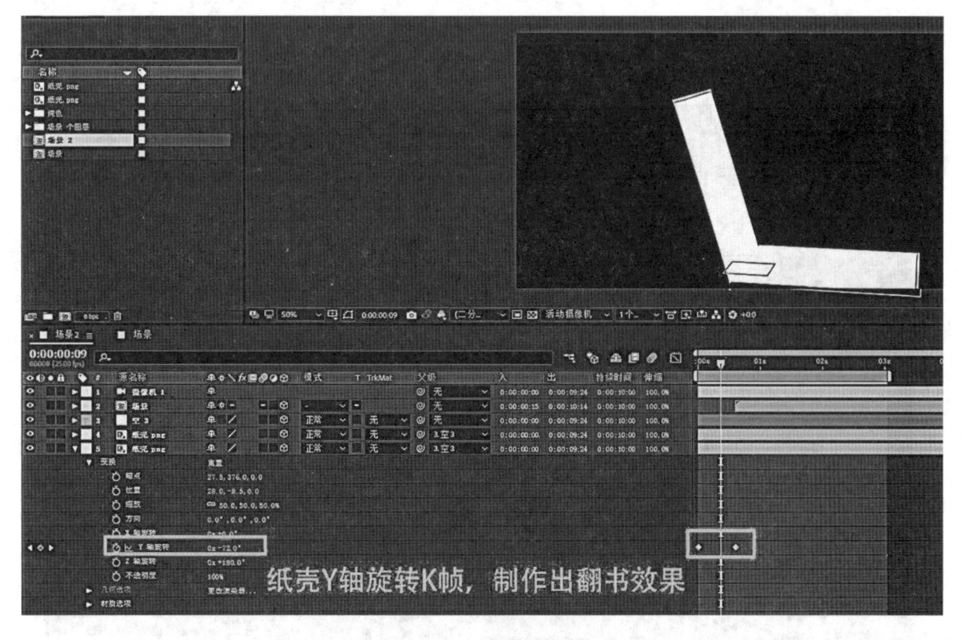

图 5-22　翻书效果

(8)设置摄像机的模糊层次关键帧(2 帧为 400%，1 秒 4 帧为 180%，1 秒 15 帧为 0%)，使空间感更加突出，如图 5-23 所示。

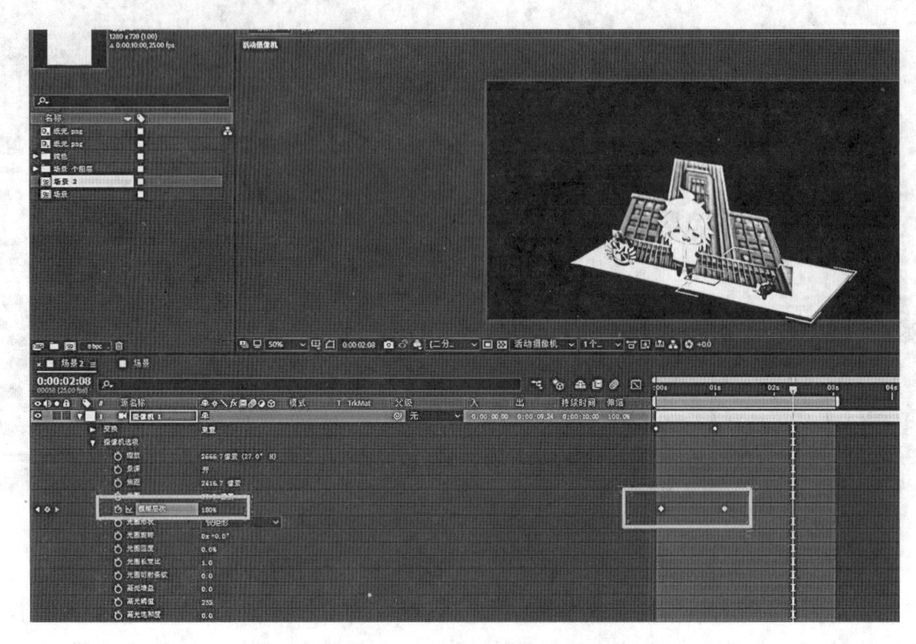

图 5-23 “模糊层次”关键帧

(9)导入“四叶草”素材，拖入“场景 2”合成，打开它的三维图层，为它的 Y 轴旋转和位置设置关键帧，大致做出树叶飘落的动画即可，如图 5-24 所示。

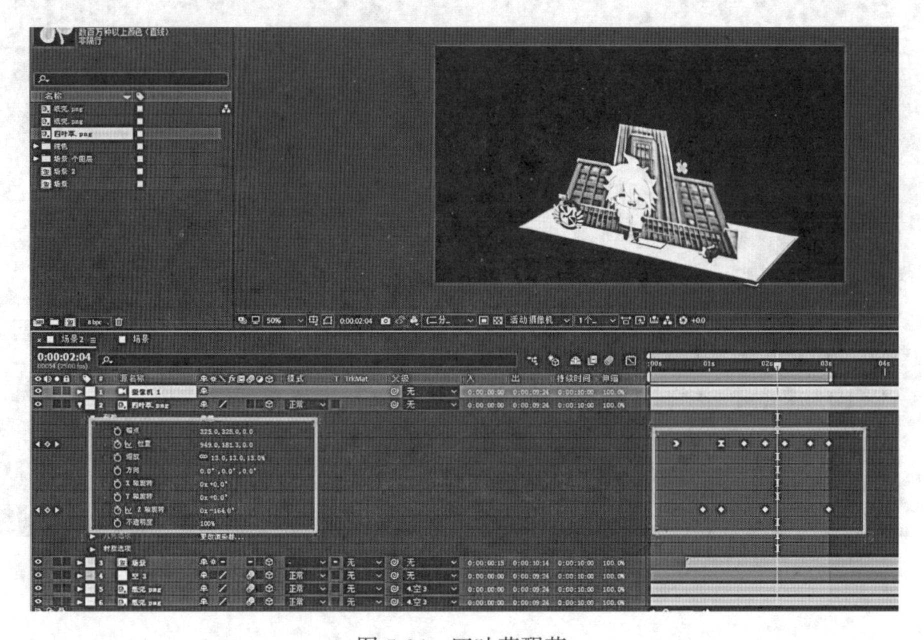

图 5-24 四叶草飘落

（10）将合成添加到 AME 渲染导出，如图 5-25 所示。

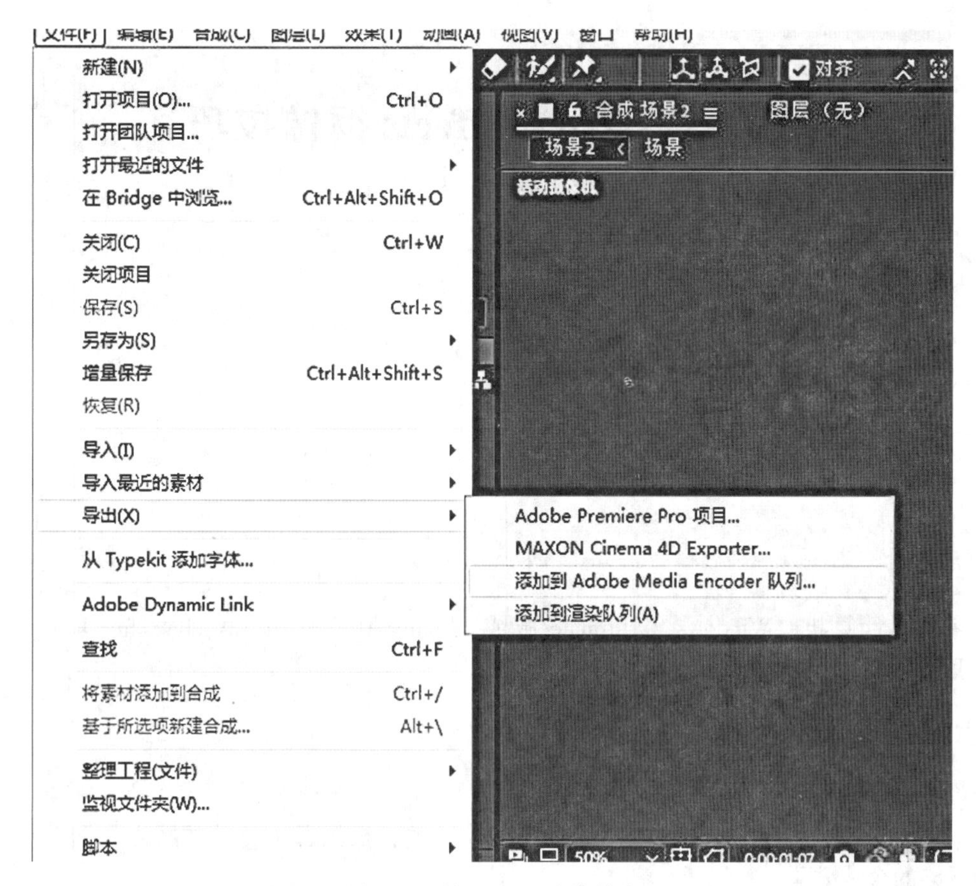

图 5-25　导入 AME 渲染导出

实验六　After Effects 抠像技巧

实验目的

1. 掌握 After Effects“Keylight”内置键控效果。
2. 了解抠像素材与其他素材相结合的技巧。

实验学时

4 学时

实验器材

多媒体计算机、Windows 7 Ultimate 版或 Windows10 Pro 版、Adobe After Effects CC 2017 版

实验原理

1. 多种抠像特效

对于一个图层，在 AE 中可以应用多个抠像特效，根据各个特效的特点，调节参数，达到最终的合成效果。

在 AE 中，有色彩差异键、颜色键、色彩范围、差异蒙版、提取(抽出)、内部/外部键、Keylight、线性色键、亮度键等多种抠像方式，这些特效都在 Key 特效组中。另外，还有一些辅助工具可以优化抠像效果。

下面对几种抠像方式做一个简单的介绍：

色彩差异键是将前景根据所选的抠像底色分成 A、B 两层，这两部分叠加后生产 Alpha 层，通过使用吸管工具选择 A、B 两层的黑色(透明)与白色(不透明)，完成最终的抠像效果，这种抠像方式可以较好地还原均匀蓝底或绿底上的烟雾、玻璃等半透明物体。

颜色键可以抠除与抠像底色相近的颜色，在颜色键中只可以选择一种颜色进行抠除。对于非常简单的抠像可以用它。

色彩范围可以按照 RGB、lab 或 YUV 的方式对一定范围内的颜色进行选择，这种效果常用于蓝底或绿底颜色不均匀时的抠像。

差异蒙版是一种从两个相同背景的图层中将前景抠出的方法，这种抠像方式要求背景最好是图片，前景是用三脚架在同一位置稳定拍摄的镜头，使用价值不是很大。

提取(抽出)可以根据亮度范围来进行抠像，这种抠像方式主要用于白底或黑底情况下的抠像，同时还可以用于消除镜头中的阴影。

内部/外部键抠像效果需要先在前景中大致定义包含需要保留的物体的闭合路径和需要抠除部分的路径，这些路径的模式都要设为 None，内部/外部键可以根据这些路径自动对前景进行抠像处理。

线性色键是一种针对颜色的抠像处理方式。

亮度键是一种根据亮度进行抠像的工具，它通常用来对带有晕光的物体进行抠像。

由此可知，After Effect CS4 中主要有 3 种抠像方式，根据颜色进行抠像、根据亮度进行抠像和根据画面进行抠像。最常用的是对颜色或亮度的抠像。

在对颜色或亮度的抠像中，通常按以下步骤进行操作：将图层定义为高精度模式，然后从图层中选择颜色，将其定义为抠像底色，再调整边缘羽化、色容差等其他参数，在检验抠像效果后，最后还要对抠像的边缘、溢出的颜色进行性调整。

2. 检查抠像结果

在抠像的过程中，不能只以完成的结果作为抠像的标准，需要进行以下两项检验。

一是使用 Alpha 通道进行观察。在 Alpha 通道可以从颜色中清晰地看到一些半透明的区域，来确认抠像是否完成，需要抠除的区域和需要保留的区域是否有被误抠像，是否有一些噪点未被抠除，可以暂时关闭下方背景层的显示，并将 Comp 查 Ungkqiehuan 到透明显示方式下。

二是使用黑底和白底的 Matte(蒙版)进行观察。利用黑底和白底进行观察，可以检验是否有边缘未抠干净。通常在前景中抠像的边缘会由于拍摄原因留下浅色边缘或深色边缘，只有依次黑底和白底进行观察才可以发现，从而及时消除。

3. Keylight 对蒙版的调整

Keylight 对蒙版的调整指在 Clip Black 和 Clip White 中，分别控制图像的透明区域和不透明区域。数值为 0 时，表示完全透明，数值为 100 时，则表示完全不透明。通过调整这两个参数，可以对蒙版进行调节。Screen Grow/Shrink 则可以对蒙版边缘进行扩展或收缩。负值收缩蒙版，正值扩展蒙版。Screen Softness 选项则用于对蒙版边缘产生柔化效果。两个 Despot 参数对图像的透明和不透明区域分别进行调节，对颜色相近部分进行结晶化处理，以对一些去除不尽的杂色进行抑止。

实验内容

《灭霸的响指》

(1)新建练习工程文件 Chapter6_Key. aep，在“项目面板”空白处双击，导入素材中的“Hammer. mp4”“Snap. mp4”“Background. tif”文件。如图 6-1 所示。

(2)将“Snap. mp4”文件拖曳至时间轴面板以创建相应的合成。如图 6-2 所示。

(3)将“Background. tif”文件拖曳至时间轴面板中“Snap. mp4”图层的下方，作为最后视频合成的背景。如图 6-3 所示。

(4)右键点击时间轴面板中的“Snap. mp4”图层，执行“效果→抠像→Keylight(1. 2)”命令。如图 6-4 所示。

图 6-1　导入文件窗

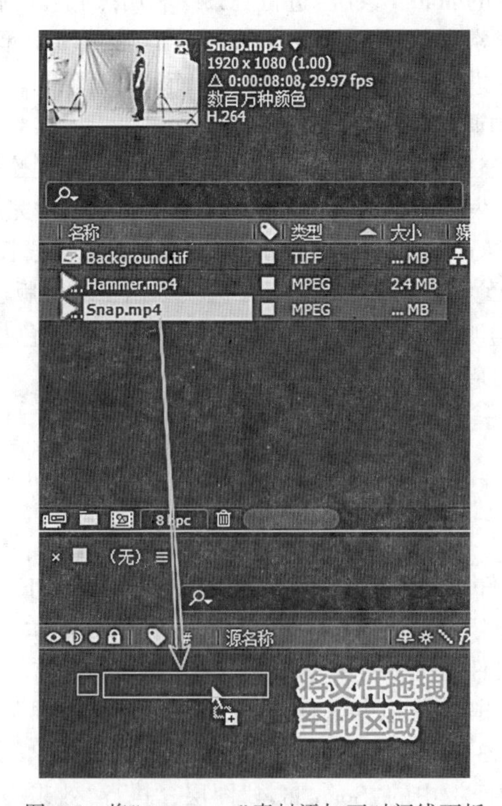

图 6-2　将“Snap. mp4”素材添加至时间线面板

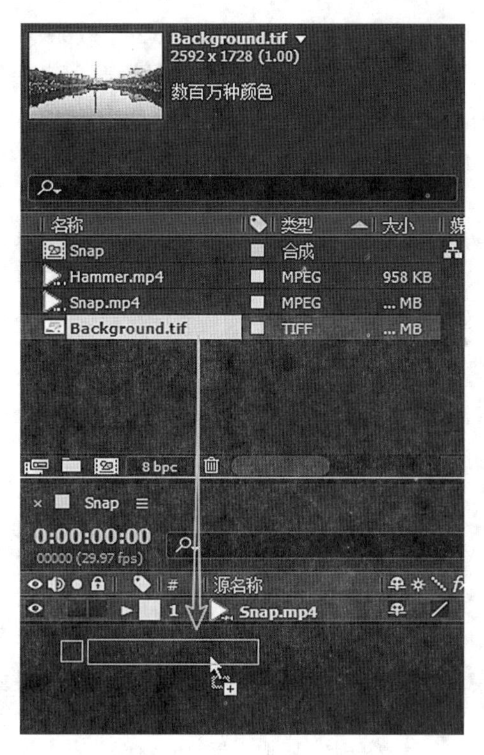

图 6-3　将“Background. tif”置于“Snap. mp4”下面

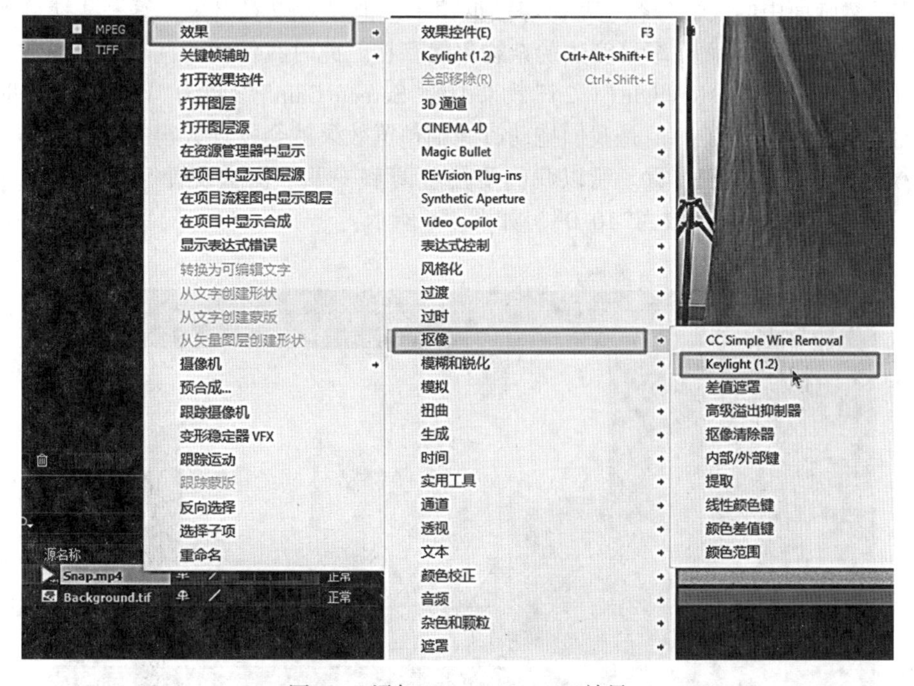

图 6-4　添加“Keylight(1. 2)”效果

(5)在效果控件面板中，用鼠标点击“Keylight(1.2)”效果中的“Screen Colour”项右侧的吸管工具，此时鼠标会变成吸管形状，代表着可以用吸管工具来吸取我们要抠掉的颜色。我们点击合成面板中的绿幕(此案例中吸取的颜色 Hex 值为：#156D2D)，此时发现画面中的绿色几乎被抠掉了。如图 6-5 所示：

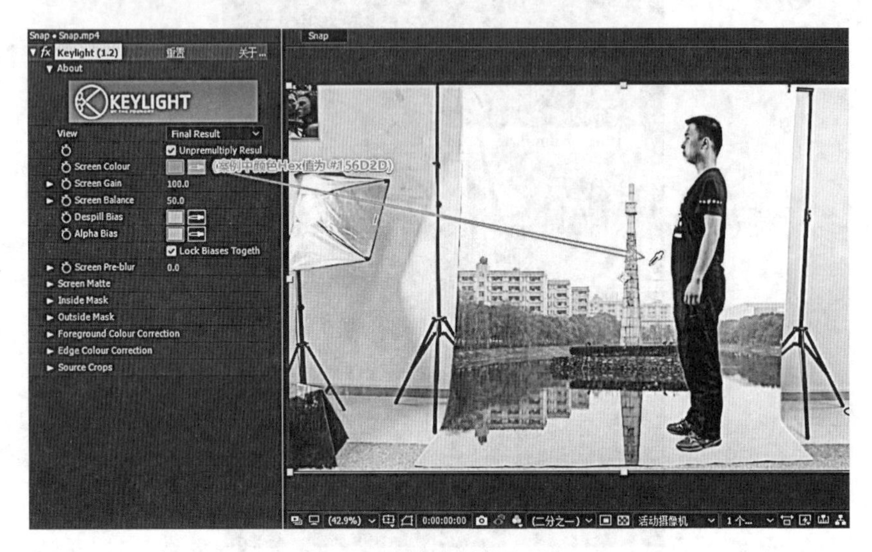

图 6-5　吸取要抠掉的颜色

(6)虽然画面中的大部分绿色都已经被抠掉了，但是可以看出来，有一些绿幕上的阴影部分残留在画面上，而且绿幕旁边的杂物仍然存在。此时我们就要调节效果参数来消除绿幕的阴影部分。设置“Keylight(1.2)”效果中的“Screen Gain”参数为“139.0”，此时绿幕部分已经抠得比较干净了。但是我们拖动时间轴预览效果就会发现人物的一些细节也被抠得比较模糊，细节丢失较严重。所以我们要接着调节一下平衡。设置“Keylight(1.2)”效果中的“Screen Balance”参数为“10.0”。如图 6-6 所示：

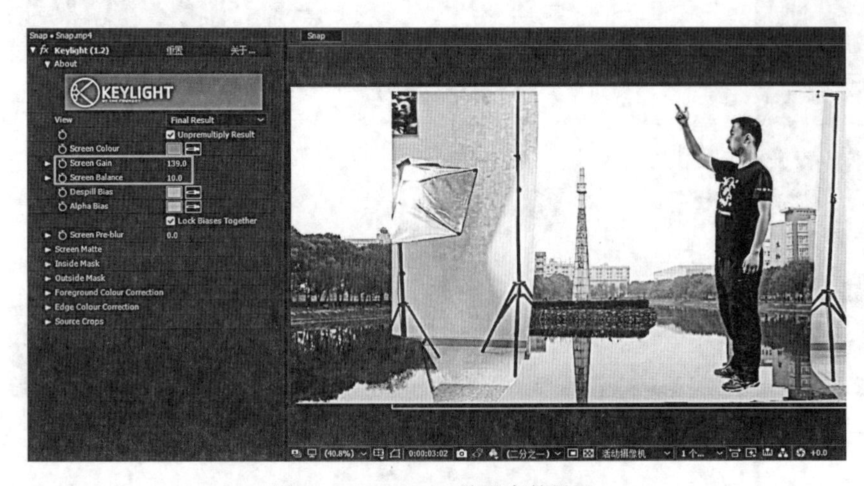

图 6-6　“Keylight”效果参数设置

（7）接下来调节人物的位置。用鼠标左键单击时间轴面板的“Snap. mp4”图层，按键盘上的快捷键［P］，展现该图层的位置属性。将其位置属性参数修改为“1301. 0，556. 0”。如图 6-7 所示。修改完毕再次按［P］键隐藏位置属性。

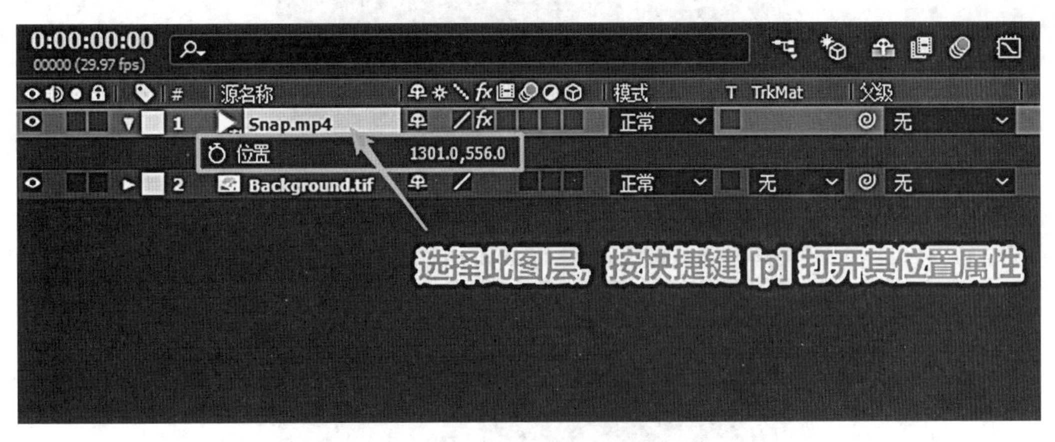

图 6-7　“Snap. mp4”图层位置参数设置

（8）接下来要去掉照明灯等抠像素材中的无关物体和残留场景。选择钢笔工具，用鼠标左键单击时间轴面板中的“Snap. mp4”图层，在合成面板中绘制蒙版如图 6-8 所示。蒙版形状不需要完全相同，只需要保证视频播放过程中画面中的人物部分不超过蒙版的形状边缘线即可。

图 6-8　创建蒙版

(9)接下来把另一个素材拖曳至时间轴，使其位于最上层。如图 6-9 所示：

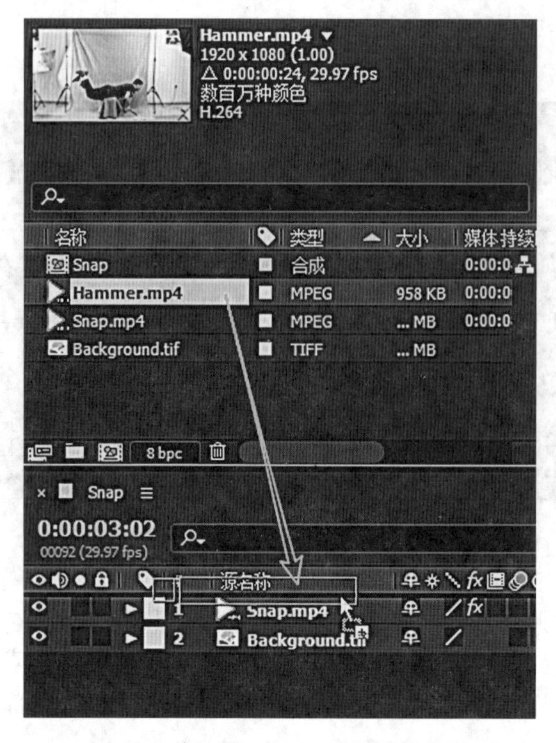

图 6-9　将“Hammer. mp4”置于最上层

(10)在右侧的“效果和预设”面板中输入“Keylight”，用鼠标左键点击下方搜索结果中的“Keylight(1. 2)”效果，并拖曳至“合成预览”面板。如图 6-10 所示：

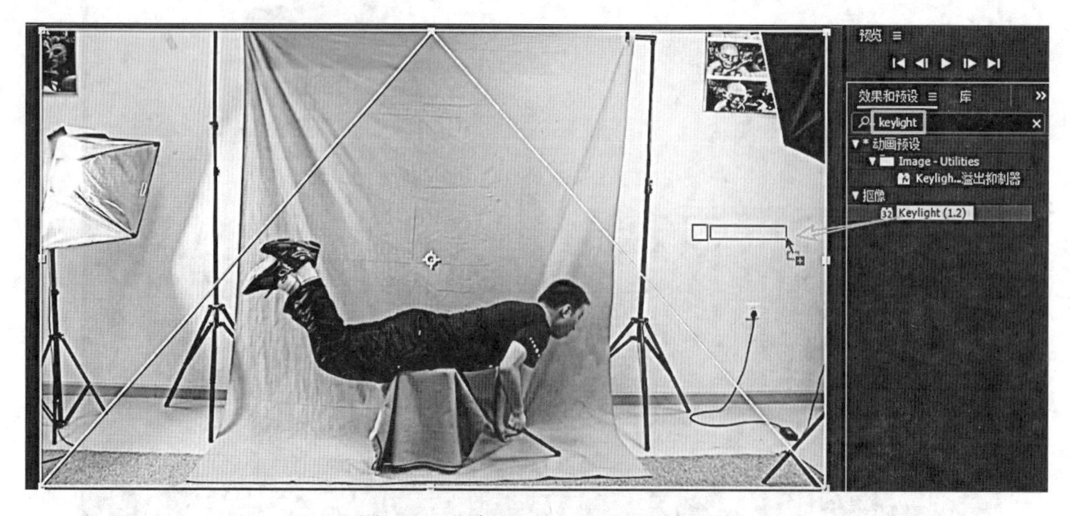

图 6-10　添加“Keylight(1. 2)”效果

(11)与前面对“Snap. mp4”图层抠像过程类似，首先单击“Screen Colour”右侧的吸管工具去吸取要抠掉的颜色，然后根据视频内容调节参数以达到最好的效果。为了更好地抠掉人物身下的椅子，我们吸取颜色时选比较深的地方(此案例中吸取的颜色 Hex 值为：#187731)。如图 6-11 所示：

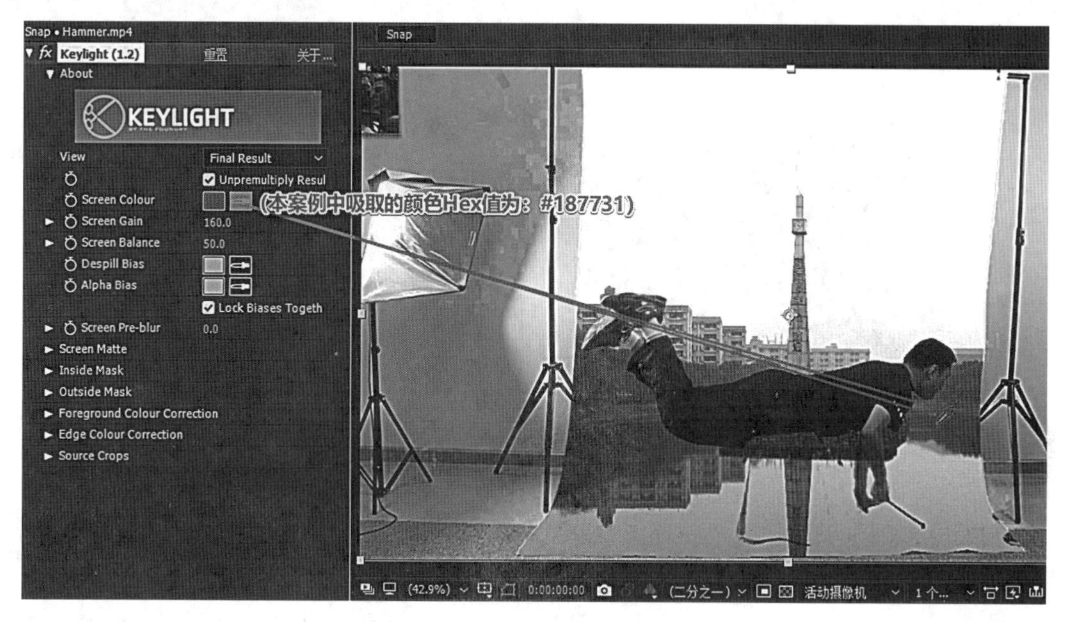

图 6-11 吸取要抠掉的颜色

(12)接下来与前一个抠像操作一样，根据画面内容调节“Keylight(1.2)”效果的参数，来获得比较好的抠像效果。在本案例中，我们设置“Screen Gain”参数值为“158.0”，“Screen Balance”参数值为“33.0”。如图 6-12 所示：

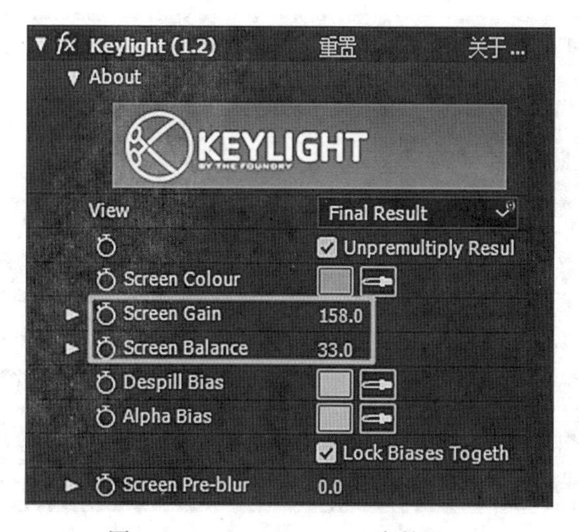

图 6-12 “Keylight(1.2)”参数设置

(13)然后用钢笔工具把画面中的人物抠出来，绘制出路径大致如图 6-13 所示。

图 6-13　绘制蒙版将飞人抠出来

(14)绘制路径的过程中注意拖动时间轴浏览一下，要保证人物处于路径包含的范围内。不过人物的脚在有个时间段出了绿幕的范围，暂时先不包含进去，我们后面再做细微的调整。

(15)选中时间轴面板中的“Hammer. mp4”图层，按快捷键 R 显示其旋转属性，将其属性值设置为“0x−15. 0°”。然后按快捷键“Shift+P”添加显示其位置属性。我们在第 0 帧(0:00f)设置其“位置”属性为“(−387. 0，209. 0)”，并点击属性前面的码表以打上关键帧，然后在第 23 帧设置其“位置”属性为“(929. 0，209. 0)”，并拉动位置变化轨迹末端的手柄如图 6-14 所示。

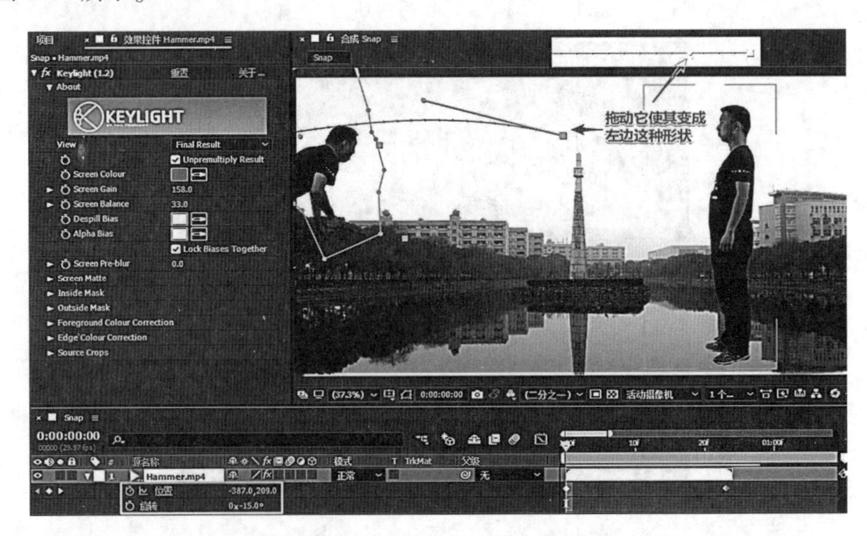

图 6-14　“Hammer. mp4”图层属性调整

(16)我们再来调整"Hammer. mp4"图层的时间段。将时间轴定位到"0:00:02:10"(2秒 10 帧)，拖动"Hammer. mp4"图层的时间块，使其末端与时间轴对齐。如图 6-15 所示。

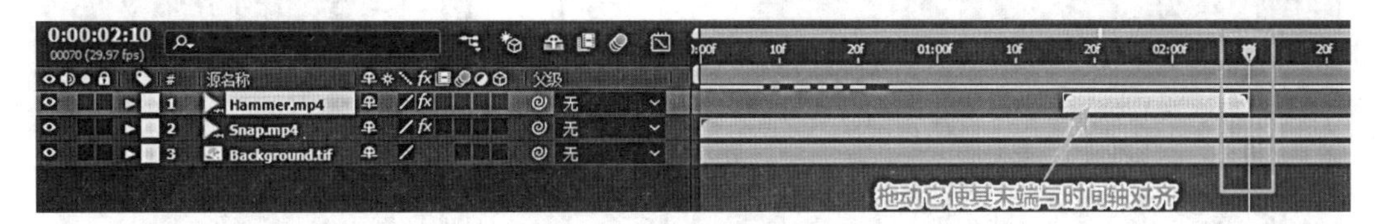

图 6-15　调整图层时间块

(17)现在制作预合成。用鼠标右键点击时间轴中的"Hammer. mp4"图层，选择"预合成"选项，填写"新合成名称"为"Hammer_Precomp"，选择下方的"将所有属性移动到新合成"选项，单击确定按钮即可。"Snap. mp4"图层也是一样的操作，它的"新合成名称"为"Snap_Precomp"。如图 6-16、图 6-17 所示。

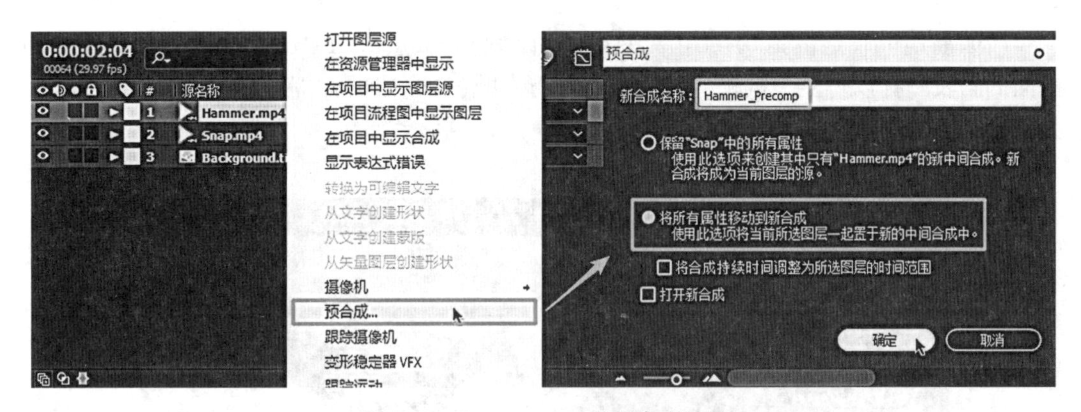

图 6-16　"Hammer. mp4"预合成设置

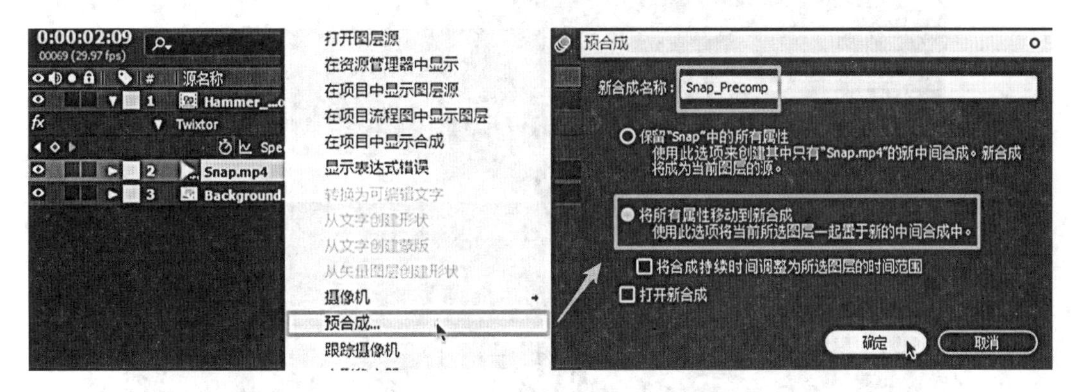

图 6-17　"Snap. mp4"预合成设置

(18)在"效果和预设面板"搜索"Twixtor"效果(外置插件，需另外单独安装)，将其拖到"Hammer_Precomp"图层上，如图 6-18 所示。

图 6-18 添加“Twixtor”效果

(19)将时间轴定位到“0:00:02:02”(2 秒 2 帧)处，点击“Twixtor”效果中“Speed %”项前面的码表图标以打上关键帧，然后定位到下一帧(2 秒 3 帧)，将“Speed %”属性值设置为“20.00”。如图 6-19 所示。

图 6-19 设置“Speed”属性动画关键帧

(20)选中“Hammer_Precomp”图层，按快捷键“Ctrl+C”复制，点击时间轴面板空白处，按快捷键“Ctrl+V”粘贴一个新图层(不要使用“Ctrl+D”)。选中粘贴出来的图层，按快捷键 Enter 重命名图层为“Hammer_Post”，重命名之前的“Hammer_Precomp”为“Hammer_Pre”。然后右键点“Hammer_Post”图层，执行“时间→冻结帧”命令，如图 6-20 所示。

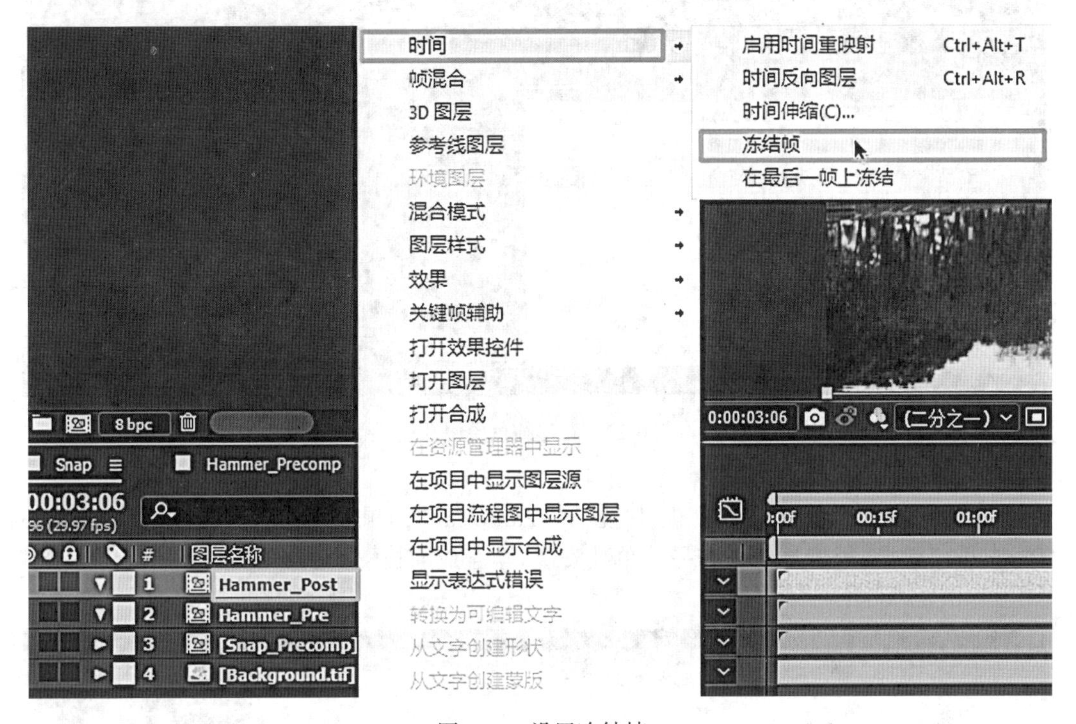

图 6-20　设置冻结帧

(21)调节“时间重映射”属性值为“0:00:00:23”,接下来我们将时间轴定位到“0:00:03:06”处，鼠标移动到“Hammer_Post”图层的时间块起始端，鼠标变成双向箭头的形状，拖动时间块起始端至时间轴处，接着拖动“Hammer_Pre”图层的时间块末端至时间轴处，如图 6-21 所示。

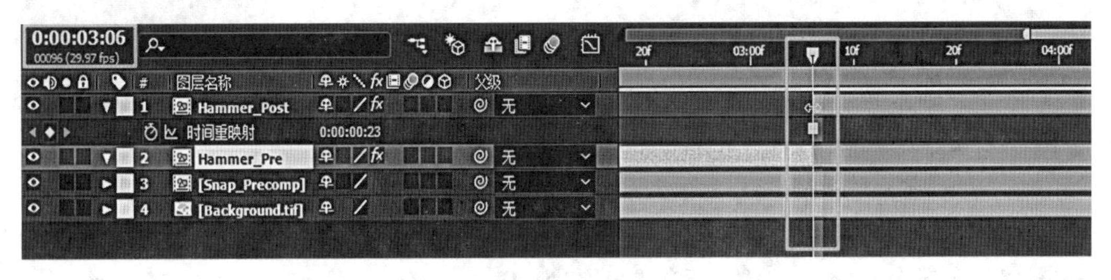

图 6-21　切割时间块

(22)在时间轴面板空白处单击鼠标右键，执行“新建→纯色”命令，纯色设置中名称为“Particles”，单击确定按钮即可。如图 6-22 所示：

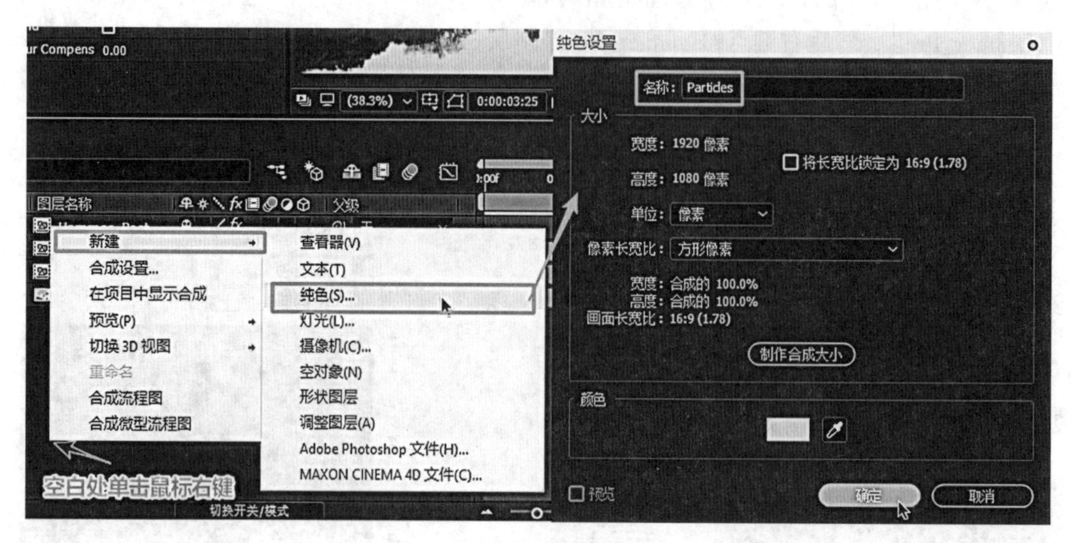

图 6-22　新建纯色层属性值

(24)在“效果和预设”面板中搜索“Particular”，鼠标拖曳下方搜索结果中的“Particular”效果(外置插件，需另外单独安装)至合成面板。如图 6-23 所示。

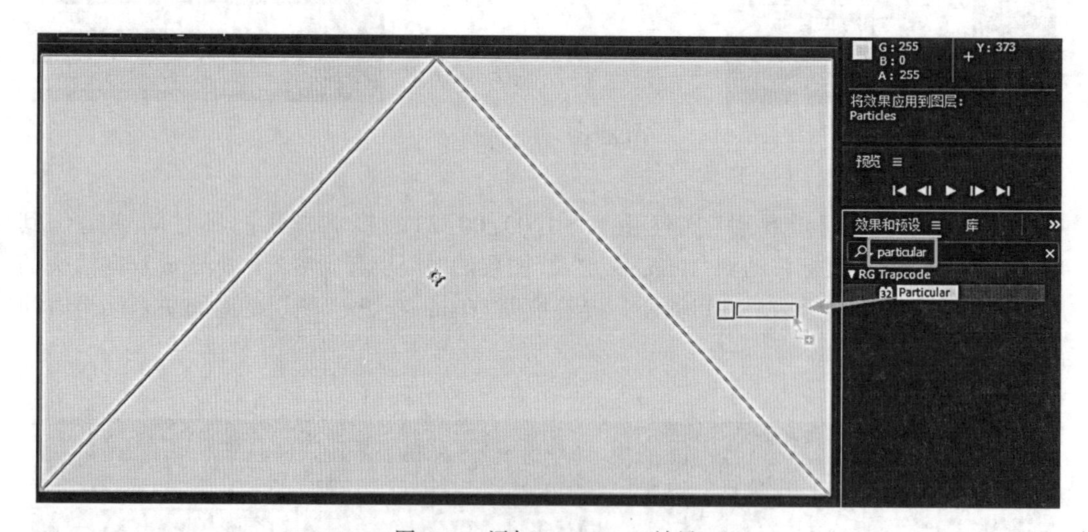

图 6-23　添加“Particular”效果

(25)我们先将“Hammer_Post”图层预合成一下，选择“Hammer_Post”图层，按快捷键“Ctrl+Shift+C”执行预合成命令，设置“新合成名称”为“Hammer_Post_Comp”。如图 6-24 所示。

(26)展开“Particular”效果中的“Emitter(Master)”选项，设置其中的“Emitter Type”为“Layer”。由于用图层作为粒子发射源需要将图层的 3D 图层打开(如果找不到 3D 图层图

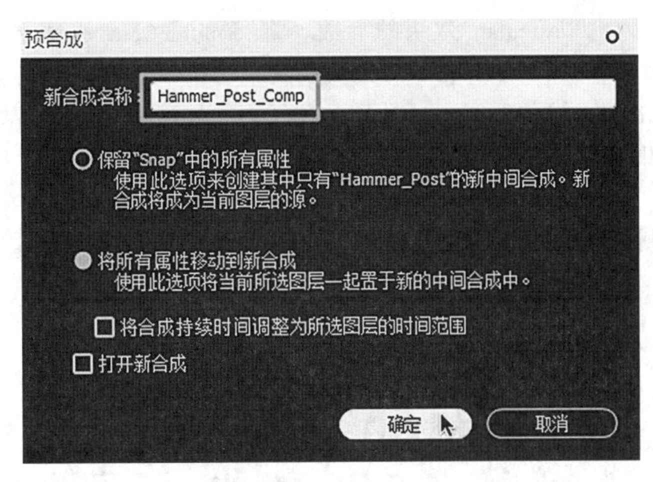

图 6-24　预合成设置

标，请点击图层区域最下方的“切换开关/模式”按钮），所以我们把“Hammer_Post_Comp”图层的 3D 图层开启。然后将“Emitter(Master)→Layer Emitter”选项中的“Layer”属性值改为“3. Hammer_Post_Comp”图层。如图 6-25 所示。

图 6-25　开启 3D 图层

（27）接下来调整“Particular”效果的参数。将“Emitter(Master)”选项中的“Particles/sec”属性值设置为“8080”，“Velocity”属性值设置为“10.0”。然后点击“[Particles]”图层的时间块，使起始端拖动到“0:00:03:06”的位置(之前是移动时间块的两端，这次是移动时间块整体)。如图 6-26 所示。

图 6-26　粒子效果参数

（28）双击“Hammer_Post_Comp”图层进入合成项目，按快捷键“Ctrl+Y”新建一个纯白色的纯色层，命名为“Mask”。如图 6-27 所示。

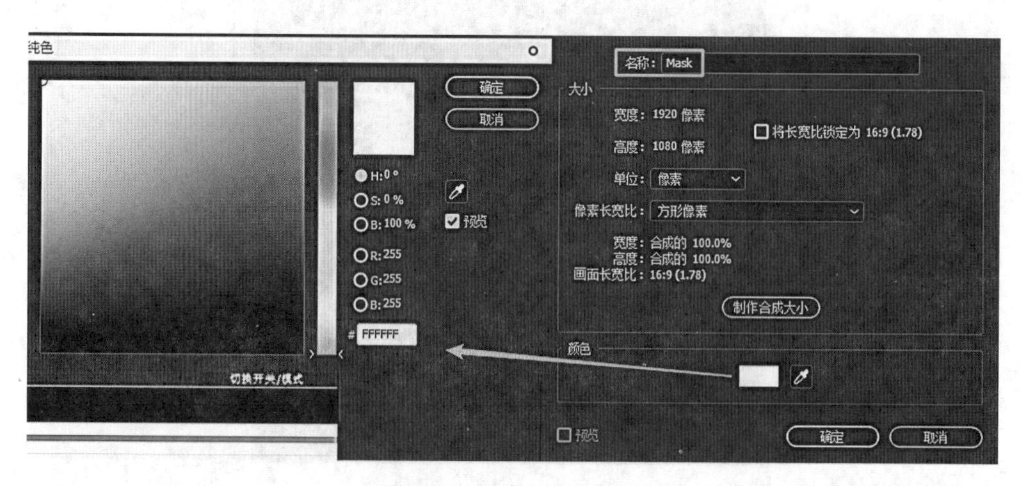

图 6-27　新建白色纯色层

(29)使用“矩形工具”简单画一个矩形蒙版，然后将“Hammer. mp4”图层后面的“TrkMat”更改为“Alpha 遮罩 Mask”(找不到“TrkMat”请点击图层区域最下方的“切换开关/模式”按钮)。如图 6-28 所示(若背景为黑色看不清画面内容，可以打开透明网格)。

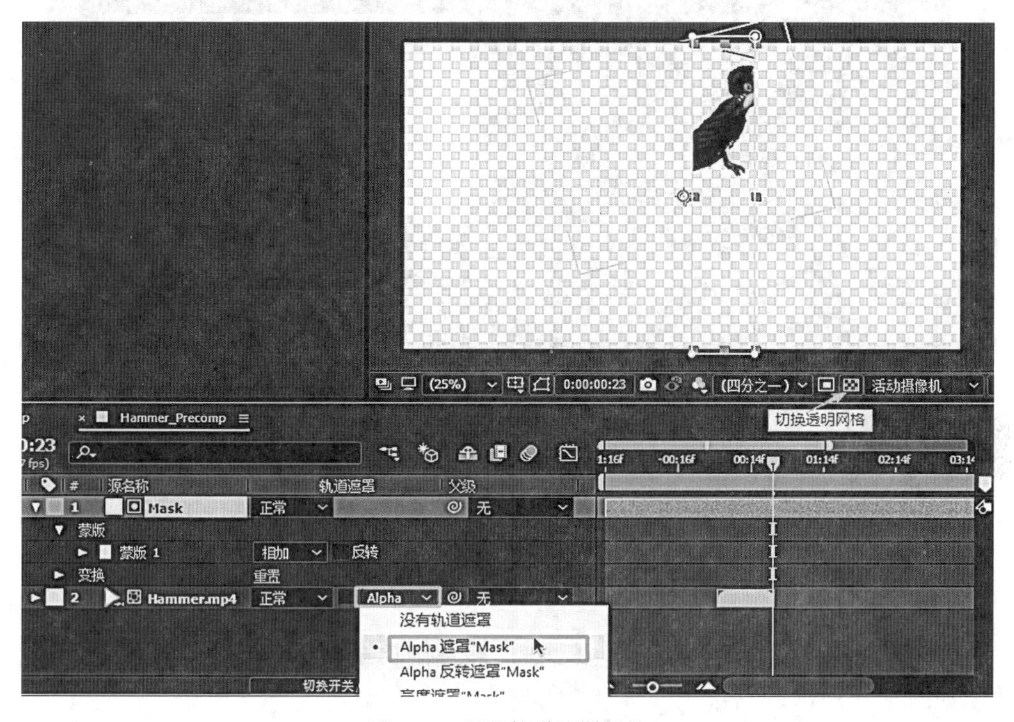

图 6-28　设置轨道遮罩属性

(30)我们调整一下蒙版的羽化值。展开“Mask”图层前面的小三角图标，再依次展开“蒙版→蒙版 1”，设置“蒙版羽化”值为：“68. 0，68. 0 像素”。如图 6-29 所示。

图 6-29　设置蒙版羽化值

(31)接下来我们做蒙版路径动画。我们在“0:00:01:20”处将蒙版移动到人物右边，使人物看不见即可，点击“蒙版路径”属性前面的码表以打上关键帧，如图 6-30 所示。

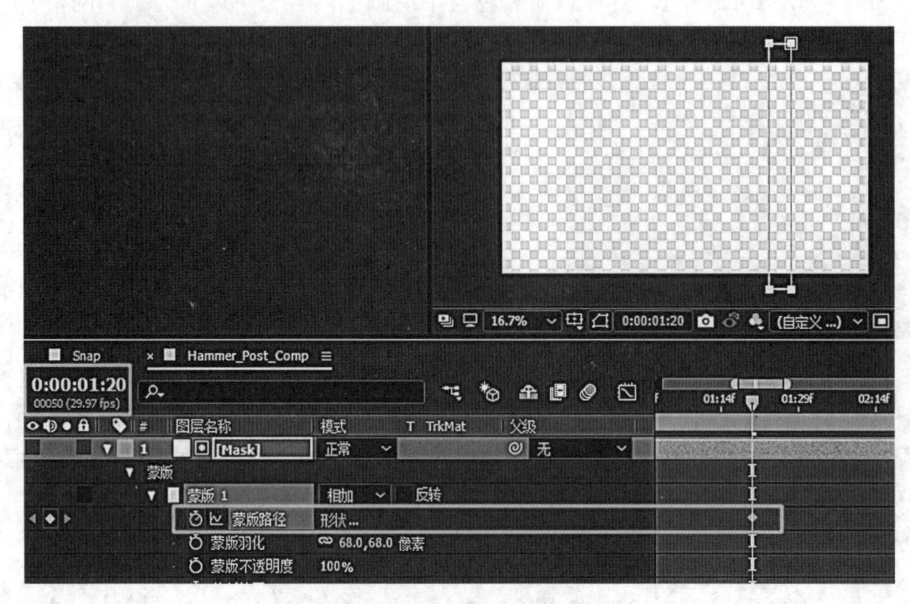

图 6-30　设置蒙版路径起始关键帧

(32)然后把时间轴定位到“0:00:04:20”，将蒙版移动到画面人物左边，看不到人物即可。如图 6-31 所示。

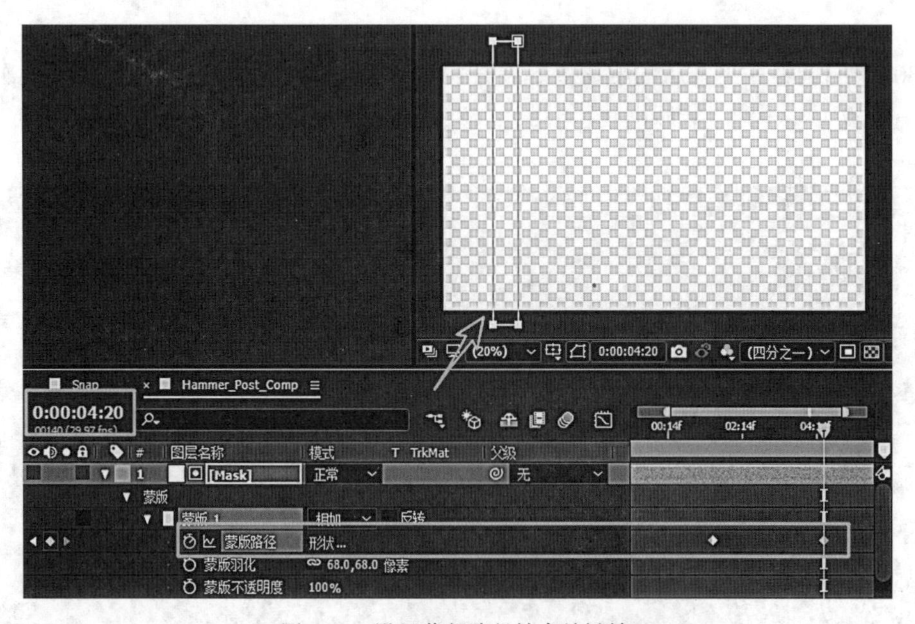

图 6-31　设置蒙版路径结束关键帧

（33）为了不显得那么生硬，可以给“Mask”层添加一个效果。用鼠标右键点击“Mask”图层，执行“效果→扭曲→湍流置换”命令。如图 6-32 所示。

图 6-32　添加“湍流置换”效果

（34）调节一下“湍流置换”效果的参数，以获取更好的随机效果。设置“数量”属性值为“111.0”、“复杂度”属性值为“4.6”。如图 6-33 所示。

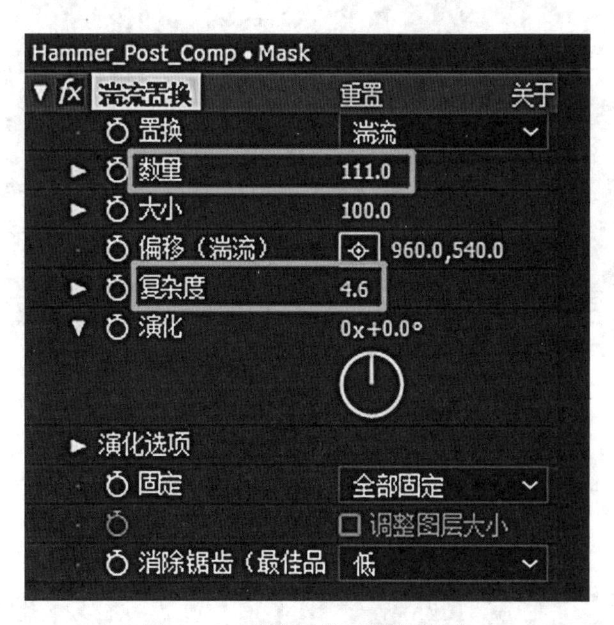

图 6-33　“湍流置换”效果属性值

（35）选择“Hammer_Post_Comp”图层，按快捷键“Ctrl+D”复制一层，重命名为“Hammer_Post_Comp2”。虽然是复制的，但是这种复制方法会将两个图层链接起来，改动一个图层另一个也会改变，所以我们还需要更改“源”。用鼠标右键点击复制出来的图层，执行“在项目中显示图层源”。在项目窗口选择“Hammer_Post_Comp”，按“Ctrl+D”复制一层，新复制出来的合成会自动命名为“Hammer_Post_Comp 2”，按住 Alt 键的同时，用鼠标左键拖曳“Hammer_Post_Comp 2”合成到时间轴图层面板中的图层“Hammer_Post_Comp 2”上进行替换(此时在时间轴面板中用鼠标右键点击“Hammer_Post_Comp 2”图层，执行“在项目中显示图层源”，会发现图层源换了)。如图 6-34 所示。图层顺序不要弄错了，图层“Hammer_Post_Comp”在图层“Hammer_Post_Comp2”的上面。

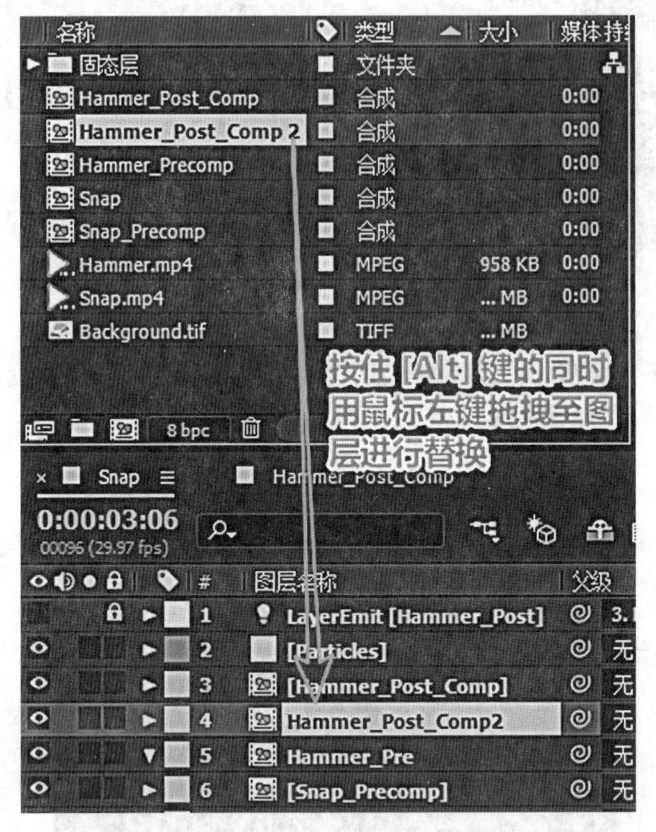

图 6-34　替换素材

(36)双击“Hammer_Post_Comp 2”图层进入其合成项目，将“Hammer_Post”图层的“TrkMat”更改为“无”。如图 6-35 所示。

图 6-35　设置“TrkMat”属性

(37)选择"Mask"图层，打开"Mask"图层前面的显示开关，按快捷键 U 显示"Mask"图层已有的关键帧属性。我们把时间轴定位到"蒙版路径"的最后一个关键帧处(本案例是0:00:04:20)，选择蒙版右侧的两个点，向右拖动，直到白色部分覆盖完全画面中的人物。然后把"Hammer_Post"的"TrkMat"属性改成"Alpha 反转遮罩"。如图 6-36 所示。

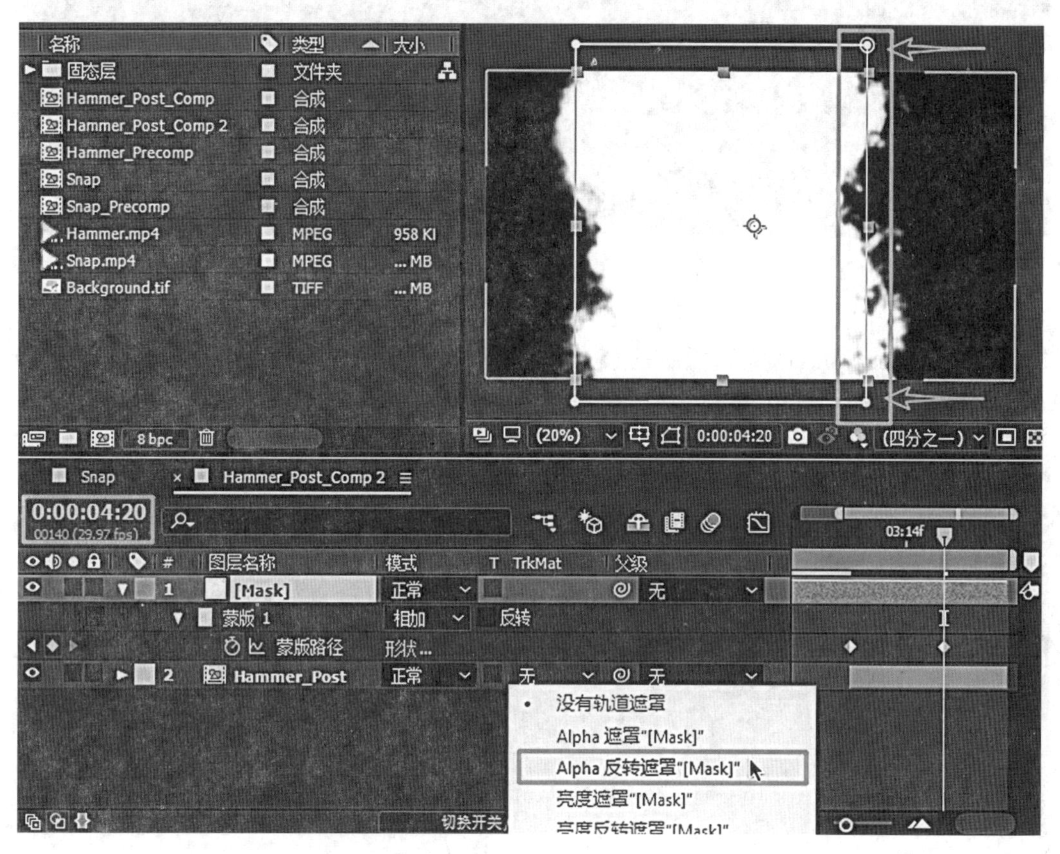

图 6-36 调整蒙版路径关键帧动画并重新设置 TrkMat 属性

(38)回到"Snap"总合成，除了灯光层和"Hammer_Post_Comp"层前面的"显示/隐藏"视频图标是关的，其他都开着，预览一下效果，我们发现粒子数量不够，我们接着要调节"Particles"图层的"Particular"效果。

(39)将"Emitter(Master)"选项中的"Particles/sec"属性值设置为"30000"；"Particle(Master)"选项中的"Particle Type"属性值设置为"Cloudlet"，"Size"属性值设置为"3.0"，"Size Random [%]"属性值设置为"50.0"，"Life Random [%]"属性值设置为"20"；"Physics(Master)"选项中的"Gravity"属性值为"-10.0"，展开"Air"选项，"Wind X"属性值为"100.0"。如图 6-37 所示。

(40)预览一下，大致的效果就出来了。接下来我们调整细节以获得更好的视觉效果。我们双击"Hammer_Post_Comp2"图层进入其合成项目，将其"蒙版路径"的最后一个关键帧的位置移动到"0:00:05:14"。然后调整"Snap"合成中"Particles"图层的"Particular"效

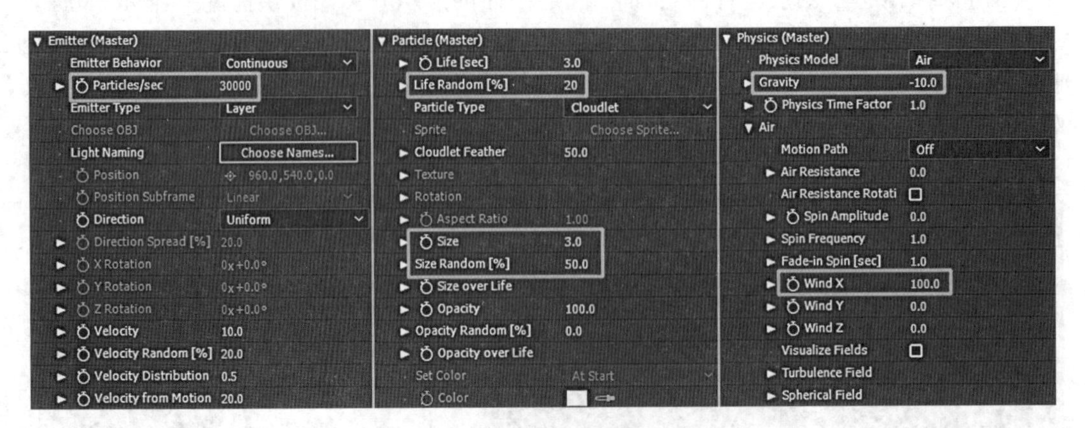

图 6-37 “Particular”效果参数设置

果，设置“Shading(Master)”选项中的“Shadowlet for Main”属性值为“On”，“Shadowlet for Aux”属性值为“On”，如图 6-38 所示。

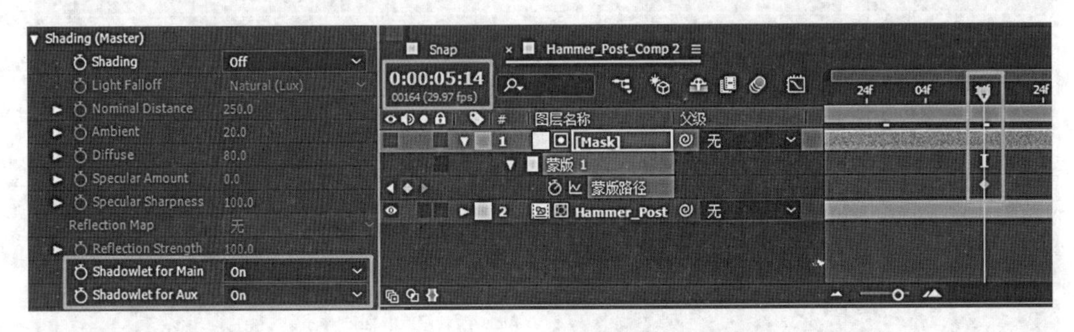

图 6-38 “Shading”属性值与蒙版路径关键帧

(41)至此，“灭霸的响指”作品就做完了。最后，添加到 Adobe Media Encoder 队列进行渲染输出(输出环节可参考《实验一 AE 概述》的渲染输出部分)。

实验七　After Effects 色彩调整

实验目的

1. 掌握 After Effects“色相/饱和度”“曲线”“色阶”等内置调色效果。
2. 熟悉影视后期常见调色方式及其效果。

实验学时

4 学时

实验器材

多媒体计算机、Windows 7 Ultimate 版或 Windows10 Pro 版、Adobe After Effects CC 2017 版

实验原理

1. 色阶

色阶特效用于修改图像的亮度、暗部以及中间色调。可以将输入的颜色级别重新映像到新的输出颜色级别，这是调色中比较重要的命令。

在特效控制对话框中可以看到当前画面帧的直方图。直方图的横向 X 轴代表了亮度数值，从最左边的最黑(0)到最右边的最亮(255)；Y 轴代表了在某一亮度数值上总的像素数目。在直方图下方灰阶条中由左方黑色小三角控制图像中输出电平黑色的阈值。右方白色小三角控制图像中输出电平白色的阈值。

输入黑色/白色，控制输入图像中黑色或白色的阈值。输入黑色在直方图中由左方黑色小三角控制，而输入白色在直方图中由右方白色小三角控制。

伽马调整。控制 Gamma 值，在直方图中由中间黑色小三角控制。

输出黑色/白色，控制输出图像中黑色或黑色的阈值。输出黑色在直方图下方灰阶条中由左方黑色小三角控制。输出白色在直方图下方灰阶条中由右方白色小三角控制。

拖动黑色或白色滑块可以使图像变得更暗或更亮。向右拖动黑色滑块，增高阴影区域阈值。向左拖动白色滑块，增高高亮区域阈值，图像变亮。

拖动直方图中央的灰色小三角可以调整图像的 Gamma 参数。向左拖动，靠近阴影区域，Gamma 值增大，图像变亮，对比减弱。向右拖动，靠近高亮区域，Gamma 值减小，图像变暗，对比增强。但是图像中的最暗和最亮区域不变。

不但可以在直方图中对图像的 RGB 通道进行统一的调整，还可以对单个通道分别进行调节。单击左侧的通道按钮，选择需要调节的通道。图表中显示该通道直方图，直方图右侧的颜色控制滑块可以控制该通道颜色贡献度。中间的 Gamma 调整可以调节中间区域。通过单个通道的分别调节，更可以对颜色进行抑止或增量。

2. 曝光

曝光可以对图像进行整体提亮的操作，且保持对比度同比变化。而补偿则通过一个偏移值对明暗进行调整。Gamma 参数的变化将提高或降低图像中的中间范围。使用 Gamma 参数进行调整，图像将会变暗或变亮，但是图像中阴影部分和高光部位不受影响。图像中固定的黑色和白色区域也不会受其影响。数值越大，图像越亮。

3. 色彩平衡

色彩平衡特效通过对图像的红色、绿色、蓝色通道进行调节，分别调节颜色在暗部、中间色调和高光部分的强度。

阴影、中值和高光分别对应暗部、中间区域和高亮部分的不同通道。保持亮度参数在改变颜色时保留图像的平均亮度，该选项保持图像的色彩平衡。

如果需要对图像中的不同区域进行精细调节，例如使暗部泛红，高亮偏蓝，色彩平衡特效将很容易实现目标。

4. 色相/饱和度

色相/饱和度是用来调整色相和饱和度的特效。如果想把画面的整个色调调暗，只要转动色相转盘，就可以改变图像的色相。

色相/饱和度特效的第一项是颜色通道控制模式，它的默认控制模式是主体，也就是全局控制模式，分别是：红色、黄色、绿色、蓝绿色、蓝色、红紫色，之所以选择这 6 种颜色是因为他们分别是色光加色三原色（RGB）和色料减色三原色（CMY），它们在色相环的特殊位置，决定了调色的基础原则。

当在通道控制中选择主体时，颜色通道模式没有任何变化。当选择除主体以外的单一颜色通道控制方式时，两个颜色条之间就会出现两个小竖条和两个小三角。选择单个颜色通道实际上只是一种符号，让选区在颜色条上迅速定位到所需要的颜色，并不是选择了 Green 就只能调蓝色。主要还是靠上面的三角和竖条来定义颜色范围。

在通道范围上，上面的色条表示调节前的颜色，下面的色条表示在满饱和度下进行的调节如何影响整个色调。颜色通道范围中的两个竖条代表颜色的选择区域，两个三角形代表羽化的区域。怎么选择色区非常有讲究，如果随意地拨动两个小竖条，只会发现画面变的斑驳陆离，一定要仔细慢慢地拨动它，同时观察画面的变化，这样才能找到想要的选区并进行细微的调整。

5. 场

在使用视频素材时，会遇到交错视频场的问题。它严重影响着最后的合成质量。例如，对场设置错误的素材做变速，在电视上播放的时候就会出现画面抖动等问题。

解决交错视频场的最佳方案是分离场。After Effects 可以将下载到计算机上的视频素材进行场分离。通过从每个场产生一个完整帧再分离视频场，并保存原始素材中的全部数据。在对素材进行缩放、旋转等加工时，场分离是极为重要的。未对素材进行场分离，此时画面中有严重的毛刺现象。

分离场的时候需要选择场的优先顺序。场的优先顺序和硬件设备有关。如果不知道场的优先顺序也没关系，可以分别试验两个场顺序。首先对素材进行变速设置，然后分离场，播放影片，观察影片是否能够平滑地播放。如果出现跳动现象，说明场的顺序是错误的。

实验内容

美丽的校园

(1)新建练习工程文件 Chapter7_Toning_Practice. aep，在“项目面板”空白处双击，导入素材中的 8 个视频。如图 7-1 所示：

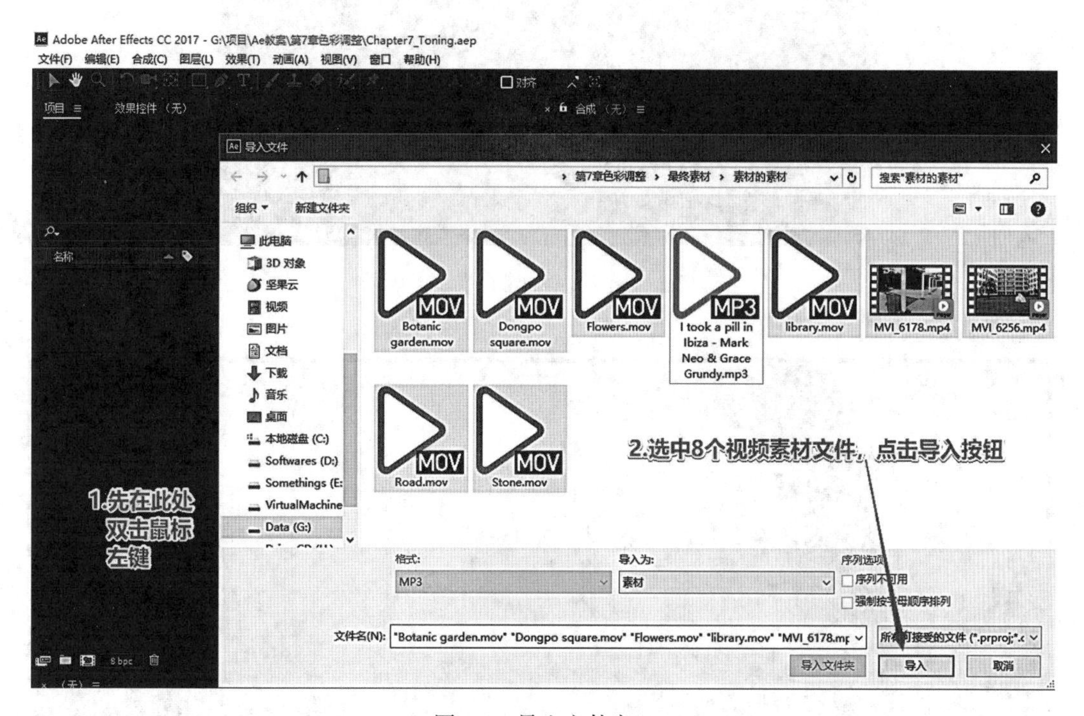

图 7-1　导入文件窗口

(2)将“Botanic garden. mov”文件拖至时间轴面板以创建相应的合成。如图 7-2 所示。

(3)“色阶”效果是将输入的颜色范围重新映射到输出的颜色范围，还可以改变灰度系数正曲线。在右侧的“效果和预设”面板中找到“颜色校正→色阶”，用鼠标左键点击它并拖曳至“合成预览”面板。如图 7-3 所示：

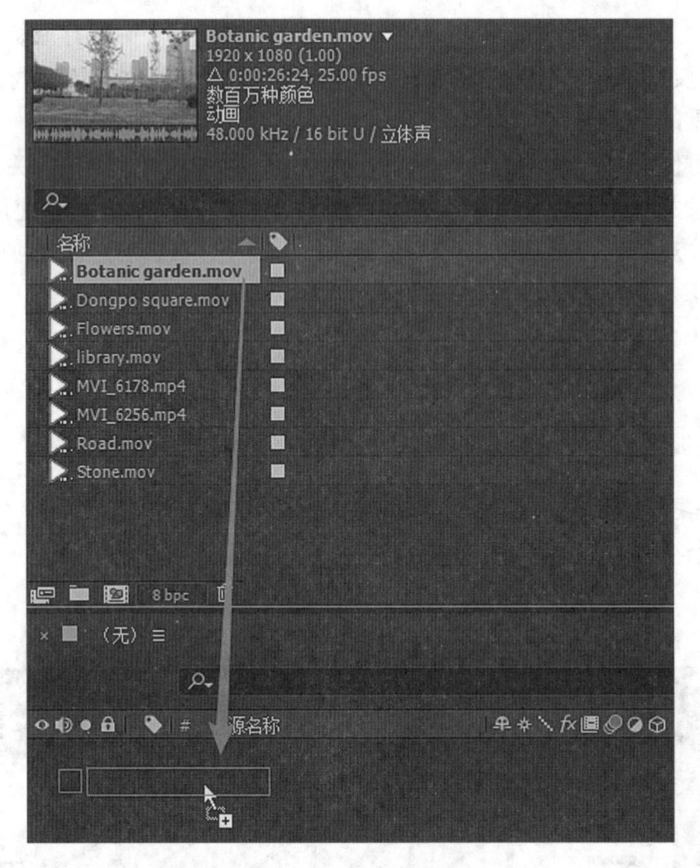

图 7-2　创建合成

图 7-3　添加“色阶”效果

(4)用鼠标拖曳图 7-4 中箭头所指的小三角，可以发现下方的“输入黑色”和“输入白色”效果参数会跟着小三角的移动而改变。拖曳小三角使得“输入黑色”效果参数为“15. 0”、“输入白色”效果参数为“210. 0”。如图 7-4 所示：

图 7-4　“色阶”效果参数设置

(5)现在画面是调亮了些，但是色彩还不够好，我们需要绿色盎然的植物来凸显春天的气息。在右侧的“效果和预设”面板中找到“颜色校正→色相/饱和度”，用鼠标左键点击它并拖曳至“合成预览”面板。如图 7-5 所示：

图 7-5　添加“色相/饱和度”效果

(6)调整“色相/饱和度”中的“主色相”效果参数为“0x+33. 0°”，“主饱和度”效果参数为“15”。这样我们就恢复了大自然的绿意。如图 7-6 所示：

图 7-6 “色相/饱和度”效果参数设置

(7)我们发现，虽然植被恢复了绿色，但是好像其他物体也受到了影响，也有点偏绿色，例如远处的建筑物。为此我们继续调色，在右侧的“效果和预设”面板中找到“颜色校正→曲线”，用鼠标左键点击并拖曳至“合成预览”面板。如图 7-7 所示：

图 7-7 添加“曲线”效果

(8)我们先在“曲线”效果默认的 RGB 通道绘制曲线，再将通道改为“绿色”，绘制曲线如图 7-8 所示：

(9)好了，这个素材的色彩基本上已经满足我们的需求了。现在我们将它渲染到“最终素材”文件夹中，文件名仍为“Botanic garden. mov”。渲染步骤方法请参考“第一章 AE

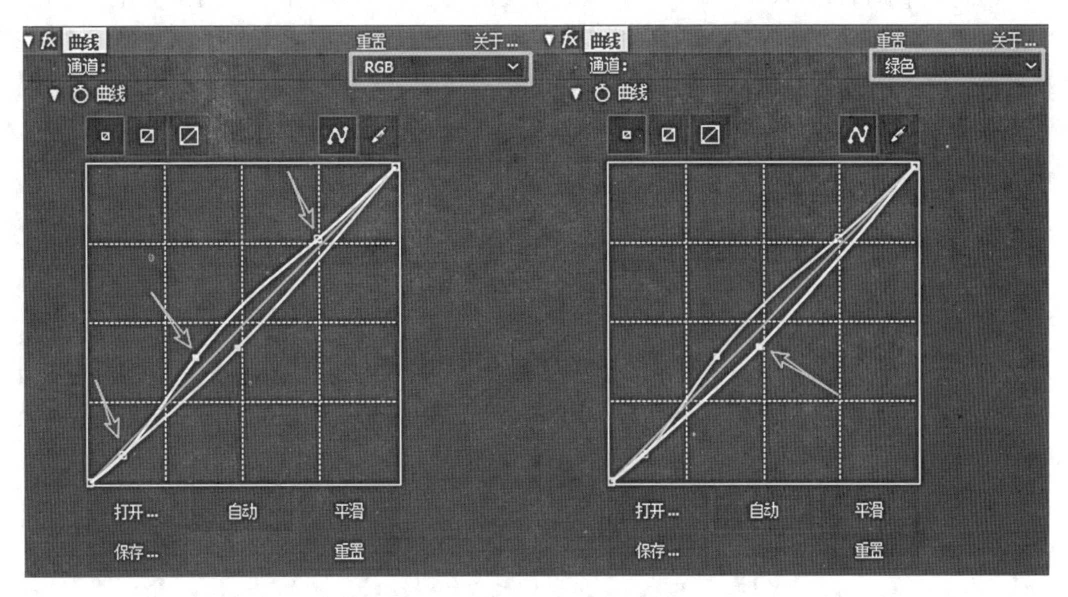

图 7-8　“曲线”效果参数设置

概述”中的渲染部分。

(10)选中“项目”面板中的“Botanic garden”合成和“Botanic garden. mov”文件，按[Delete]快捷键删除，此时会弹出对话框询问是否确实要删除 2 个所选项目分项，我们点击删除。然后将“项目”面板中的“Dongpo square. mov”素材拖曳至“时间轴”面板，创建新的合成。如图 7-9 所示：

图 7-9　新建合成

(11)在右侧的“效果和预设”面板中找到“颜色校正→自动色阶”，用鼠标左键点击它并拖曳至“合成预览”面板。自动色阶的默认效果就可以满足需求了，所以我们不对其参数进行修改。如图 7-10 所示：

图 7-10　添加“自动色阶”效果

(12)在右侧的“效果和预设”面板中找到“颜色校正→自然饱和度”，用鼠标左键点击它并拖曳至“合成预览”面板。调整其“自然饱和度”参数为“66. 0”，“饱和度”参数为“12. 0”。如图 7-11 所示：

图 7-11　添加“自然饱和度”效果及其参数设置

(13)在右侧的“效果和预设”面板中找到“颜色校正→自动对比度”，用鼠标左键点击它并拖曳至“合成预览”面板。调整其“修剪黑色”效果参数为“0. 60%”。如图 7-12 所示：

图 7-12　添加“自动对比度”效果及其参数设置

(14)至此，我们发现画面的色彩基本上能够还原现实的色彩了，但是整体感觉仍比较偏黄色或者偏红色，所以我们需要继续使用“曲线”效果来进一步修正画面的色彩。在右侧的“效果和预设”面板中找到“颜色校正→曲线”，用鼠标左键点击它并拖曳至“合成预览”面板。调整蓝色通道、红色通道、绿色通道曲线如图7-13所示。最终呈现效果如图7-14所示。

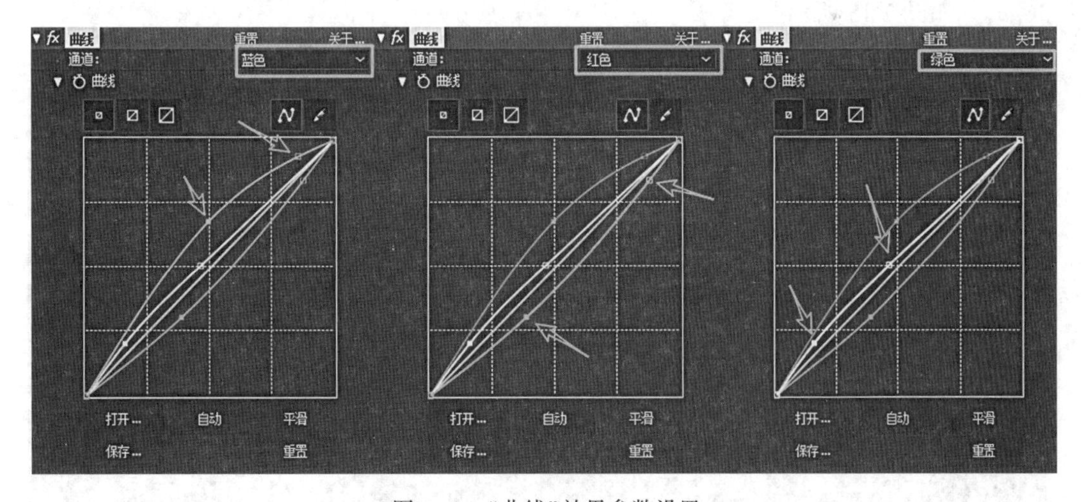

图 7-13　“曲线”效果参数设置

(15)现在我们将它渲染到“最终素材”文件夹中，文件名仍为“Dongpo square. mov”。

(16)删除“项目”面板中的“Dongpo square”合成和“Dongpo square. mov”文件，然后将“项目”面板中的“Flowers. mov”素材拖曳至“时间轴”面板，创建新的合成。

图 7-14　最终呈现效果

(17)在右侧的“效果和预设”面板中找到“颜色校正→自动对比度”，用鼠标左键点击它并拖曳至“合成预览”面板。将其“修剪白色”参数调整为“10. 00%”。再添加“颜色校正→自然饱和度”效果，将其“自然饱和度”参数调整为“66. 0”，“饱和度”参数调整为“36. 0”。如图 7-15 所示。

图 7-15　“自动对比度”和“自然饱和度”效果参数设置

(18)视觉效果比原素材好了许多，不过整体色调偏暗，对比度不太强烈。接下来将“颜色校正→阴影/高光”效果拖曳至“合成预览”面板，展开其中的“更多选项”，调整“阴影色调宽度”参数为“100”，“阴影半径”参数为“100”，“高光色调宽度”参数为“0”，“颜色校正”参数为“100”。如图 7-16 所示。

图 7-16　“阴影/高光”效果参数设置

(19)最后用“曲线”来调节画面的细节。将“颜色校正→曲线”效果拖曳到“合成预览”面板，绘制红色通道、蓝色通道、绿色通道曲线如图 7-17 所示。最后将它渲染到“最终素材”文件夹中，文件名仍为“Flowers. mov”。最终效果如图 7-18 所示。

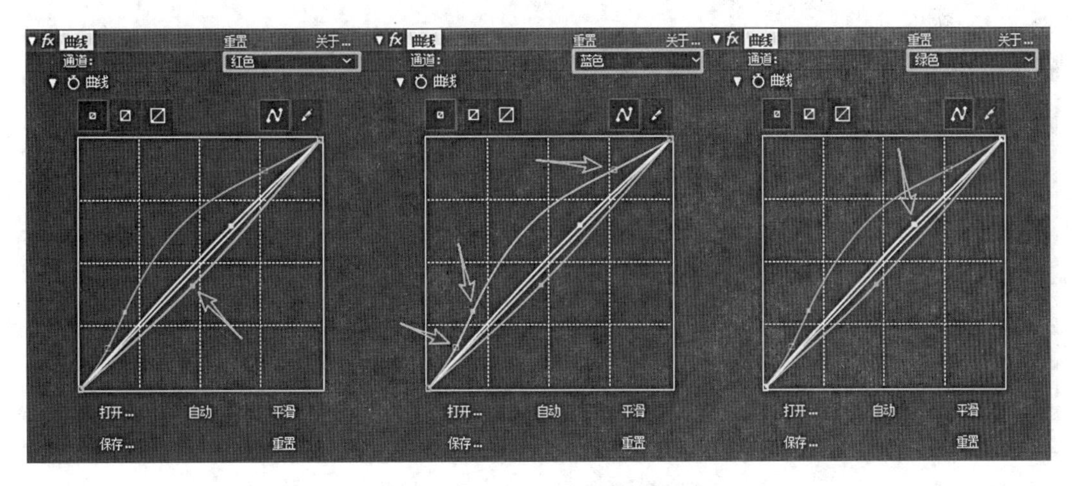

图 7-17　“曲线”效果参数设置

图 7-18　最终呈现效果

(20)删除“项目”面板中的“Flowers”合成和“Flowers. mov”文件，然后将“项目”面板中的“library. mov”素材拖曳至“时间轴”面板，创建新的合成。

(21)在右侧的“效果和预设”面板中找到“颜色校正→自动色阶”，将其添加到“library. mov”图层上。然后将“颜色校正→Lumetri Color”效果也添加到“library. mov”图层上。如图 7-19 所示。

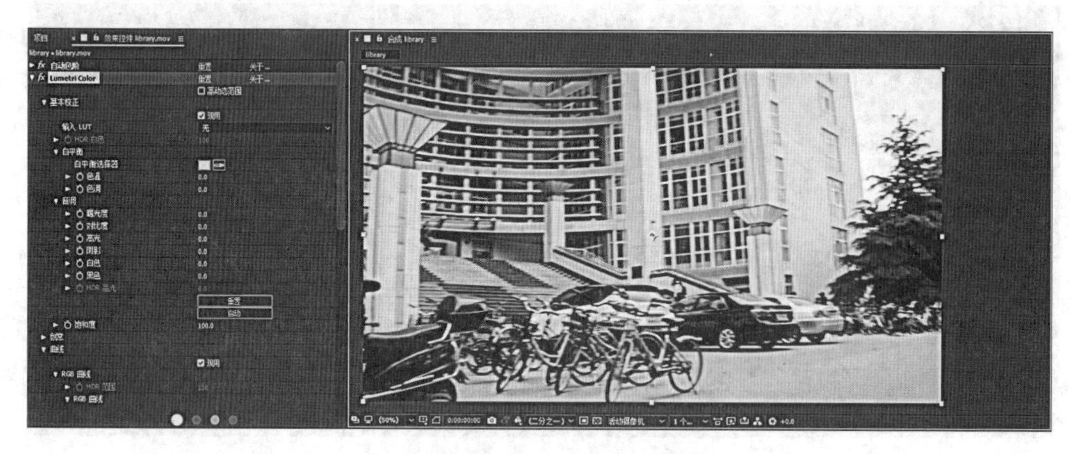

图 7-19　添加“Lumetri Color”效果

(22)展开“Lumetri Color”效果中“基本校正”选项，调整“色温”参数为“-20.0”，“色调”参数为“20.0”，“曝光度”参数为“0.6”，“对比度”参数为“66.0，“高光”参数为“12.0”，“阴影”参数为“32.0”，“白色”参数为“-21.0”，“饱和度”参数为“150.0”。展开“曲线”选项，在“RGB 曲线”选项中选择红色，绘制曲线如图 7-20 所示。

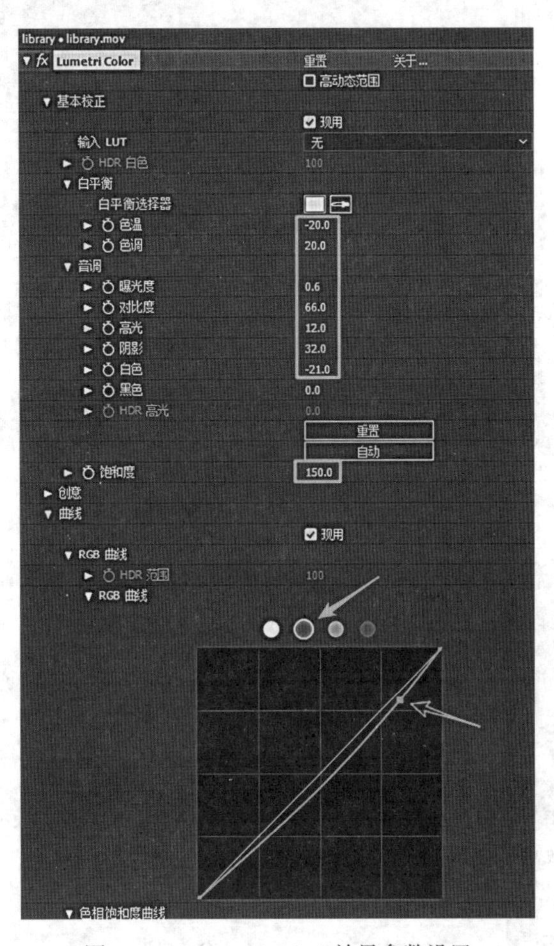

图 7-20　“Lumetri Color”效果参数设置

(23)可以发现，使用“Lumetri Color”效果更加方便，因为它几乎包含了前面使用的所有效果。但是也正由于它的复杂性，在细节上很难把握，所以又加了一个“自动色阶”效果。最终效果如图 7-21 所示。

(24)最后将它渲染到“最终素材”文件夹中，文件名仍为“library. mov”。删除“项目”面板中的“library”合成和“library. mov”文件，然后将“项目”面板中的“Road. mov”素材拖曳至“时间轴”面板，创建新的合成。

(25)我们还是先将“颜色校正→自动色阶”效果添加到“Road. mov”图层上。然后再添加“Lumetri Color”效果。如图 7-22 所示。

图 7-21　最终呈现效果

图 7-22　添加“Lumetri Color”效果

(26)展开“Lumetri Color”效果中的“基本校正”选项，调整“色温”参数为“-56.0”，调整“色调”参数为“10.0”，曝光度参数为“0.6”，“对比度”参数为“22.0”，“饱和度”参数为“166.0”。然后展开“色轮”选项，调节“RGB 曲线”中的三个色轮如图 7-23 所示。

"20"。

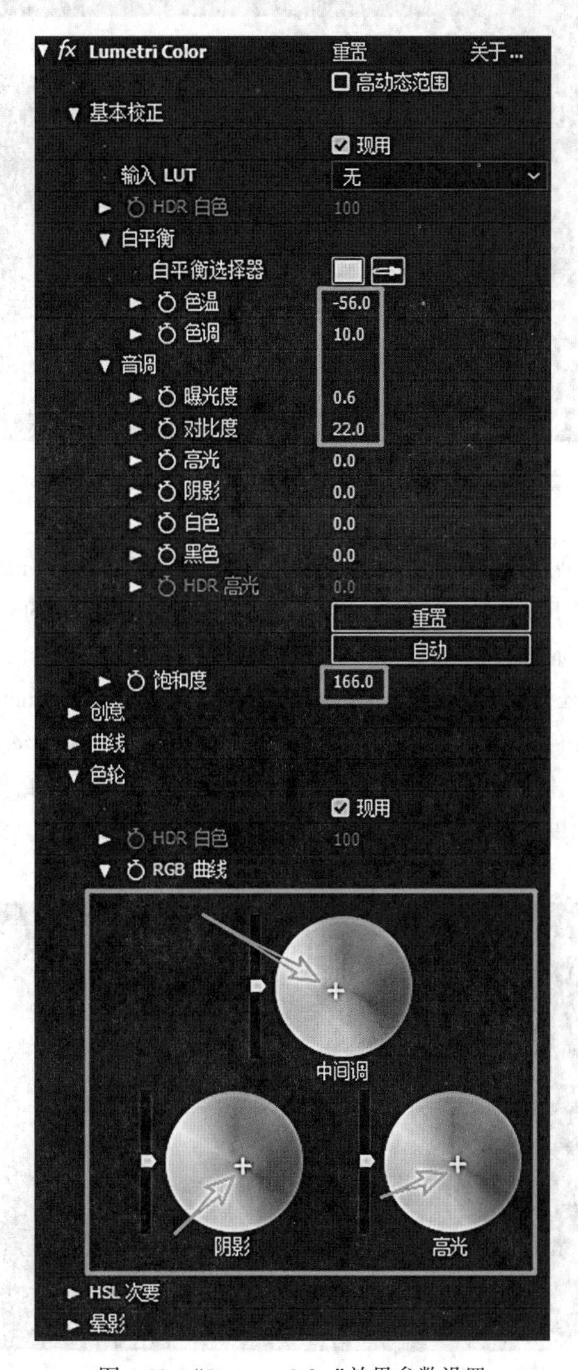

图 7-23　"Lumetri Color"效果参数设置

(27)在"Road. mov"图层上添加"颜色校正→亮度和对比度"效果，调整"亮度"参数为"20"。最终效果如图 7-24 所示。

图 7-24　最终呈现效果

(28)我们将它渲染到“最终素材”文件夹中，文件名仍为“Road. mov”。删除“项目”面板中的“Road”合成和“Road. mov”文件，然后将“项目”面板中的“Stone. mov”素材拖曳至“时间轴”面板，创建新的合成。

(29)我们一开始还是将“颜色校正→自动色阶”效果添加到“Stone. mov”图层上来，画面整体感觉比较暗，再将“颜色校正→阴影/高光”效果添加到“Stone. mov”图层上来。现在画面明暗度较适中，但颜色对比不强烈。我们再将“颜色校正→自然饱和度”效果添加上来，调整“自然饱和度”参数为“100. 0”，“饱和度”参数为“36. 0”。如图 7-25 所示。

图 7-25　“自然饱和度”效果参数设置

(30)现在还需要进一步调节细节。添加“颜色校正→曝光度”效果至“Stone. mov”图层，调节“曝光度”参数为“0. 15”，再添加“颜色校正→曲线”效果，绘制绿色通道和蓝色通道如图 7-26 所示。

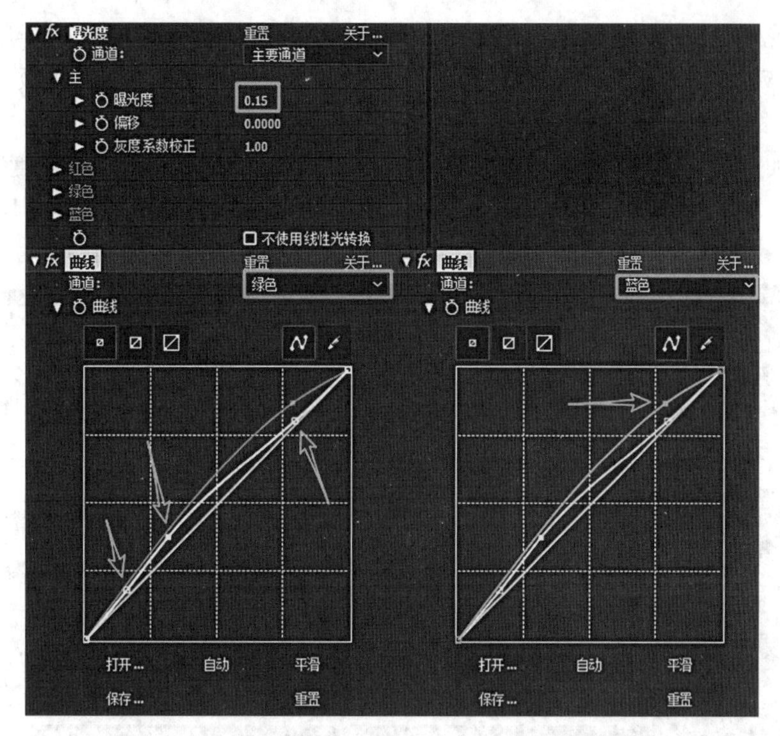

图 7-26　“曝光度”和“曲线”效果参数设置

（31）我们将它渲染到“最终素材”文件夹中，文件名仍为“Stone. mov”。删除“项目”面板中的“Stone”合成和“Stone. mov”文件，然后将“项目”面板中的“MVI_6178. mov”素材拖曳至“时间轴”面板，创建新的合成。

（32）添加“自动色阶”效果，“阴影/高光”效果，“自然饱和度”效果，“颜色平衡”效果和“曝光度”效果。其中“自然饱和度”“颜色平衡”“曝光度”中调节参数如图 7-27 所示。

图 7-27　各参数设置

(33)将它渲染到“最终素材”文件夹中，文件名仍为“MVI_6178. mov”。删除“项目”面板中的“MVI_6178”合成和“MVI_6178. mov”文件，然后将“项目”面板中的“MVI_6256. mov”素材拖曳至“时间轴”面板，创建新的合成。

(34)添加“自动色阶”效果、“阴影/高光”效果、“照片滤镜”效果、“曝光度”效果和“自然饱和度”效果。其中“照片滤镜”“曝光度”“自然饱和度”中调节参数如图 7-28 所示。

图 7-28 “照片滤镜”“曝光度”和“自然饱和度”效果参数设置

(35)将它渲染到“最终素材”文件夹中，文件名仍为“MVI_6256. mov”。

(36)接下来打开资料中 Premiere 工程文件 Toning. prproj，在“项目”面板中用鼠标右键点击“Stone. mov”素材，选择“替换素材”，在弹出的对话框中选择刚刚调色好的同名文件进行素材的替换，将其他的视频素材也依次用刚刚调色完毕的同名文件进行替换。如图 7-29 所示。

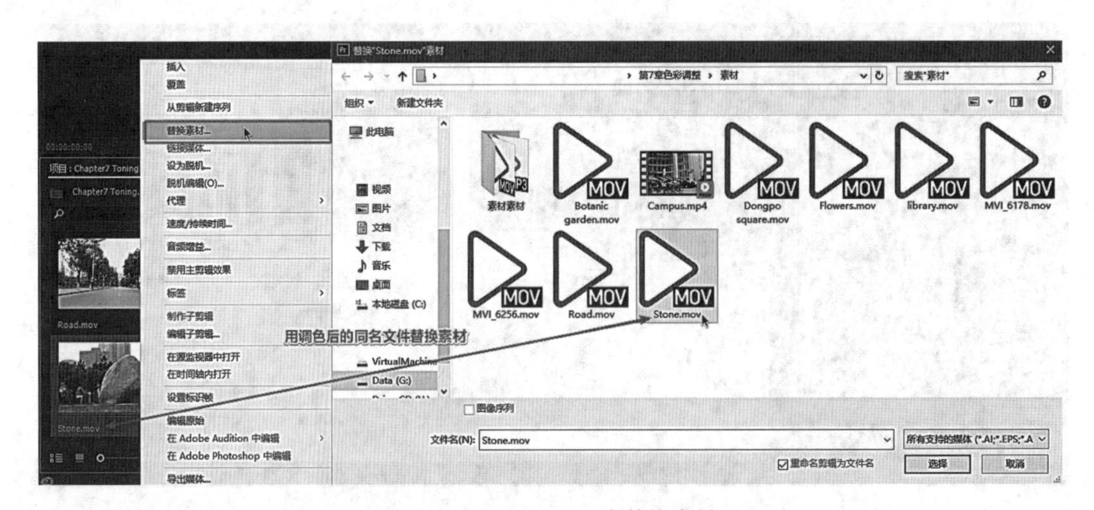

图 7-29 Premiere Pro 中替换素材

（37）替换完所有的素材后，执行“文件→导出→媒体”命令（快捷键“Ctrl+M”），在弹出的导出设置窗口中，“格式”选择“H. 264”，“预设”选择“匹配源-高比特率”，可以点击“输出名称”后面蓝色的文件名来更改导出文件的存放位置以及文件名。设置完毕后点击“导出”按钮即可开始渲染视频。如图 7-30 所示。

图 7-30　视频导出设置

实验八　跟踪合成

实验目的

掌握 After Effects 中的摄像机跟踪和 Mocha 追踪功能。

实验学时

4 学时

实验器材

多媒体计算机、Windows 7 以上操作系统、Adobe After Effects。

实验原理

3D 摄像机跟踪器效果对视频序列进行分析以提取摄像机运动和 3D 场景数据。3D 摄像机运动允许您基于 2D 素材正确合成 3D 元素。

1. 分析素材和提取摄像机运动

选中一个素材图层，然后执行下列操作之一：

(1)选择“动画”>“跟踪摄像机”，或者从图层上下文菜单中选择“跟踪摄像机”。

(2)选择“效果”>“透视”>“3D 摄像机跟踪器”。

(3)在“跟踪器”面板中，单击“跟踪摄像机”按钮。

此时将应用 3D 摄像机跟踪器效果。分析和解析阶段是在后台进行的，其状态显示为素材上的一个横幅位于“取消”按钮旁。根据需要调整设置。

3D 解析的跟踪点显示为小的着色的 X，可以使用这些跟踪点将内容放置在场景中。

注意：

可以一次选择多个图层来使用 3D 摄像机跟踪器效果进行摄像机跟踪。将内容附加到包含已解析的摄像机的场景。选中效果，然后选择要用作附加点的一个或多个跟踪点(定义最合适的平面)。

让鼠标指针在可以定义一个平面的三个相邻的跟踪点之间徘徊，在这些点之间会出现一个半透明的三角形。将出现的一个红色圆形目标，在 3D 空间中显示平面的方向。围绕多个跟踪点绘制一个选取框以选择它们。

在选取框或目标上单击右键，然后选择要创建的内容类型。可以创建以下类型：文本、纯色、用于目标中心的空图层、用于每个选定点的文本、纯色或空图层。

通过在上下文菜单中使用“创建阴影捕手”命令为创建的内容创建“阴影捕手”图层(一

个仅接受阴影的纯色图层)。阴影捕手图层还会创建光照(如果尚不存在光照)。

如果创建多个图层，则每个图层都有一个唯一的编号名称。如果创建多个文本图层，则会对入点和出点进行修剪以匹配点持续时间。

2. 移动目标使内容附加到其他位置

要移动目标以便可以将内容附加到其他位置，请执行以下操作：当位于目标的中心上方时，将出现一个用于调整目标位置的“移动”指针。将目标的中心拖到所需的位置。在位于预期的位置之后，可以使用上下文中的命令来附加内容。

注意：

如果目标太大或太小以致无法查看，可以调整其大小以便显示平面。目标大小则会控制上下文菜单命令创建的文本和纯色图层的默认大小。

要调整目标大小，请执行以下操作之一：

(1)调整目标大小属性。

(2)在从目标的中心拖动时，按住 Alt 键的同时单击（Windows）或在按住 Option 键的同时单击（Mac OS）。当位于目标的中心上方时，将出现一个带水平箭头的指针，你可以使用它来调整目标大小。

3. 选择和取消选择跟踪点

要选择跟踪点，请执行以下操作之一：

(1)单击某个跟踪点。

(2)在三个相邻的跟踪点之间单击。

(3)围绕多个点绘制一个选取框。

(4)在按住“Shift”键的同时单击跟踪点或者围绕跟踪点绘制一个 Shift 选取框，来将多个跟踪点添加到当前选区。

要取消选择跟踪点，请执行以下操作之一：

(1)在按住 Alt 键的同时单击（Windows）或在按住 Option 键的同时单击（Mac OS）所选择的跟踪点。

(2)远离跟踪点单击。

注意：

移动对象可能会干扰 3D 摄像机跟踪器效果。由于视差原因，它可能会将靠近摄像机的固定对象的点解释为移动的点。要帮助处理摄像机，请删除坏点和不需要的点。

要删除不需要的跟踪点，请执行以下操作：

选择跟踪点，按 Delete 键或者从上下文菜单中选择删除选定的点。

在删除不需要的跟踪点后，摄像机将重新解析。当重新解析在后台执行时，你可以删除额外的点。删除 3D 点还将删除对应的 2D 点。

可以快速创建“阴影捕手”图层，用来为效果创建逼真的阴影。阴影捕手图层是大小与素材相同的白色的纯色图层，但是设置为“仅接受阴影”。

要创建阴影捕手图层，请使用上下文菜单中的“创建阴影捕手”“摄像机”和“光命令”。

如果需要，请调整阴影捕手图层的位置和比例，以便投影按所需的方式显示。如果合成中不存在投影灯，此命令还会创建一个投影灯(一个开关已打开且投射阴影的灯)。

4. 用于 3D 摄像机跟踪器的效果控件

该效果具有以下控件和设置：

分析/取消：开始或停止素材的后台分析。在分析期间，状态显示为素材上的一个横幅，并且位于“取消”按钮旁。

拍摄类型：指定是以固定的水平视角、可变缩放或是以特定的水平视角来捕捉素材。更改此设置需要解析。

水平视角：指定解析器使用的水平视角。仅当拍摄类型设置为指定视角时才启用。

显示轨迹点：将检测到的特性显示为带透视提示的 3D 点(已解析的 3D)或由特性跟踪捕捉的 2D 点(2D 源)。

渲染跟踪点：控制跟踪点是否渲染为效果的一部分。

注意：

当选中了效果时，始终会显示轨迹点，即使没有选择渲染跟踪点，当启用时，点将显示在图像中，以便在预览期间可以看到它们。

跟踪点大小：更改跟踪点的显示大小。

创建摄像机：创建 3D 摄像机。在通过上下文菜单创建文本、纯色或空图层时，会自动添加一个摄像机。

实验内容

实例一：AE 跟踪

(1)打开 AE，点击菜单栏“文件—导入—文件”或者按住“Ctrl+I”导入素材，创建合成，如图 8-1 所示。用鼠标右键点击“实景”图层，创建跟踪摄像机，如图 8-2 所示。

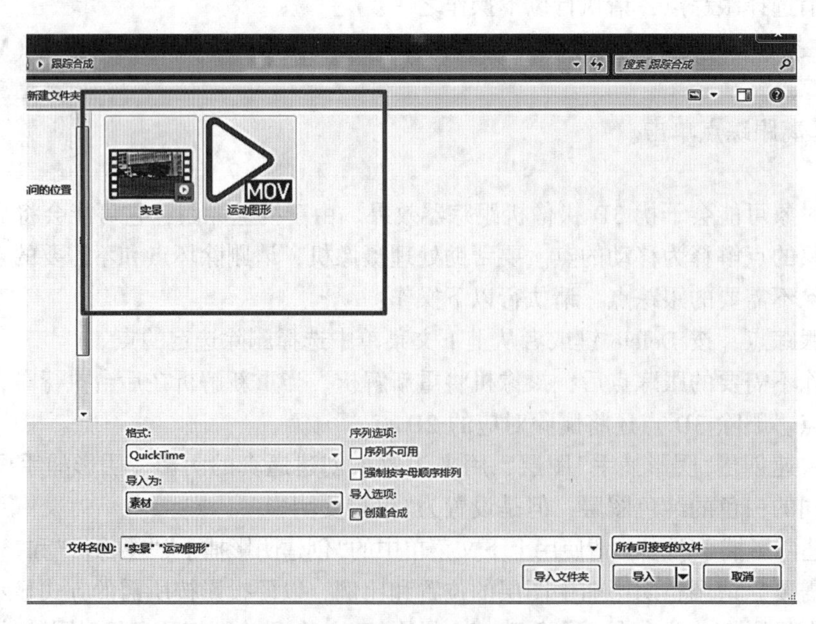

图 8-1　导入素材，创建合成

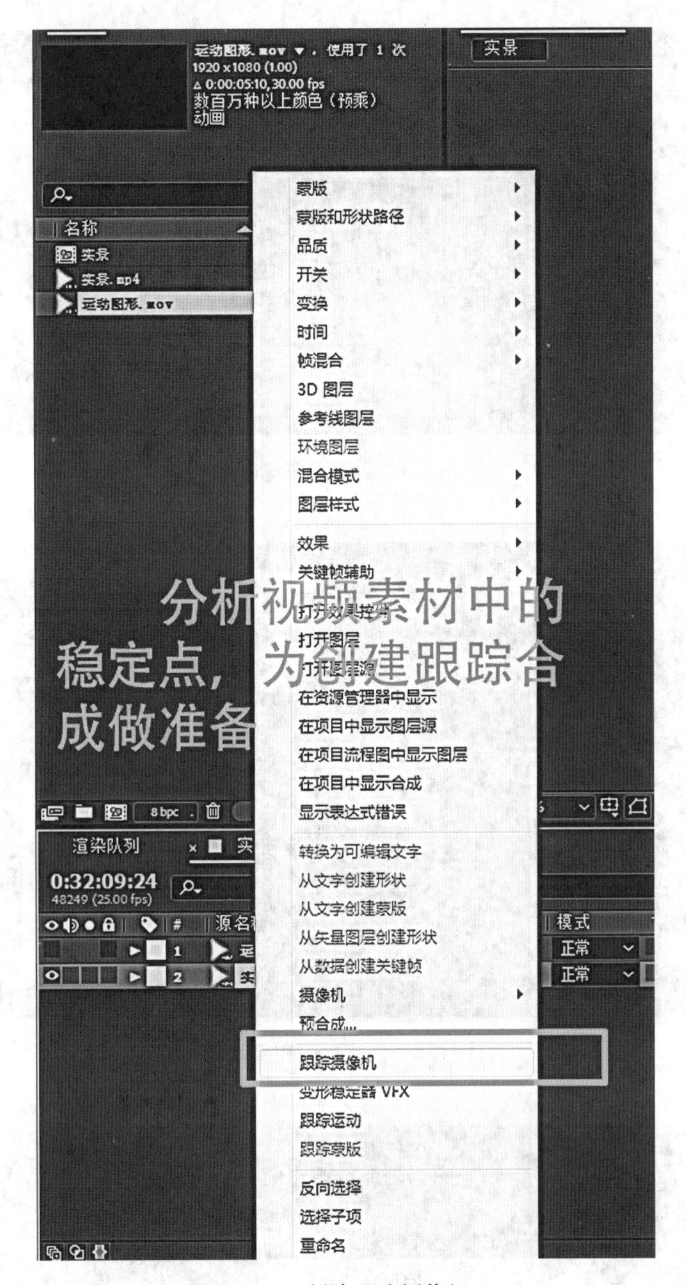

图 8-2　创建跟踪摄像机

(2)等待“3D 摄像机跟踪器”分析完成，视频上出现很多叉号，用鼠标左键按住 Shift 选择三个叉号(选择的叉号必须是播放整个视频时，在视频之中位置不变的点，跟踪运动才会稳定)，用鼠标右键点击“创建空白和摄像机”，如图 8-3、8-4 所示。

(3)打开“跟踪为空”和“运动图形”的三维图层，按住“Ctrl+C”复制“跟踪为空”的位置属性，按住“Ctrl+V”粘贴在“运动图形”图层上，如图 8-5 所示。预览动画，发现动画看上去就像被放进了场景里面，适当缩放图层，匹配画面。

图 8-3　跟踪点布满屏幕

图 8-4　创建空白和摄像机

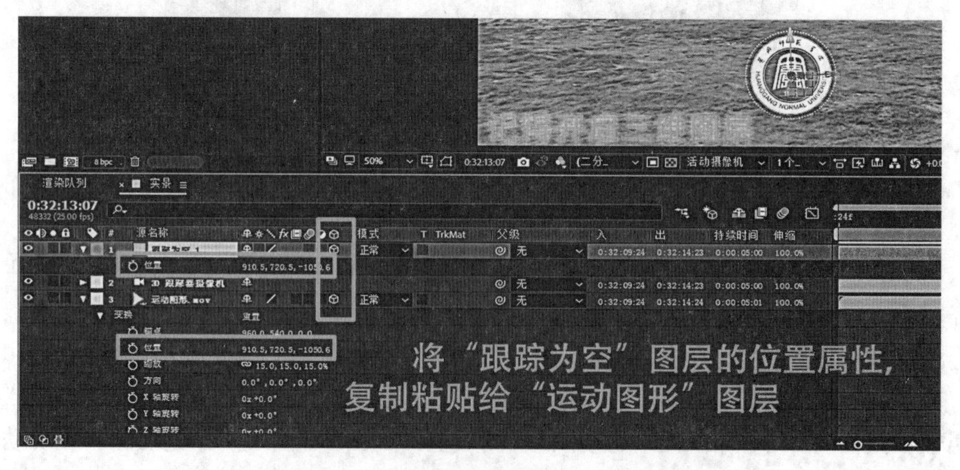

图 8-5　复制空对象位置给“运动图形”

(4)为“实景”图层先后添加“色阶”(输出白色 132)和“曲线” 2 个效果，将场景调整为夜晚，如图 8-6 所示。

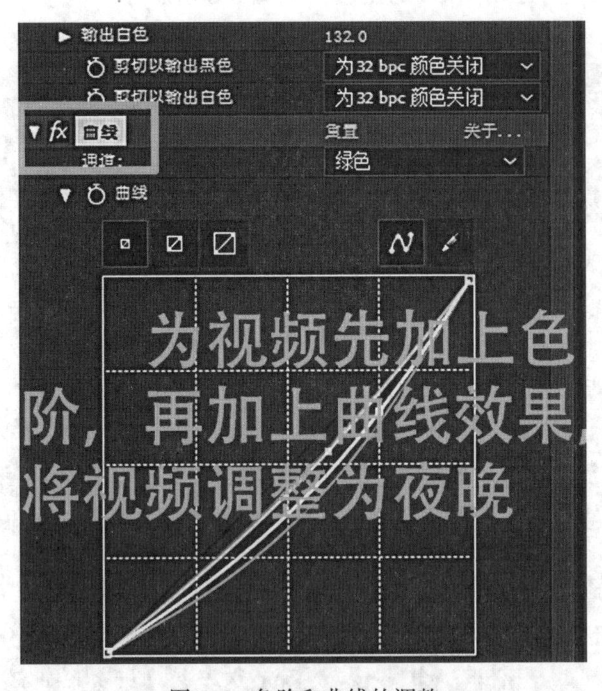

图 8-6　色阶和曲线的调整

(5)给“运动图形”图层添加“发光”效果(发光阈值为 100%，发光半径为 90，发光强度为 1.0)，如图 8-7 所示。

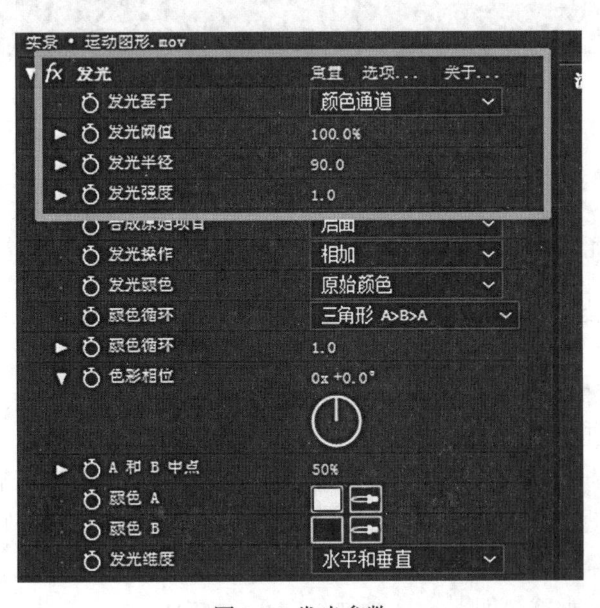

图 8-7　发光参数

(6)按住“Ctrl+D”将“运动图形”图层复制 2 份，将最上层的“运动图形”图层 X 轴调整 90 度，调整 Y 轴位置，使它处于最下方。给图层添加“高斯模糊”效果(模糊度为 400.0)，作为后面 2 个“运动图形”的阴影，如图 8-8 所示。

图 8-8　阴影的制作

(7)检查动画，导出。

实例二：手机换屏跟踪

(1)打开 AE，点击菜单栏“文件—导入—文件”或者按住“CTRL+I”导入素材，创建合成。

(2)选择“手机滑屏”图层，选择菜单栏“动画—在 Mocha AE 中跟踪”，视频素材就会被导入 Mocha，如图 8-9、8-10 所示。

(3)选择 Mocha 中的钢笔工具，给手机绘制一层边框，使用移动工具调整形状到完全盖住手机，按住移动工具取消绘制。将时间线移动到初始位置，选择向后跟踪分析，等待一段时间后，跟踪分析完成。播放视频，发现跟踪形状紧密贴合手机，若未能紧密贴合手机，则重新绘制跟踪形状，如图 8-11 所示。

图 8-9　打开 Mocha AE

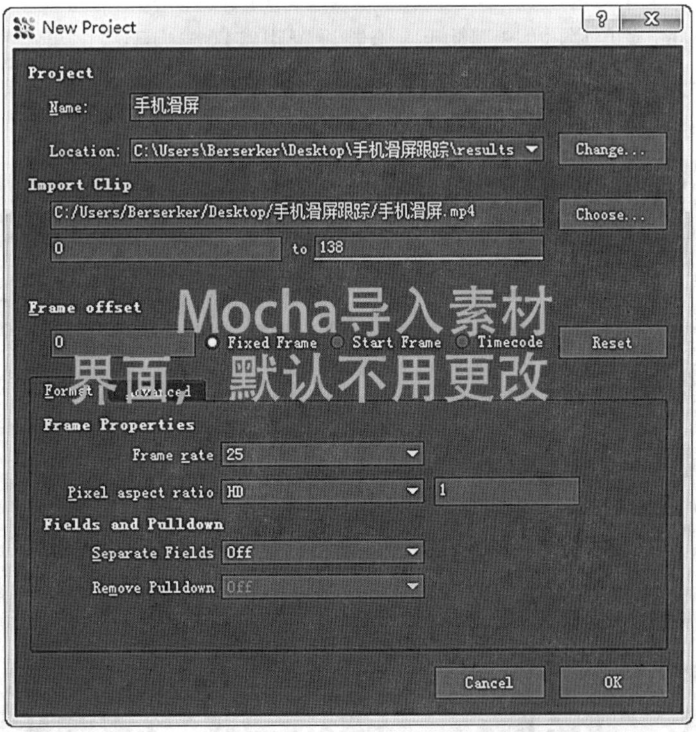

New Project
Project
Name: 手机滑屏
Location: C:\Users\Berserker\Desktop\手机滑屏跟踪\results　Change...
Import Clip
C:/Users/Berserker/Desktop/手机滑屏跟踪/手机滑屏.mp4　Choose...
0　to　138
Frame offset
0　Fixed Frame　Start Frame　Timecode　Reset
Mocha导入素材界面，默认不用更改
Format　Advanced
Frame Properties
Frame rate 25
Pixel aspect ratio HD　1
Fields and Pulldown
Separate Fields Off
Remove Pulldown Off
Cancel　OK

图 8-10　Mocha 导入界面

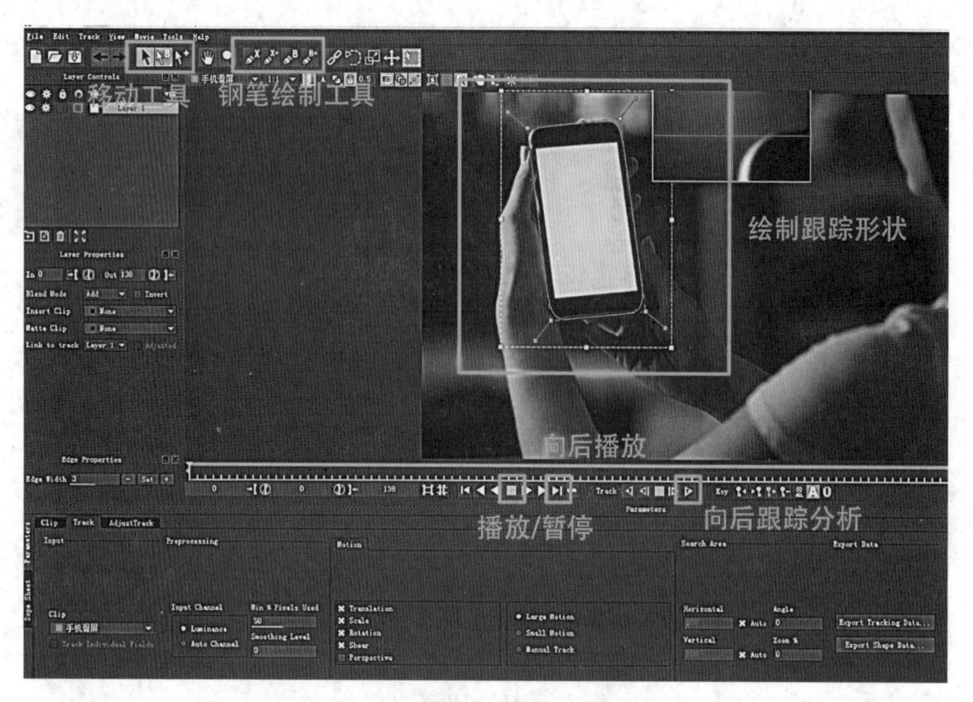

图 8-11　绘制跟踪形状并跟踪

（4）选择 Mocha 菜单栏的“S”图标，绘制设置跟踪区域为手机屏幕，再次进行跟踪分析。将插入层改为“LOGO”，向前播放，测试跟踪效果，如图 8-12、8-13 所示。

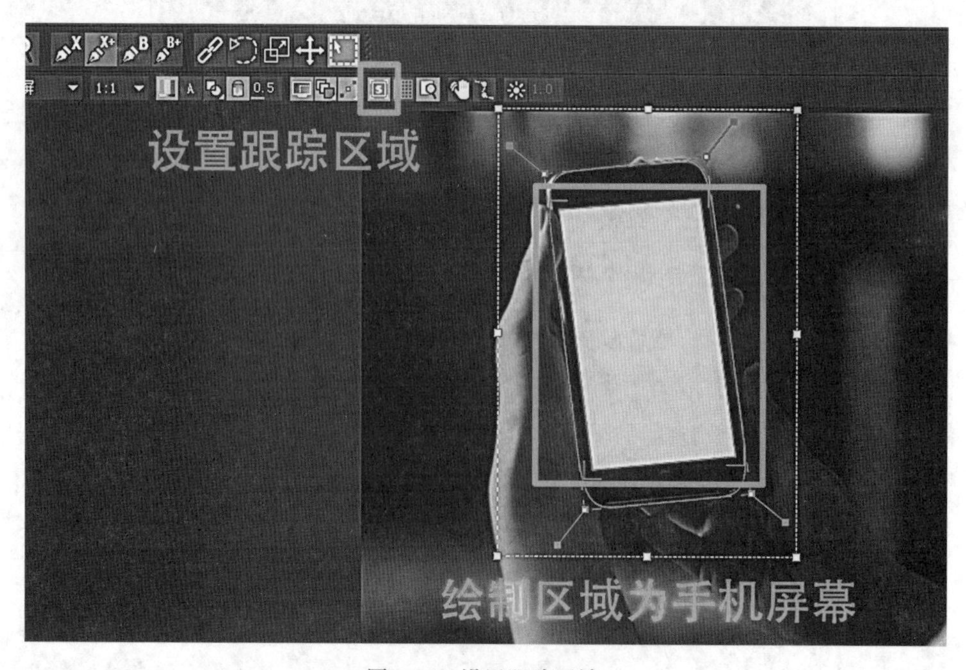

图 8-12　设置跟踪区域

图 8-13　测试跟踪效果

(5)单击“导出跟踪数据按钮”，打开导出跟踪数据对话框，点开下拉列表选择第二个选项复制跟踪数据，关闭 Mocha，回到 AE 界面，如图 8-14 所示。

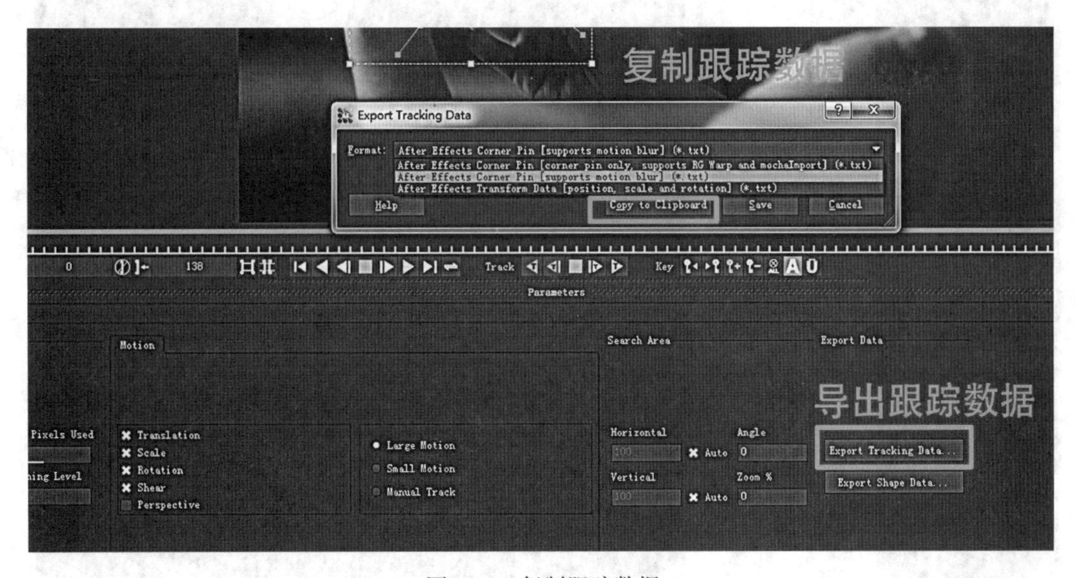

图 8-14　复制跟踪数据

(6)新建纯色图层，并进行预合成，命名为“跟踪数据”。按住“Ctrl+V”，将 Mocha 中的跟踪数据粘贴给该预合成，不透明度调整为 62 左右，如图 8-15 所示。将 3 张图片拖动进入“跟踪数据”预合成，再将“手机滑屏”图层复制一份给“跟踪数据”预合成，用鼠标右键点击“参考线图层”(显示在面板中，但是不参与渲染)，如图 8-16 所示。

图 8-15　粘贴跟踪数据

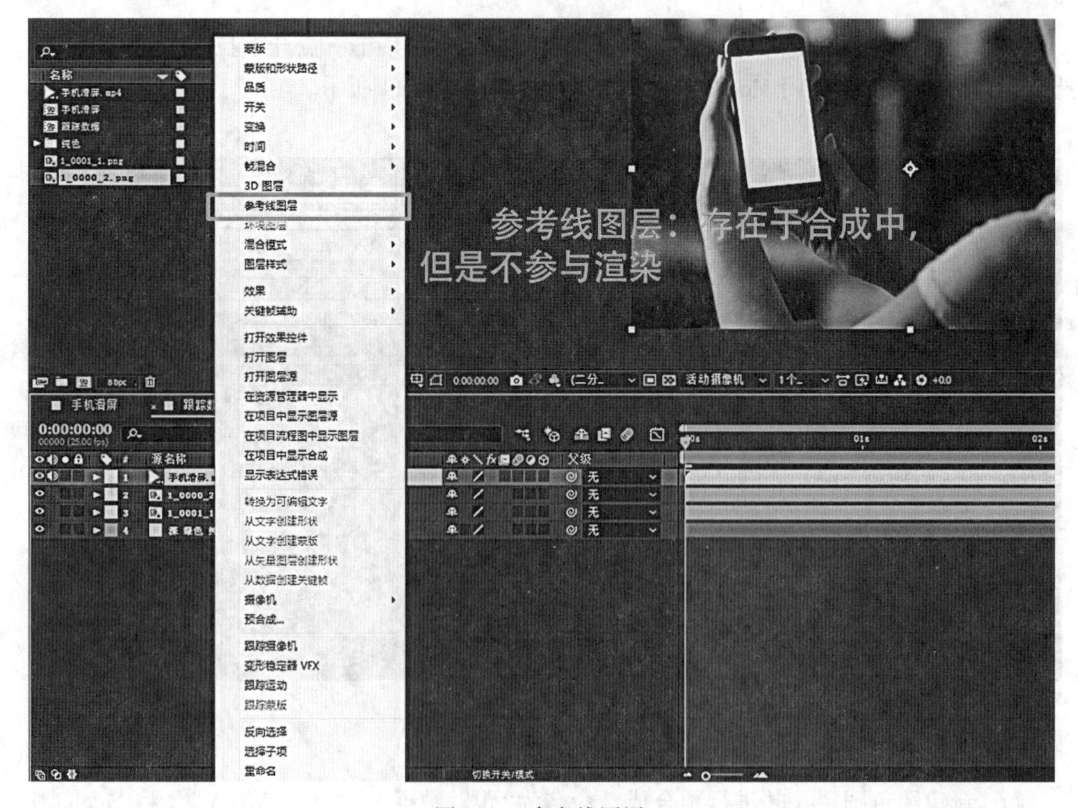

图 8-16　参考线图层

(7)新建一个空对象，将它设置为 3 张图片的父级，并将 3 张图片拼接成竖直的长图，如图 8-17 所示。根据视频中滑屏的手势，为空对象设置位置的关键帧(1 秒 4 帧

640.0，-360.0，1 秒 21 帧 640.0，360，3 秒 7 帧为 640.0，360.0，4 秒 4 帧为 640.0，1080.0）。

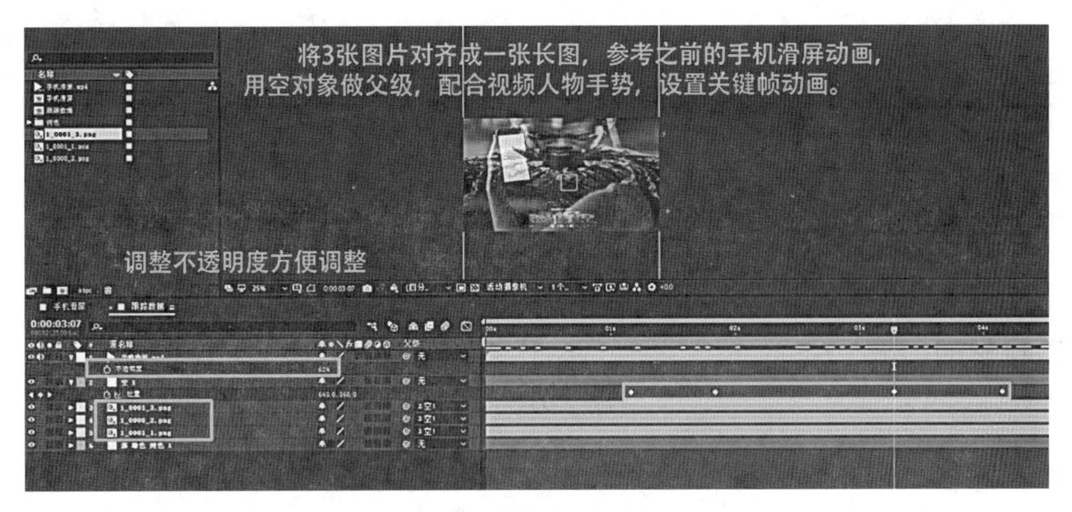

图 8-17　制作手机滑屏动画

（8）将“手机滑屏”图层复制一层，移动到“跟踪数据”预合成上面。选择“菜单栏—抠像—Keylight”效果，为 2 个“手机滑屏”添加此效果。用吸管工具吸取屏幕蓝色，发现屏幕的蓝色消失，如图 8-18 所示。播放动画，发现人物滑屏不再挡住手指。

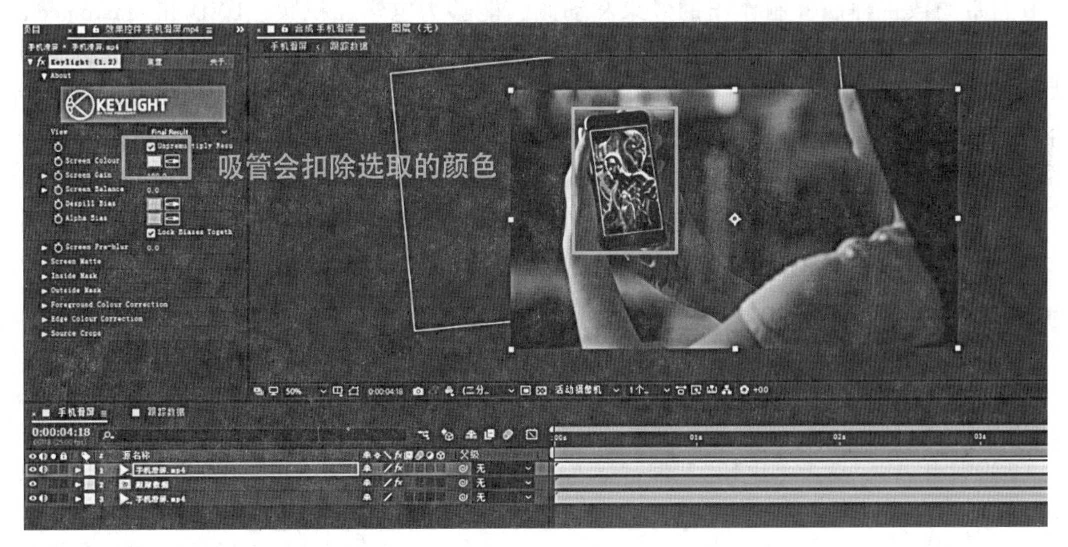

图 8-18　Keylight 去色

（9）预览动画无误后，渲染导出。

实验九　After Effects 特效应用

实验目的

掌握 After Effects 中的各种内置外置插件制作影视特效。

实验学时

4 学时

实验器材

多媒体计算机、Windows 7 以上系统、Adobe After Effects

实验原理

Adobe After Effects 软件可以高效且精确地创建无数种引人注目的动态图形和震撼人心的视觉效果。利用其与其他 Adobe 软件的紧密集成和高度灵活的 2D 和 3D 合成，以及其自带的数百种插件制作出的效果和动画，能够为电影、视频、DVD 和 Macromedia Flash 作品增添令人耳目一新的效果。此外，Adobe After Effects 还可以安装许多功能强大的外置插件配合使用。AE Trapcode 插件系列是专为行业标准而设计，且功能强大的外置插件，能灵活创建美丽逼真的效果。同时该装置拥有比预置插件更为强大的粒子系统、三维元素以及体积灯光，可以在 AE 里随心所欲地创建理想的 3D 场景。本章使用内置特效和外置插件模仿制作了两个电影特效实例《黑客帝国——数字序列》和《奇异博士——传送门特效》。

实验步骤

实例一：黑客帝国——数字序列

(1)打开 AE，点击菜单栏“文件—导入—文件”或者按住“Ctrl+I”导入素材，如图 9-1 所示，新建合成，命名为“数字雨”，如图 9-2 所示。

(2)新建纯色图层，命名为“雨”，点击菜单栏“效果—模拟—粒子运动场(AE 自带的粒子效果之一)”，添加效果。点击“选项—编辑发射文字—随机”，输入“123456789ABCDEFG”，点击确定，如图 9-3 所示。播放动画，发现屏幕出现细小的文字和字母的乱流。

(3)在效果控件面板选择“粒子运动场”发射属性，调整圆筒半径为 1000，更改颜色

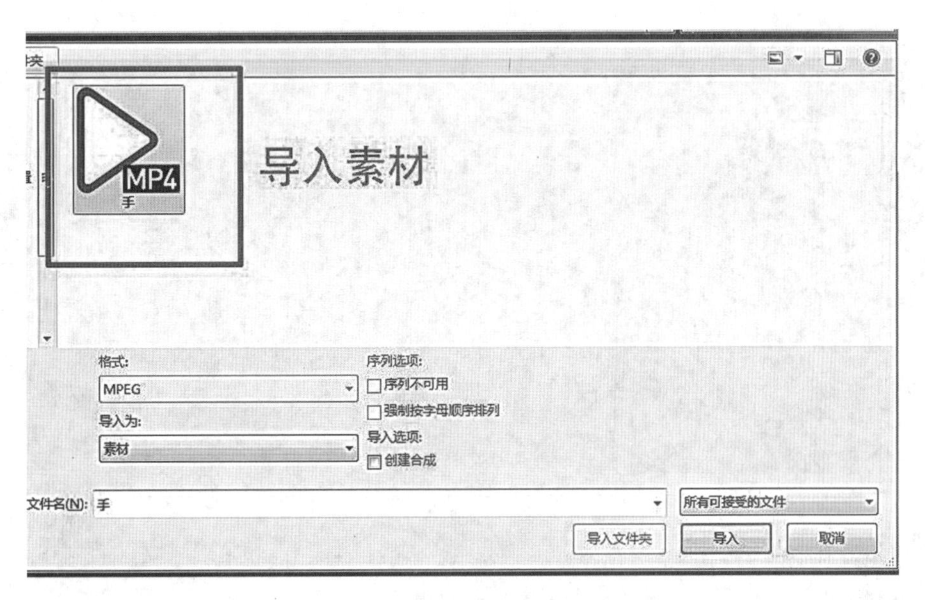

图 9-1　导入素材

图 9-2　合成设置

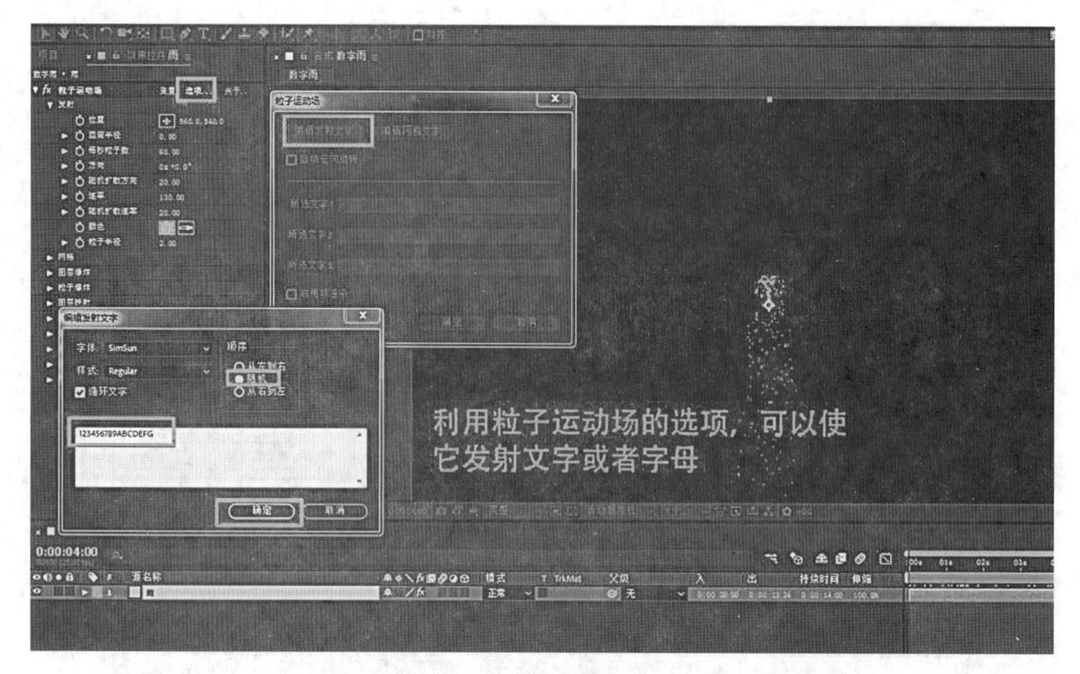

图 9-3　粒子运动场设置

(数值为 R:60、G:211、B:60)，调整字体大小，屏幕开始出现有科技感的数字雨，如图 9-4所示。

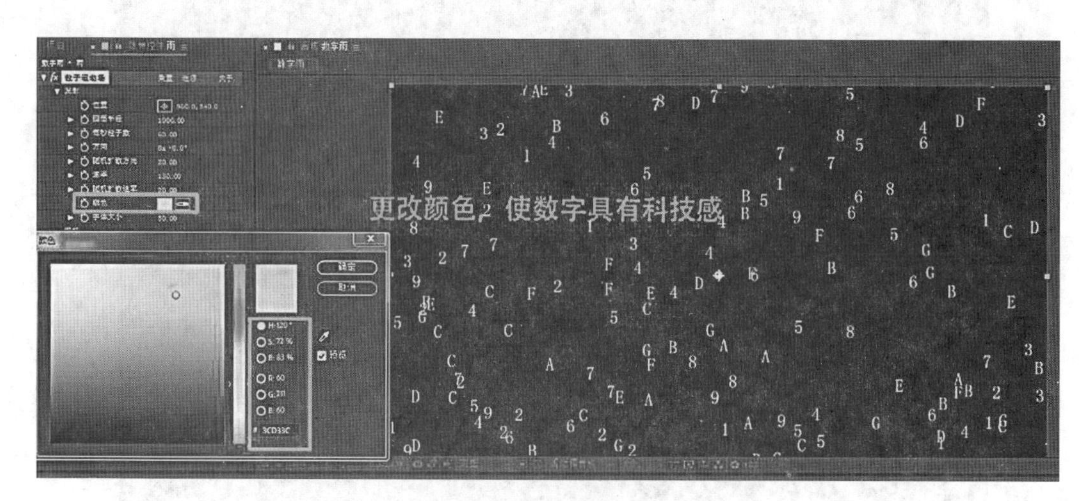

图 9-4　颜色设置

(4)点击菜单栏“效果—时间—残影”为图层添加“残影”效果，如图 9-5 所示，残影数量为 3，起始强度为 0.7，数字雨开始出现拖影。

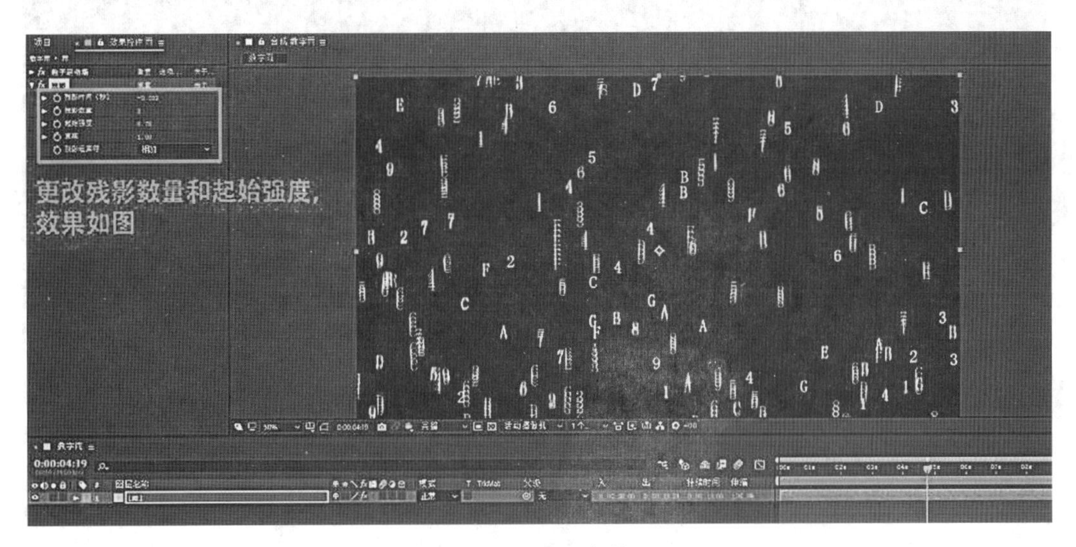

图 9-5　残影参数

(5)打开"雨"图层的三维图层开关，将它复制 2 份，调整 X、Y、Z 轴的位置属性，使数字雨具有空间感和纵深感，如图 9-6 所示。这样数字雨基本完成，我们可以将数字雨运用到其他视频之中。

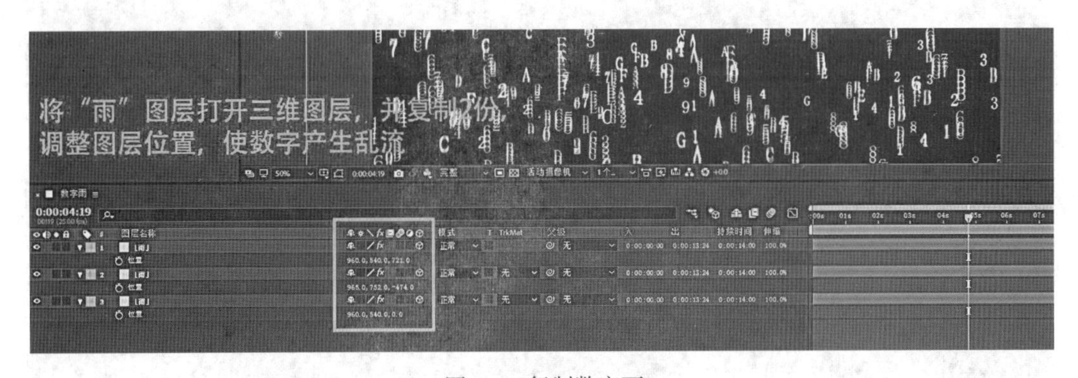

图 9-6　复制数字雨

(6)将"手"图层创建合成，点击菜单栏"效果—抠像—线性颜色键(抠像章节提到)"，主色提取为黑色，打开显示透明背景，发现黑色背景基本被扣除，如图 9-7 所示。

(7)将"数字雨"预合成拖入"手"图层的下方，改为"Alpha 遮罩"，发现"手"变成了由数字组成的"数字手"，如图 9-8 所示。播放动画，"数字手"开始挥动了，通过对"手"图层不透明度属性的关键帧设置，也能制作出由"手"向"数字手"的转化，如图 9-9 所示。

(8)用"数字雨"预合成遮罩其他图层，也会出现类似的效果，大家可以下去慢慢尝试。现在导入 AME 进行最终的渲染导出。

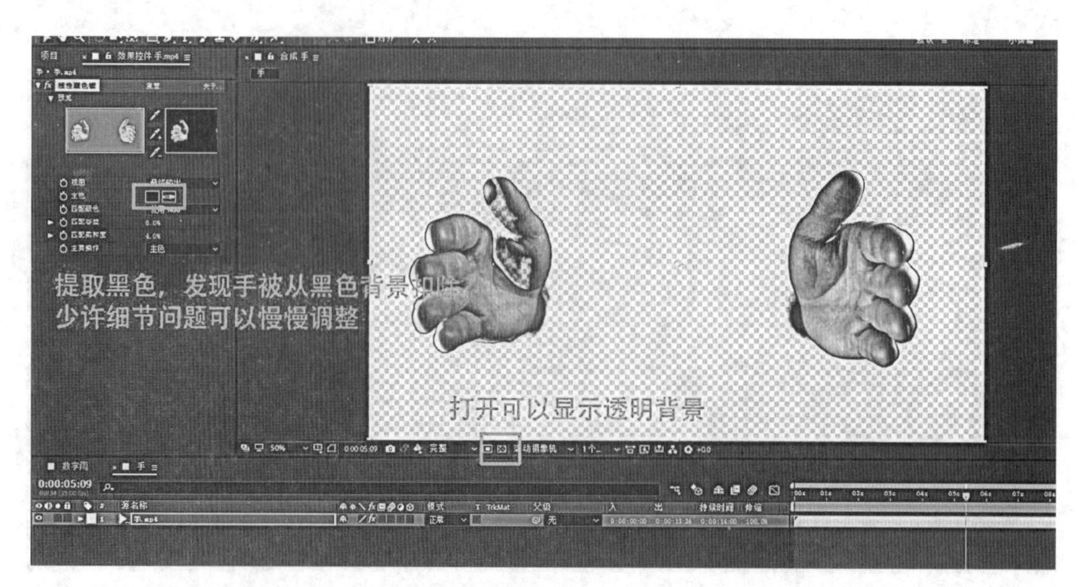

图 9-7　“手”图层抠像

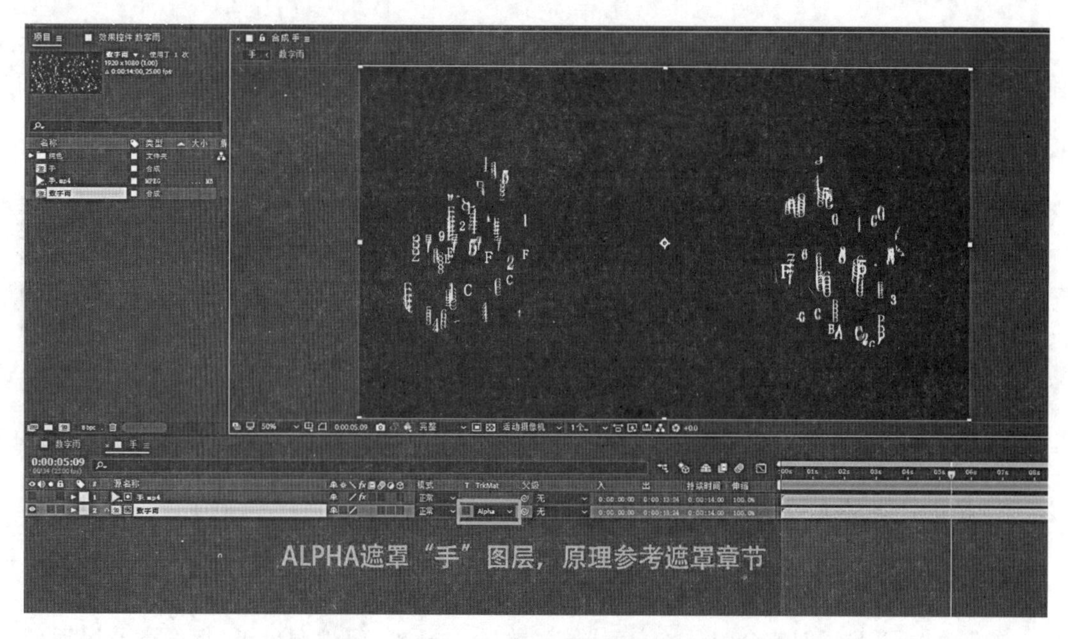

图 9-8　Alpha 遮罩“手”

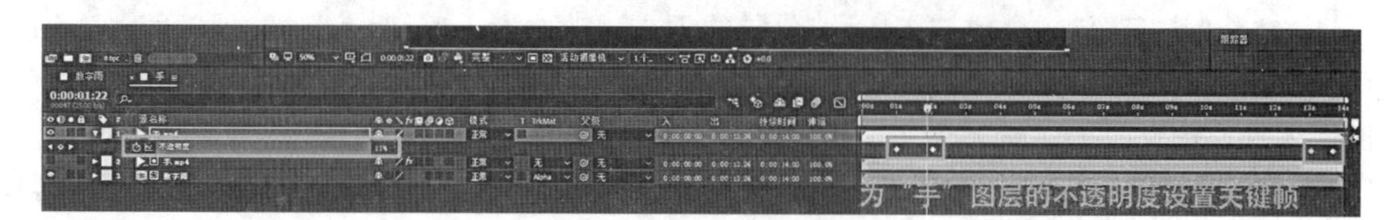

图 9-9　设置不透明度

实例二：奇异博士—传送门

(1)打开 AE，点击菜单栏“文件—导入—文件”或者按住“Ctrl+I”导入素材，如图 9-10 所示，新建合成，命名为“传送门”。

图 9-10　导入实拍素材

(2)新建一个纯色图层，使用钢笔工具在纯色图层上绘制一个闭合的螺旋线，如图 9-11所示，再新建一个空对象，命名为“Cycle”。选择空对象的位置属性，将螺旋线的路径复制给“Cycle”的位置属性，“Cycle”的位置属性出现了关键帧。播放动画，发现空对象开始绕着螺旋线运动，如图 9-12 所示。

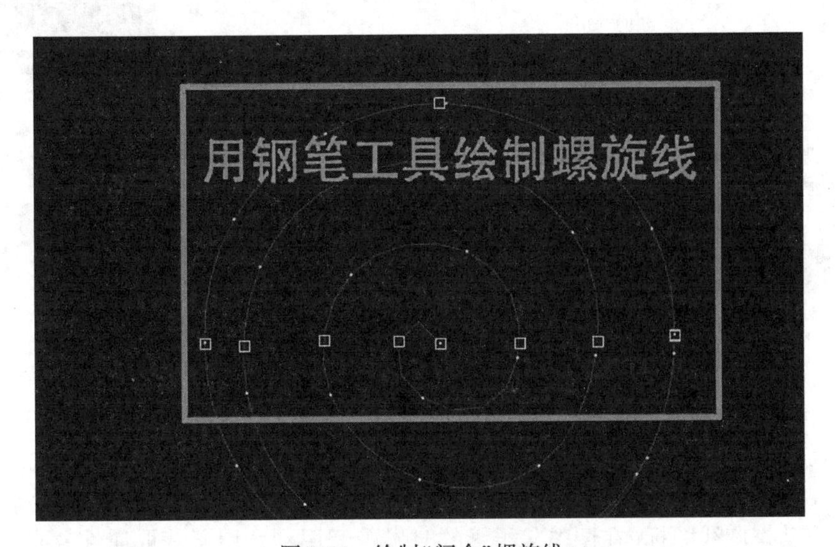

图 9-11　绘制“闭合”螺旋线

图 9-12　复制粘贴蒙版路径

(3)用“Alt+鼠标左键”点击 Cycle 图层位置属性左边的怀表图案，出现“表达式：位置”。点击最后一个三角形镂空的圆形图标，添加“Property-out—loopOut(type =‘Cycle’, NumKeyframes=0)”，将“NumKeyframes=0”改为“NumKeyframes=4”(这里的数值由所绘路径最外层圆的点数确定)，意为空对象在最后 4 帧进行循环运动，如图 9-13 所示。

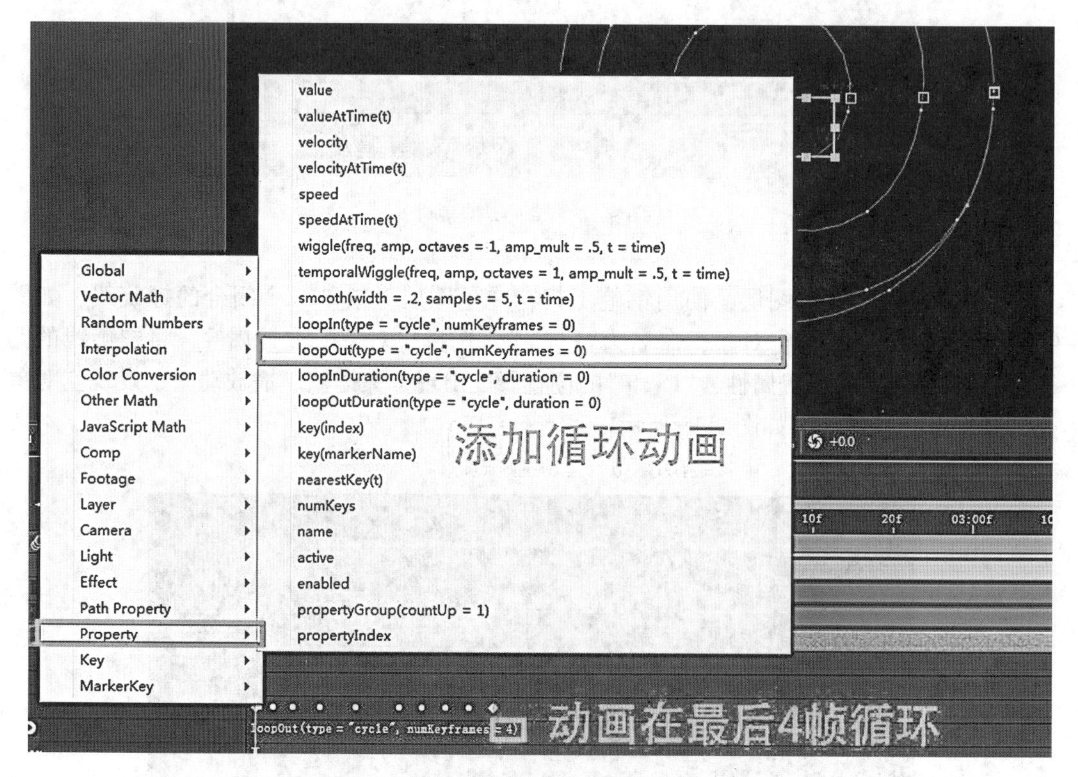

图 9-13　添加循环表达式

(4)新建纯色图层，命名为“粒子碰撞”，点击菜单栏“效果—Trapcode—Particular(外置插件，需要安装)”添加 Par 粒子效果。在时间轴面板打开“粒子碰撞”图层的效果属性，选择“Particular—Emitter—Position”属性，按住“Alt+鼠标左键”点击怀表图标，出现表达式图层，拉动螺旋线图标(在调整父子级的时候曾经用到，用于获取属性)到“Cycle”图层的位置属性，如图 9-14、9-15 所示。播放动画，发现粒子绕着螺旋线进行粒子发射运动。

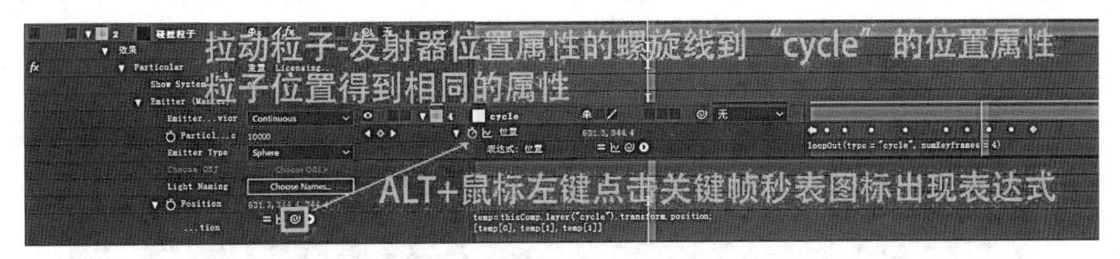

图 9-14　拾取位置属性

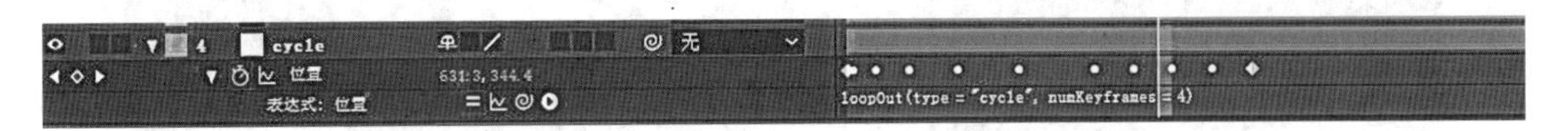

图 9-15　空对象表达式

(5)将粒子数量改为 10000(若产生卡顿现象，则先设置为 500 左右，在最后渲染时再改为 10000)，粒子类型改为"球体"，粒子框架改为"10 倍平滑"，速度改为 20，继承速度改为 5，如图 9-16 所示。

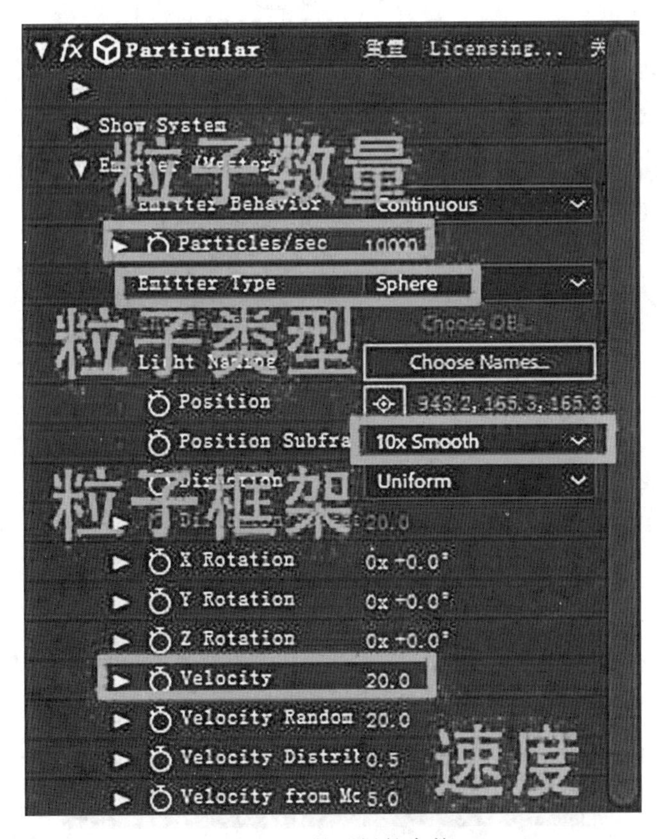

图 9-16　粒子插件参数

(6)再将颜色改为 R:255、G:102、B:0，如图 9-17 所示。播放动画，发现粒子开始绕着螺旋线发射橙红色粒子，并且粒子四溅。

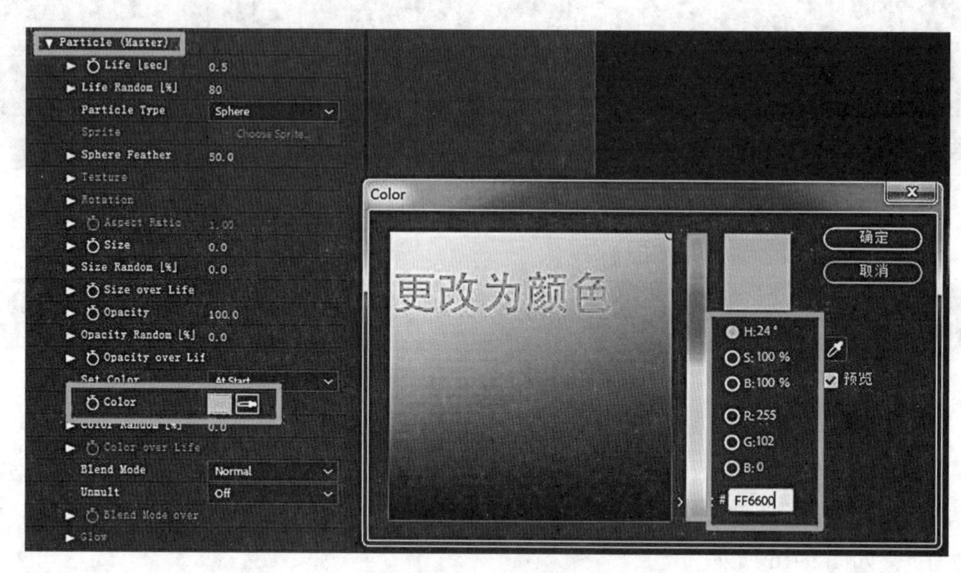

图 9-17 颜色参数

(7)进入渲染设置，打开运动模糊，快门角度改为 700，如图 9-18 所示。再次播放动画，发现螺旋粒子变成螺旋光环。

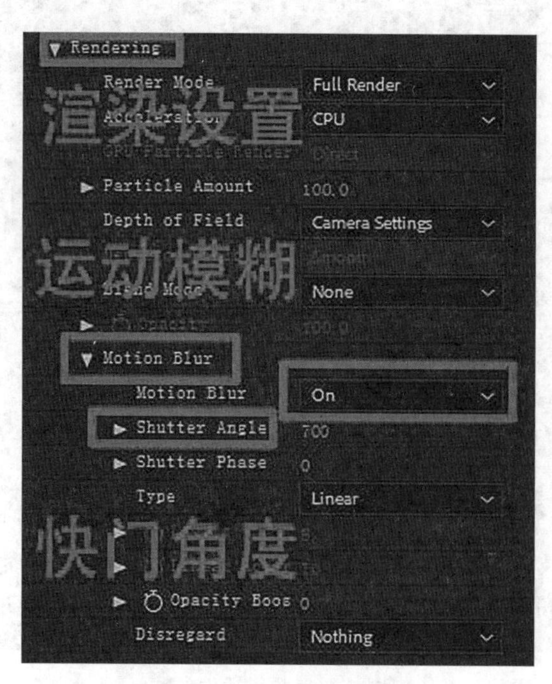

图 9-18 粒子插件渲染设置

(8)新建纯色图层，命名为“地板”，置于“粒子碰撞”图层下方。打开三维图层，更改“位置”和“X 轴旋转”属性，将地板横放在螺旋光环的下方，如图 9-19 所示。

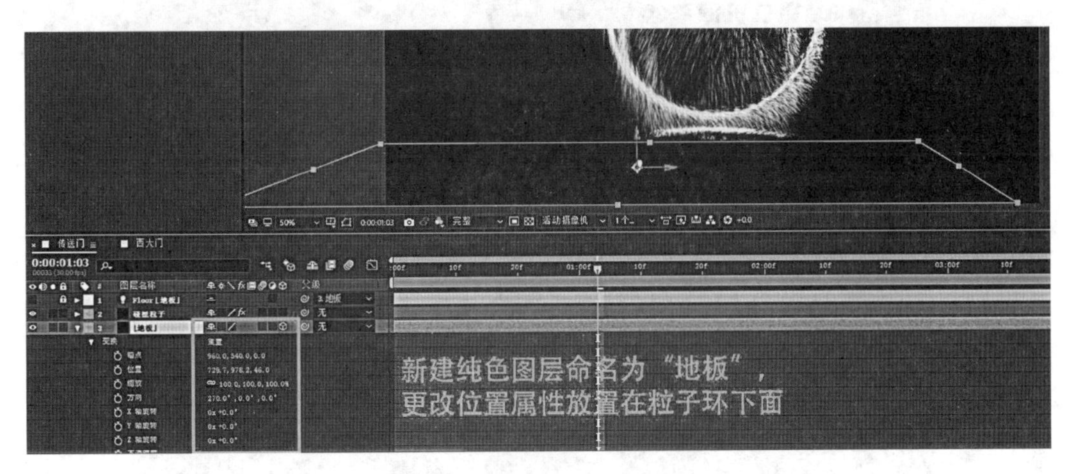

图 9-19　地板放置在粒子环下

(9)打开“粒子碰撞”图层粒子效果的物理系统，将物理模式改为碰撞，将地板图层设置为“地板”，如图 9-20 所示。播放动画，发现粒子掉落到地板上四处飞溅。

图 9-20　粒子插件物理系统

(10)将“西大门”拖入合成图标新建合成，为它添加“跟踪摄像机”，如图 9-21 所示，等待解析完成后“创建空白和摄像机”(原理参考跟踪章节)，如图 9-22 所示。

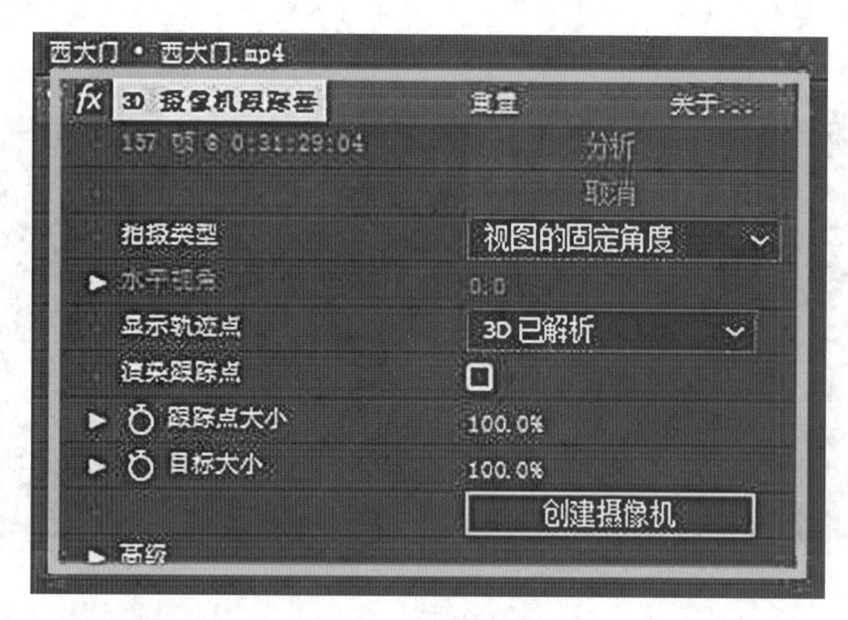

图 9-21　跟踪摄像机

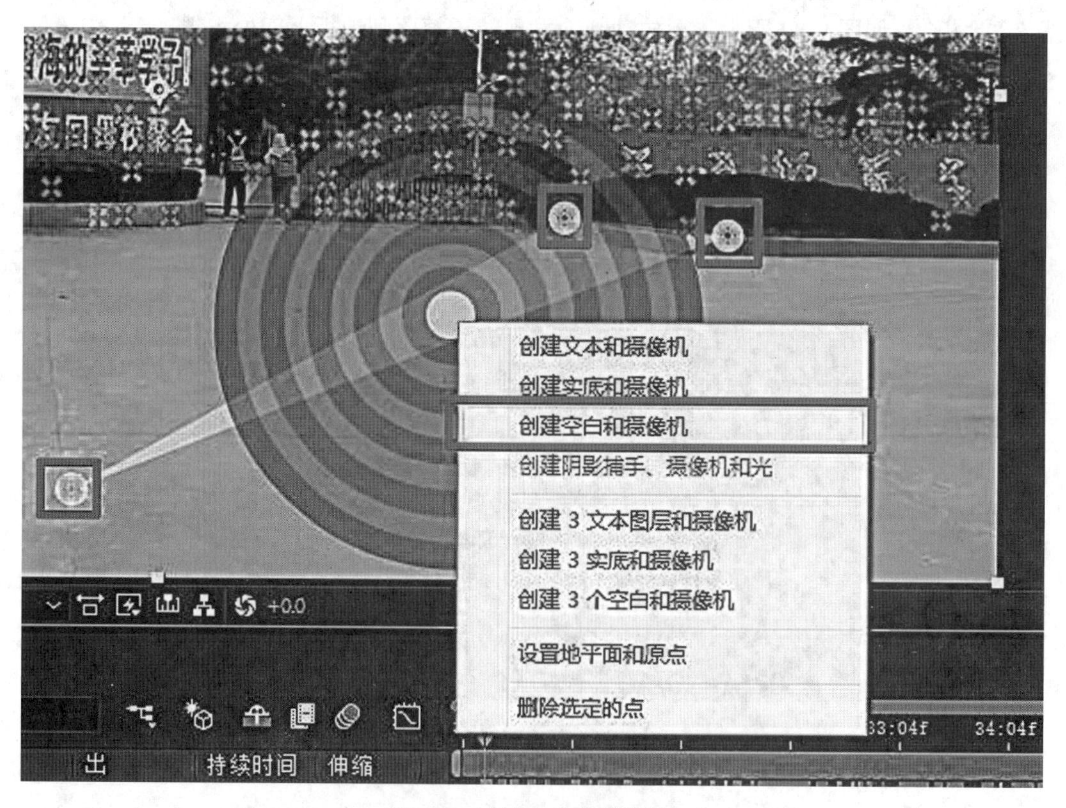

图 9-22　创建空白和摄像机

（11）将“传送门”预合成拖入“西大门”预合成中，打开三维图层，将“跟踪为空”的位置属性复制粘贴给“传送门”，缩放“传送门”图层到合适大小，如图 9-23（需要关掉“传送门”合成里最初建立的纯色图层和地板图层）。再将“传送门”复制一层，调整位置和旋转属性，将其作为阴影使用。

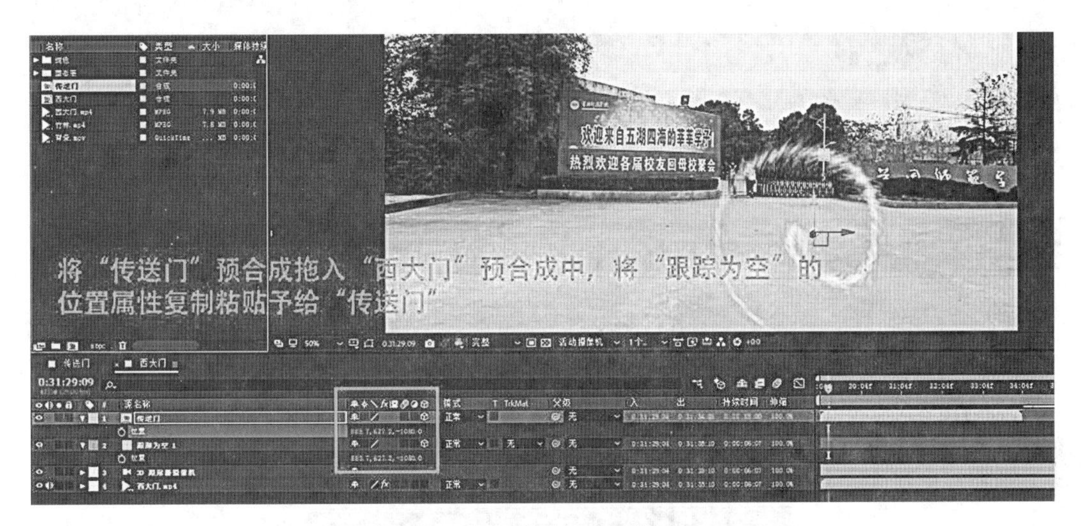

图 9-23　复制空对象位置

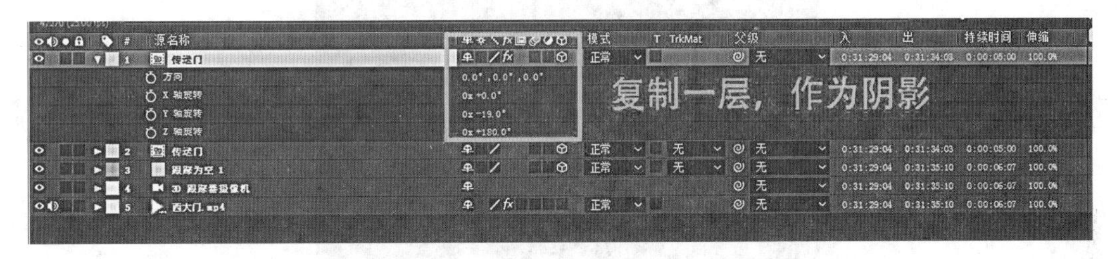

图 9-24　制作阴影

（12）再将第一个“传送门”图层复制 3 层，混合模式改为“叠加”，原始“传送门”图层的混合模式改为“屏幕”，如图 9-25 所示。播放动画，发现视频中螺旋的光线传送门更亮。

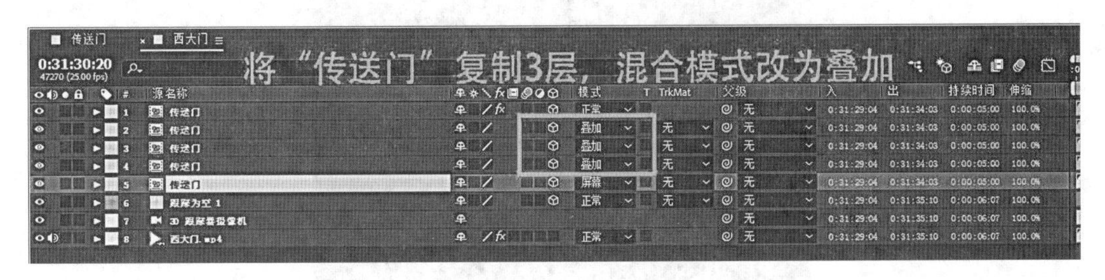

图 9-25　复制“传送门”图层并叠加

(13)将“竹林”拖入“西大门”预合成，位置放在“传送门”预合成的下方，打开三维图层并复制得到“传送门”的位置，如图 9-26 所示。并为它绘制圆形遮罩，遮罩大小与“传送门”大小一致，更改蒙版羽化数值(这样竹林边缘和圆环融合得更好些)，如图 9-27 所示。

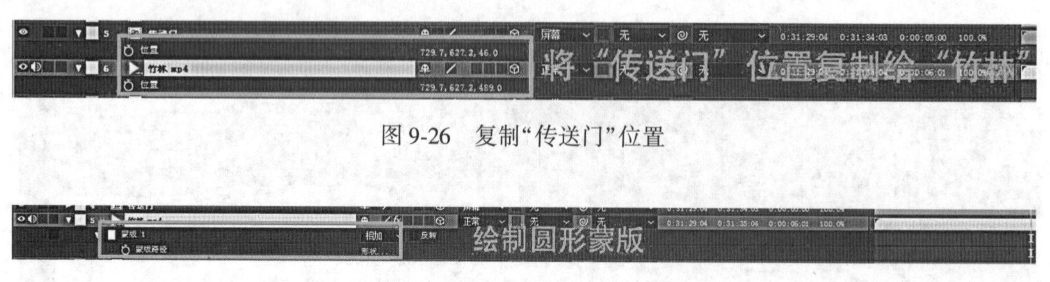

图 9-26　复制“传送门”位置

图 9-27　为“竹林”绘制圆形蒙版

(14)点击菜单栏“效果—扭曲—液化”，选择“正向或者反向扭曲”，更改画笔大小与圆形遮罩一般大小，为“竹林”图层添加扭曲效果，如图 9-28 所示。

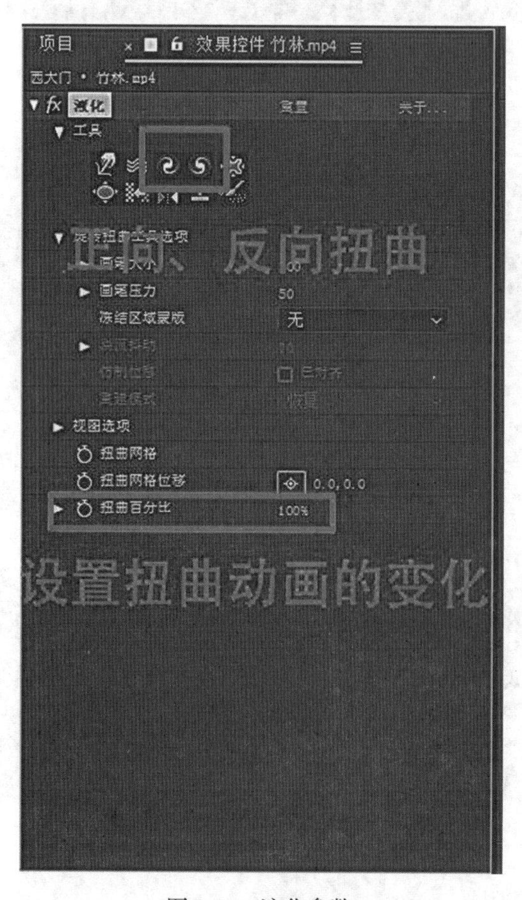

图 9-28　液化参数

(15)根据螺旋传送门出现的时间，为“竹林”图层设置“不透明度”关键帧，为“液化”设置扭曲百分比关键帧，使图像产生螺旋扭曲出现的效果，如图 9-29 所示。播放动画大致无误后，添加到 AME 导出。

图 9-29　设置液化和不透明度关键帧

(16)至此，《奇异博士》传送门的特效制作完成。熟练掌握更多插件的运用，将能制作出更多出彩的影视特效。

实验十　综合设计型试验

实验目的

掌握利用 After Effects 的各种模块制作出一个综合案例。

实验学时

4 学时

实验器材

多媒体计算机、Windows 7 以上系统、Adobe After Effects

实验原理

1. 运动图形的制作

第一部分我们制作运动图形，这是结合前面所学的遮罩、初级动画、文字动画的知识点，因为最后要做的效果是光影动画，也属于 MG 动画的范畴，所以图形和文字是必不可少的元素。

2. 校徽抠像

第二部分是校徽抠像，这是结合前面所学抠像的知识点，因为光影动画中图文有发光的效果，所以如果抠像没有处理到位的话，图文发光的效果会显得很不自然。在抠像的时候要注意细节问题，这样才能够去追求更好的视觉效果。

3. 实景结合

第三部分是实景结合，也是最后一部分。最后一部分实际上是最难的一部分，因为将图文动画结合在实景中需要用到跟踪的相关知识点。要把图文做出光影的效果，需要使用一些 AE 自带的效果或者第三方插件提供的效果。而为了更突出显示图文的光影效果，我们还需要对画面进行调色处理。

本次实验通过一个综合性比较强的实例，分成“运动图形的制作”“校徽抠像”和“实景结合”三部分来进行设计与制作，这是一个从无到有的过程，也是一个锻炼和展现自己所学知识的能力的时刻。现在，让我们开始吧。

实验步骤

实例一：运动图形的制作

(1)新建合成“运动图形总”，预设选择“HDTV 1080 25”，如图 10-1 所示。

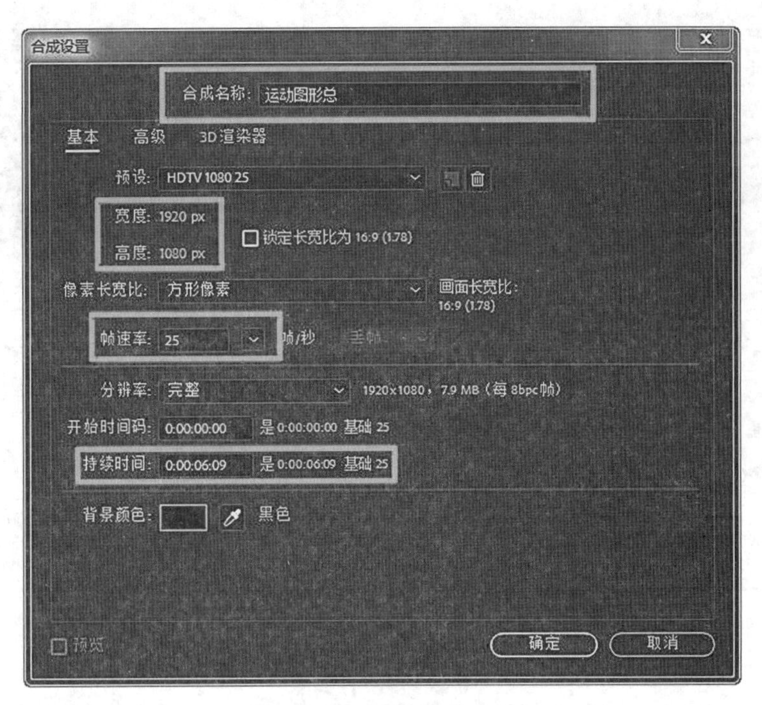

图 10-1　合成设置

(2)新建“形状图层 1”，打开图层内容，添加“多边星形”和“填充”，将点改为 3，颜色改为纯白色，如图 10-2 和 10-3 所示。

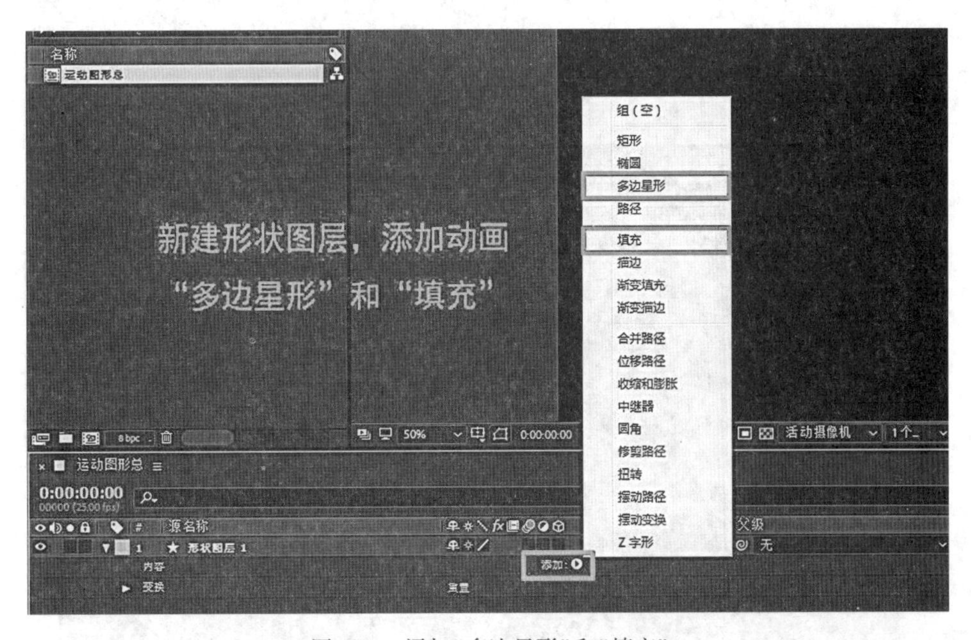

图 10-2　添加“多边星形”和“填充”

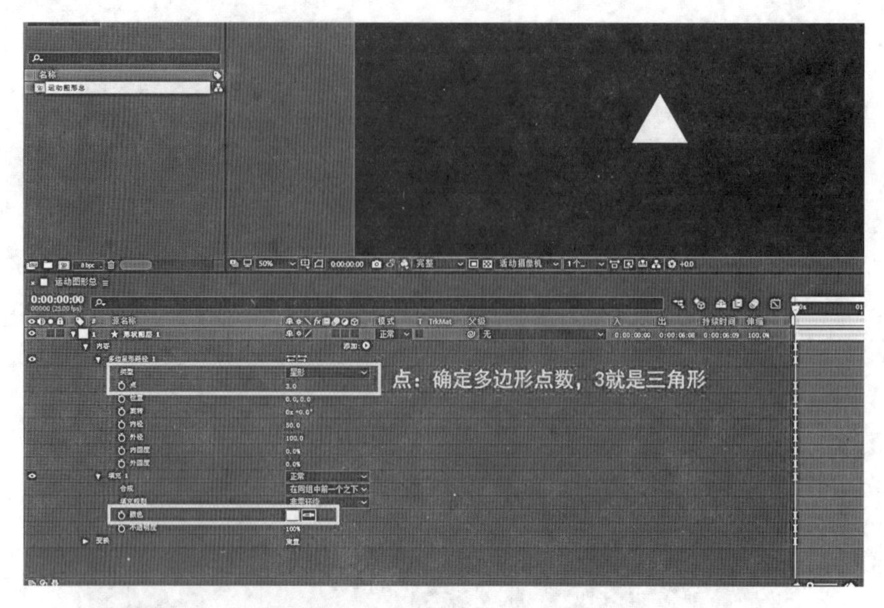

图 10-3　形状图层参数

（3）为“形状图层 1”设置缩放（0 秒为 0%，3 帧为 100%）和旋转（5 帧为 0X+0°，8 帧为 0X+60°，9 帧为 0X+180°）属性的关键帧动画，并设置关键帧缓动，播放动画，三角形开始旋转进入视野。将“形状图层 1”复制一份为“形状图层 2”，用“Alt+鼠标左键点击怀表图标”为缩放属性添加表达式“＊0.9”，再将“形状图层 1”轨道遮罩改为“Alpha 反转遮罩形状图层 2”，发现三角形被镂空，如图 10-4 所示。然后更改“形状图层 2”的缩放关键帧以及缓动（4 帧为 0%，7 帧为 90%，实际输入 100），三角形出现内部填充的动画，如图 10-5 所示。

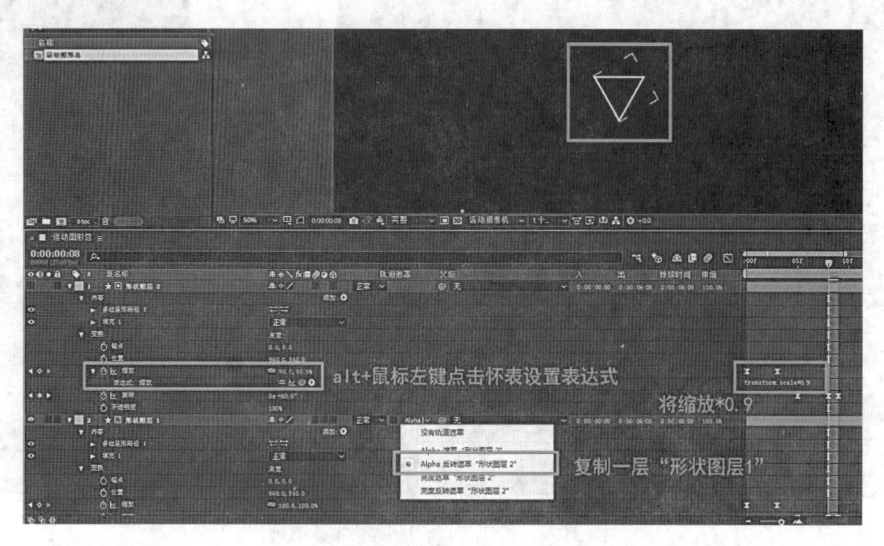

图 10-4　创建表达式以及图层遮罩

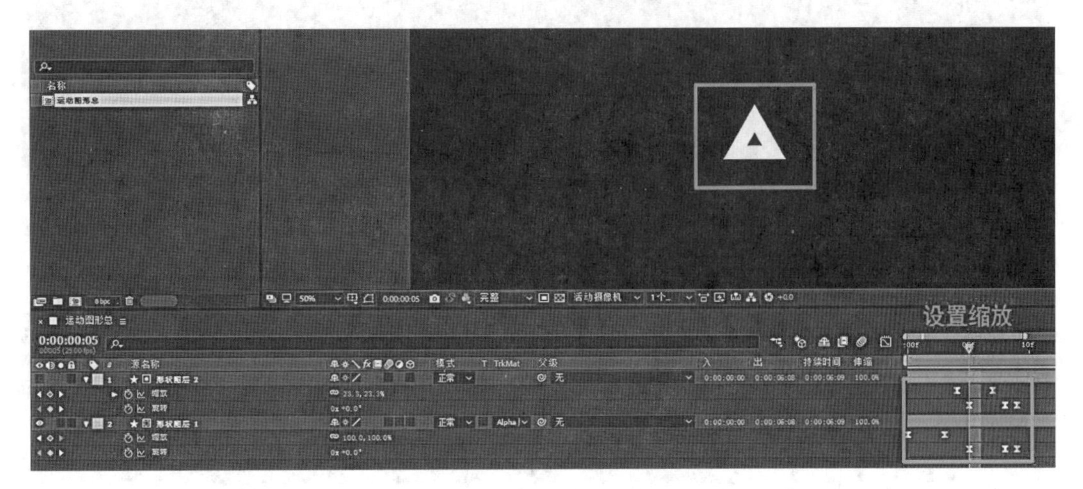

图 10-5　更改缩放关键帧

(4)将“形状图层 2”再复制一份为“形状图层 3”，并将其可视化。同理更改缩放属性表达式为“ ∗0. 6”，为缩放属性设置关键帧以及缓动(6 帧为 0%，9 帧为 60%)，发现镂空三角形内部出现了新的三角形，如图 10-6 所示。

图 10-6　创建表达式以及缩放关键帧

(5)为 3 个形状图层的“内圆度”和“外圆度”设置统一的关键帧以及缓动(10 帧内圆度为 0%，外圆度为 0%，12 帧内圆度为-625%，外圆度为 265%)，发现镂空三角形变成了镂空圆形，如图 10-7 所示。为 3 个形状图层设置缩放关键帧以及缓动(形状图层 1 的 14 帧为 100%，17 帧为 40%；形状图层 2：14 帧为 90%，17 帧为 0%；形状图层 3：14 帧为 60，17 帧为 0)，使镂空圆形出现波纹状收缩直到成为一个完整的圆形，如图 10-8 所示。

(6)新建一个纯色图层，为图层添加“效果—生成—圆形”效果，为圆形的半径(17 帧为 0，21 帧为 80，1 秒 1 帧为 110)、厚度(1 秒 3 帧为 10，1 秒 10 帧为 1，1 秒 11 帧为 0)、不透明度设置关键帧(1 秒 10 帧为 100，1 秒 11 帧为 0)，出现圆环弹出的效果，并为

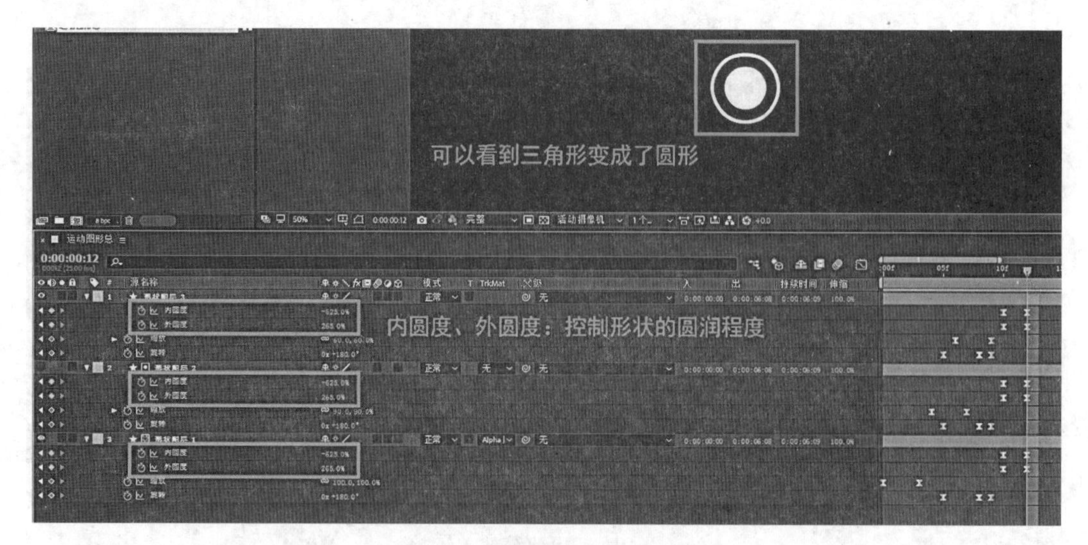

图 10-7　内圆度、外圆度关键帧

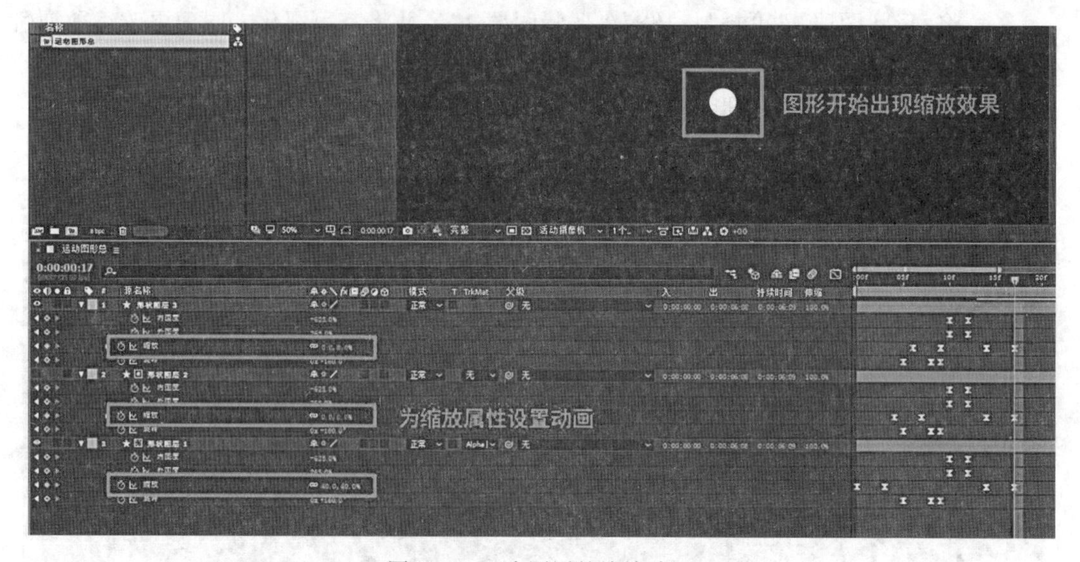

图 10-8　三个图层的缩放动画

所有关键帧设置缓动，如图 10-9 所示。

(7)新建合成“方块”，如图 10-10 所示。新建一个形状图层“形状图层 1”，展开内容，添加“矩形”和“填充”，填充颜色设为白色。为缩放(0 秒为 0%，3 帧为 100%)和旋转(0 帧为 0°，3 帧为 25°，5，8 帧为 90°，13 帧为 360°)属性设置关键帧以及缓动，预览动画，发现白色矩形开始旋转缩放进入视野，如图 10-11 所示。

(8)将“形状图层 1”复制一层为“形状图层 2”，用“Alt+鼠标左键点击怀表图标”为缩放属性添加表达式“ * 0. 8”，再将“形状图层 1”轨道遮罩改为“Alpha 反转遮罩形状图层 2”，发现矩形被镂空，如图 10-12 所示。

图 10-9　“圆形”的关键帧和缓动

图 10-10　合成设置

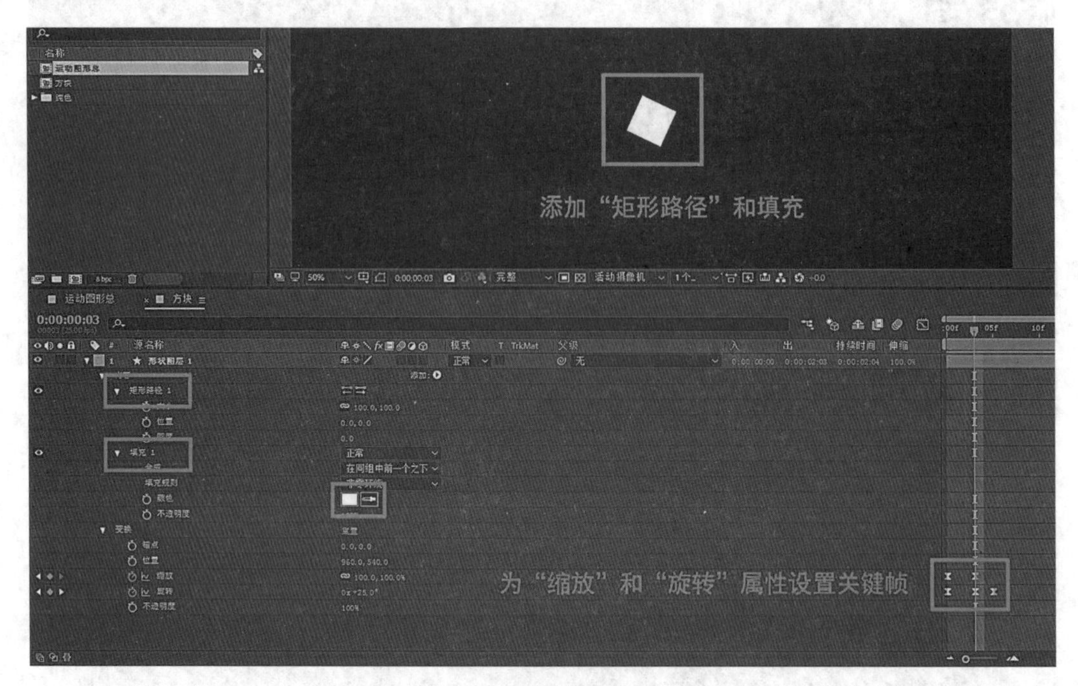

图 10-11 “缩放”和“旋转”关键帧

图 10-12 添加表达式以及图层遮罩

(9)再将“形状图层 2”再复制一份为“形状图层 3”，将其可视化。同理更改缩放属性表达式为“ * 0.6”，发现镂空矩形内部出现了新的矩形。然后为 3 个图层的位置属性设置关键帧以及缓动(8 帧为 960.0，540.0，13 帧为 1866.0，540.0)，使小方块出现弹走的效果，如图 10-13 所示。

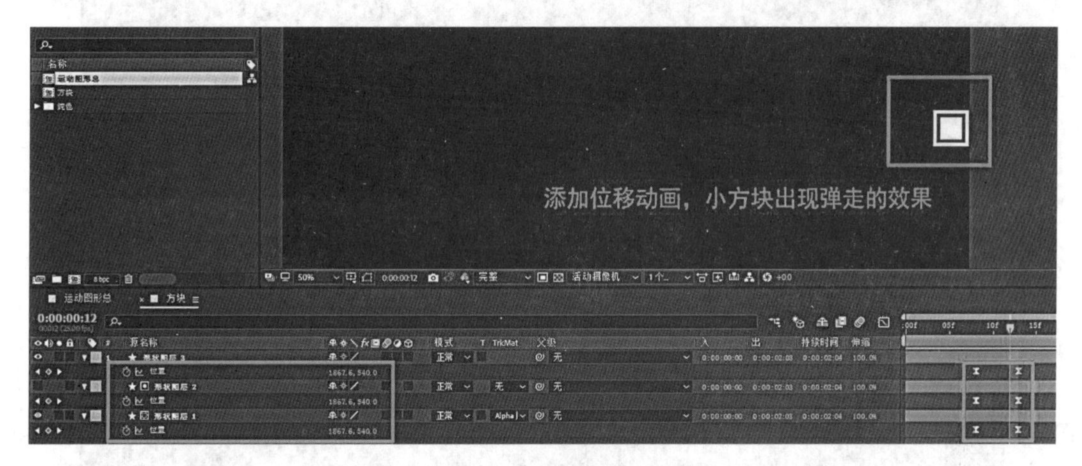

图 10-13　三个图层的位移动画

(10)为 3 个图层设置缩放关键帧以及缓动(形状图层 1：8 帧为 100%，13 帧为 0%；形状图层 2：8 帧为 80%，13 帧为 0%；形状图层 3：8 帧为 60，13 帧为 0)，方块出现消失效果，如图 10-14 所示。调整“形状图层 3”的旋转数值(13 帧为 0+270°)，小方块内部旋转出现错位，如图 10-15 所示。

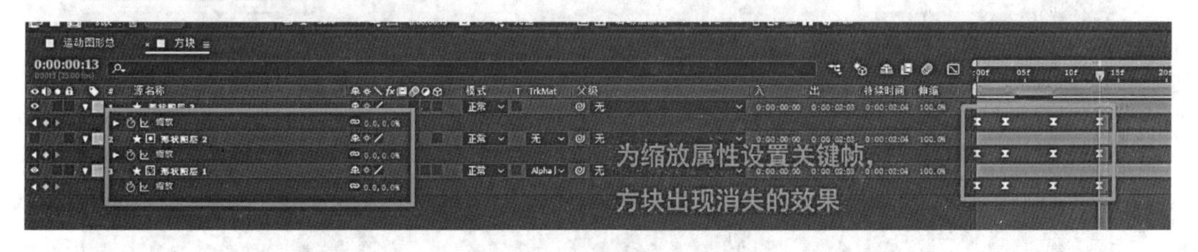

图 10-14　方块的缩放消失动画

(11)将“方块”预合成放入“运动图形总”预合成中(适当调整“方块”缩放数值)，并复制 7 份，分别调整 8 个图层的旋转角度(最下的图层为 0°，依次增加 45°)和位置参数(最下为(1160，540)，依次(1101.4，681.4)，(960，740)，(818.6，681.4)，(760，540)，(818.5，398.6)，(959.9，340)，(1101.4，398.5))，排列 8 个图层的时间轴(间隔约 1~2 帧)，使得小方块出现有节奏感，如图 10-16 所示。

(12)如图 10-17 所示。再次调整“形状图层 1”的点(1 秒 11 帧为 3，1 秒 12 帧为 4)、内圆度、外圆度(1 秒 12 帧内圆度为-625%，外圆度为 265%，1 秒 15 帧内圆度为-937%，外圆度为 174%)，关键帧以及缓动，使圆形变成正方形，如图 10-17 所示。

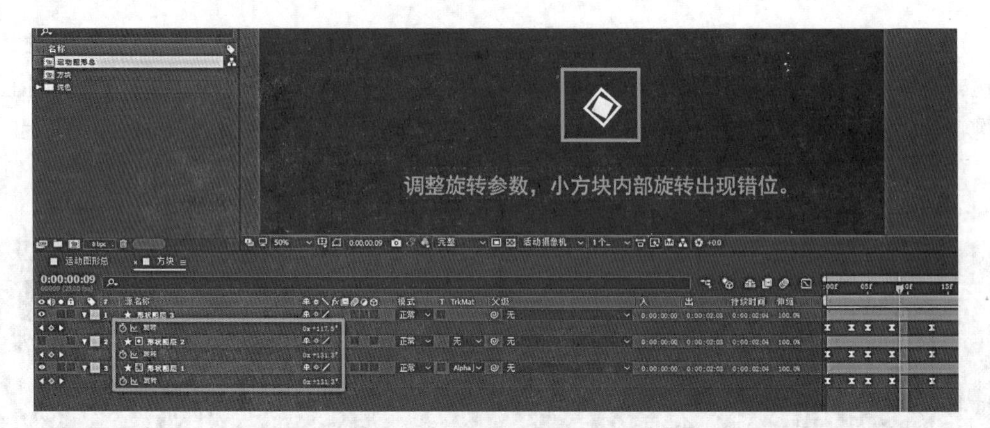

图 10-15　方块内部错位

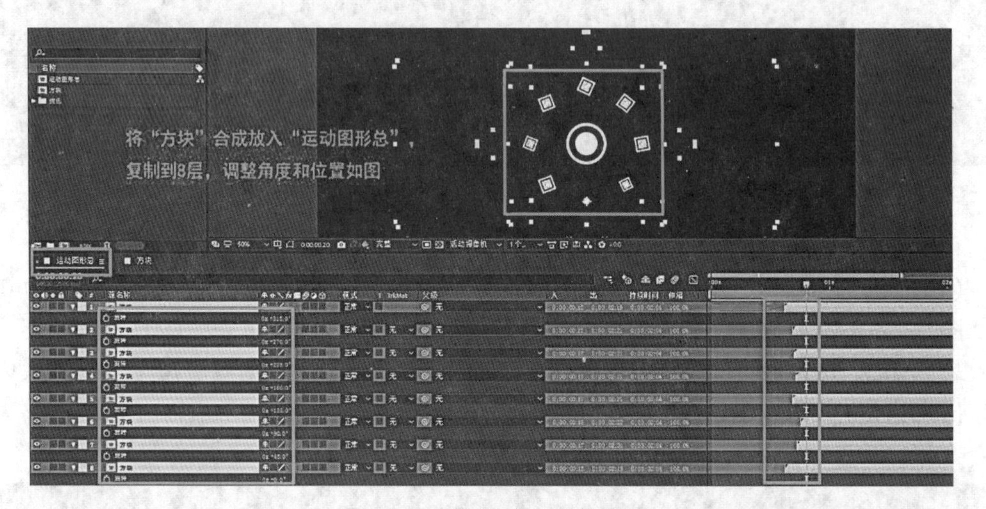

图 10-16　排列图层和关键帧

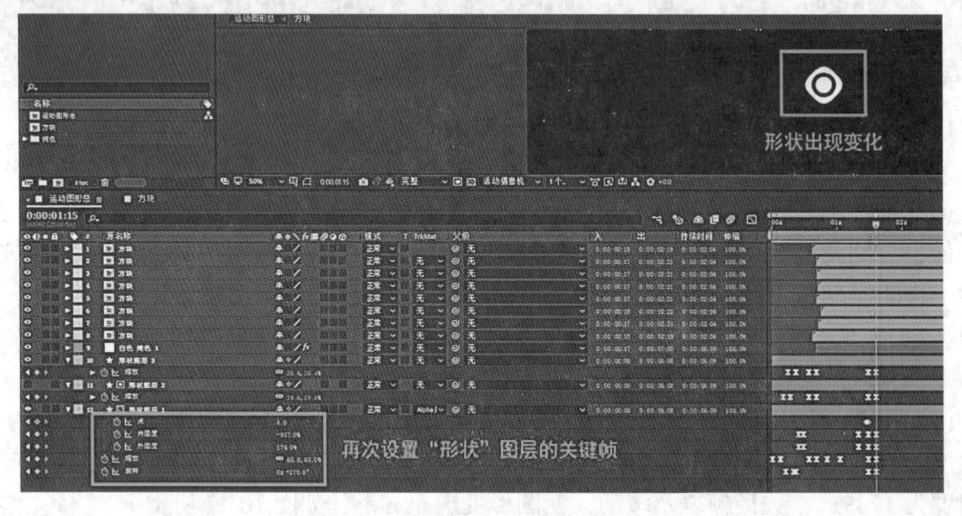

图 10-17　内圆度、外圆度的调整

（13）新建形状图层“形状图层 4”，打开内容，添加“矩形”和“填充”效果，为旋转设置关键帧（1 秒 16 帧为 0°，2 秒为 90°），然后添加“效果—过渡—百叶窗”，更改“过度完成”为 40，宽度为 20，为方向（1 秒 16 帧为 90°，2 秒为 180°）和缩放（1 秒 16 帧为 78%，1 秒 19 帧为 150%）设置关键帧，如图 10-18 所示。

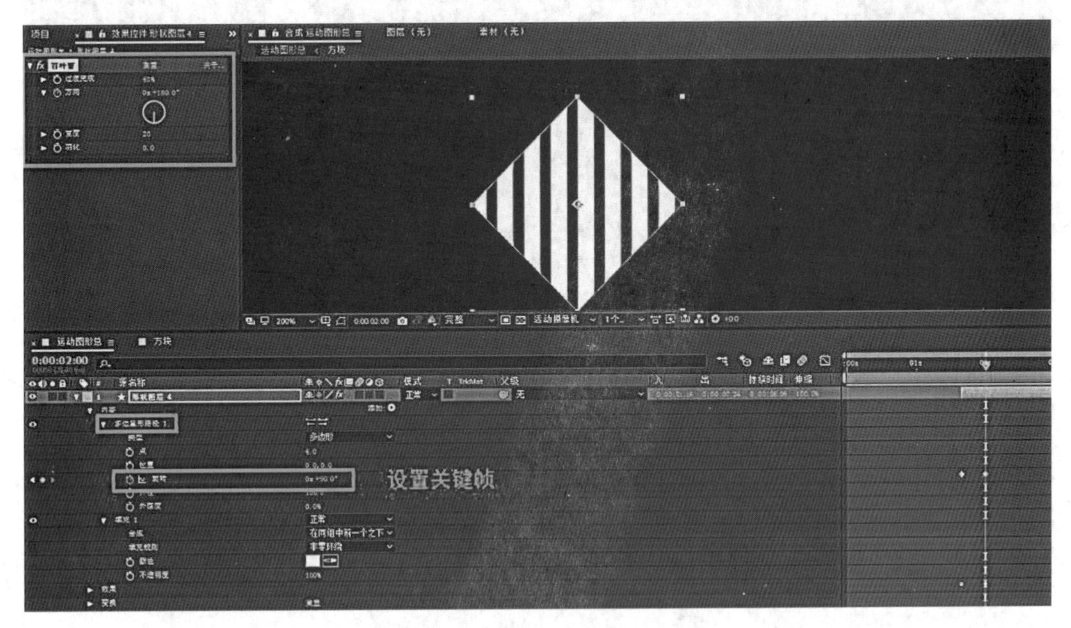

图 10-18　百叶窗的参数设置

（14）同理，分别新建一个三角形和圆形的形状图层，设置旋转关键帧，添加“百叶窗”效果，设置缩放和方向的关键帧动画。按住“Alt+【”和“Alt+】”裁剪时间轴，使 3 个图形衔接恰当，如图 10-19 所示。

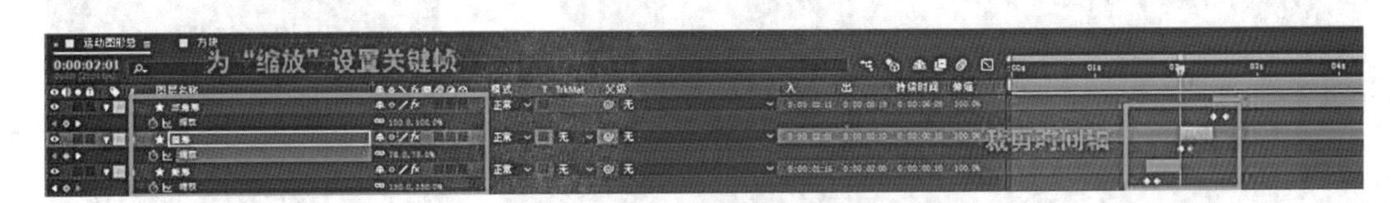

图 10-19　裁剪时间轴

（15）新建合成“方块 2”。新建纯色图层“白色纯色 2”，在图层上分别绘制一个正方形和一个等边直角三角形蒙版，图层遮罩改为相加，发现纯色图层变成一个三角形，如图 10-20 所示。（图形大约占屏幕 1/3）

（16）将“白色纯色 2”复制 2 层，缩放数值都改为 150%，然后将第二个图层的轨道遮罩改为“Alpha 反转遮罩白色纯色 2”，沿着对角线方向移动最上面的图层位置，得到效果如图 10-21 所示。

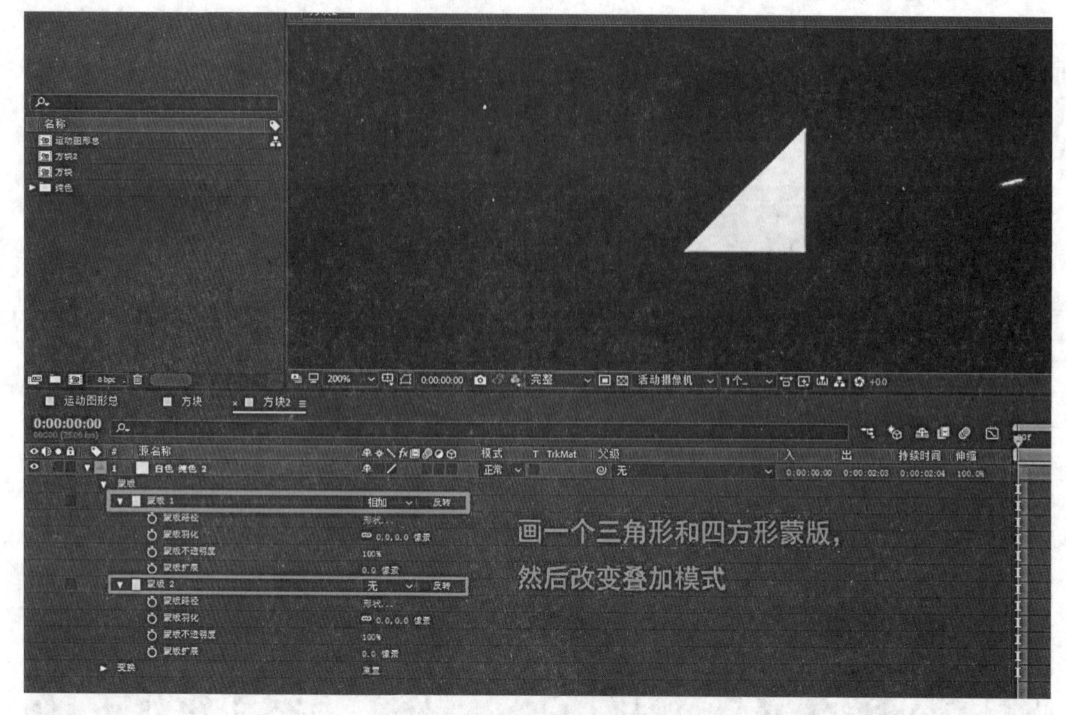

图 10-20　绘制蒙版

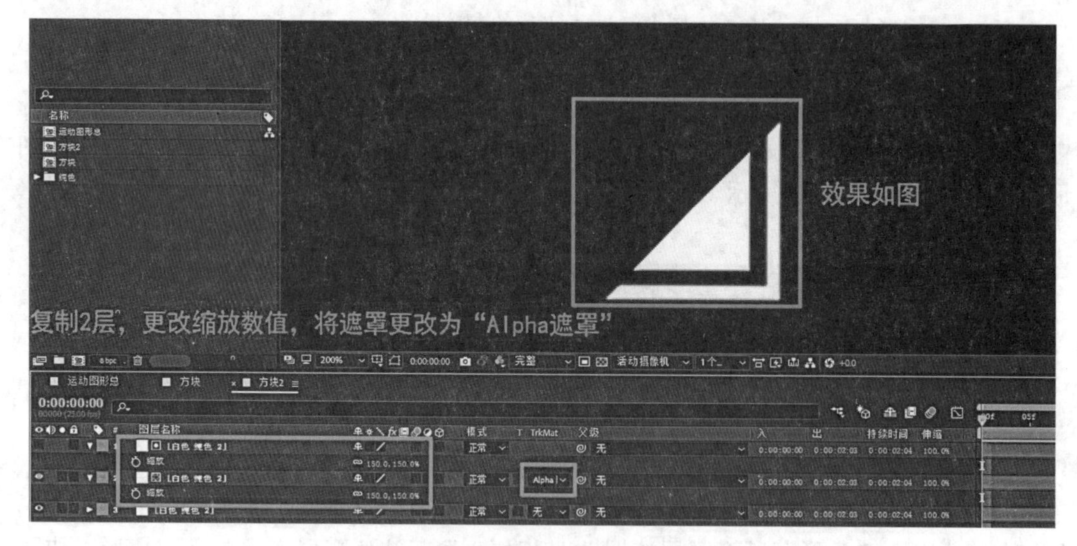

图 10-21　复制图层并进行遮罩

(17)为 3 个纯色图层的位置属性添加关键帧(最下面的图层：10 帧为 960，540，16 帧、1 秒 5 帧为 1008.5，588.6，1 秒 8 帧为 960，540；中间的图层：10 帧为 942.5，521.5，13 帧、1 秒 5 帧为 1008.5，588.6，1 秒 8 帧为 960，540；最上面的图层：10 帧为

934，512.5，13 帧、1 秒 5 帧为 975.7，555.2，1 秒 8 帧为 934，512.5），使图层位移运动出现分离，如图 10-22 和 10-23 所示。

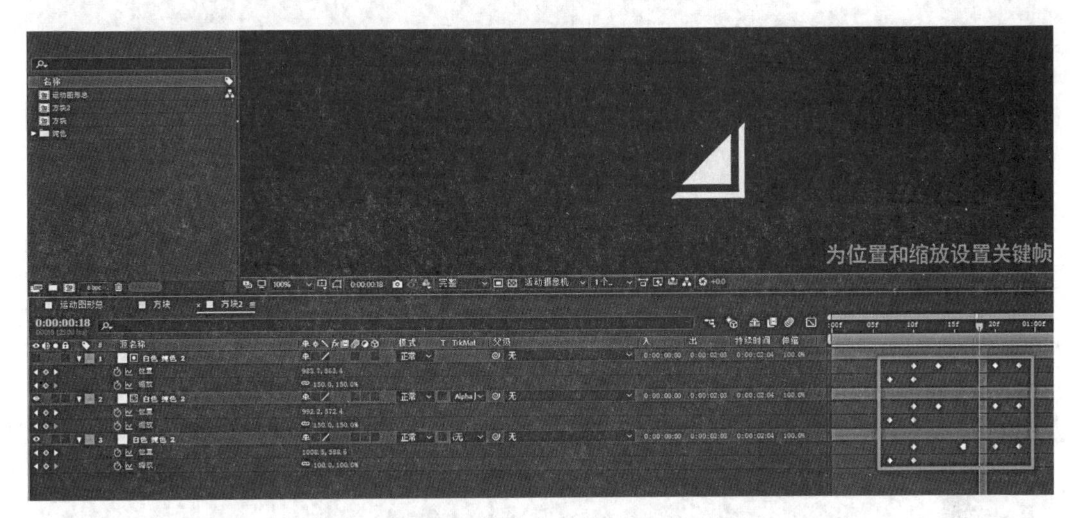

图 10-22　设置位置关键帧

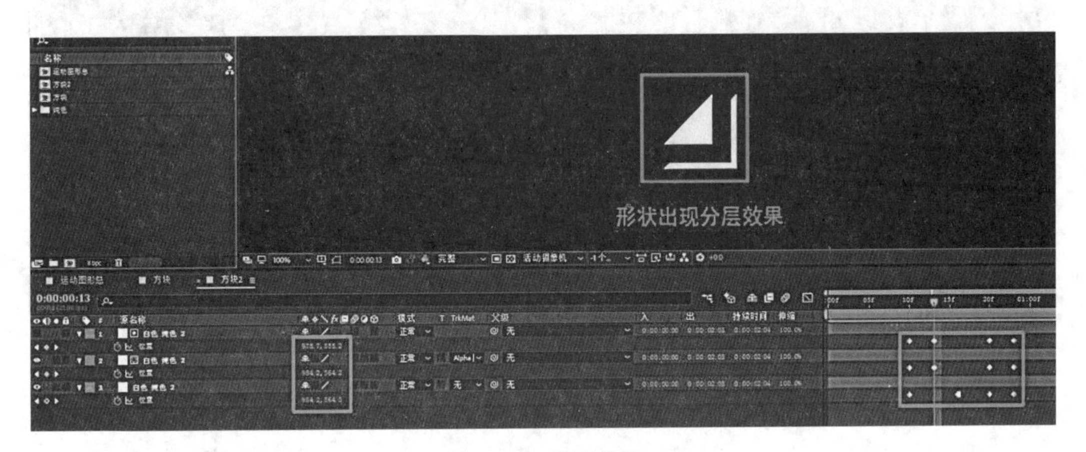

图 10-23　形状分离

（18）新建合成“方块 3”，如图 10-24 所示。将“方块 2”预合成拖入其中，并复制一次。其中一个旋转 180 度，并移动位置，将 2 个图层拼合为完整的镂空矩形。新建一个空对象“空 1”，调整锚点到正中心，将它作为 2 个“方块 2”预合成的父级，为“空 1”的缩放（0 秒为 0%，10 帧、1 秒 10 帧为 100%，1 秒 14 帧为 0%）和旋转（1 秒 10 帧为 0°，1 秒 14 帧为 90°）设置关键帧，如图 10-25 所示。

（19）在项目面板将“方块 3”复制 4 份，分别命名为“厚”“德”“博”“学”，将它们拖入“运动图形总”预合成中，并更改位置，如图 10-26 所示。进入“厚”预合成，新建 2 个文本框“厚”和“力”（厚德博学、力行致远），分别设置它们的缩放（厚：10 帧为 0%，14 帧为 100%；力：1 秒 7 帧为 100%，1 秒 9 帧为 0%）属性，并且在 20 帧附近裁剪时间轴使

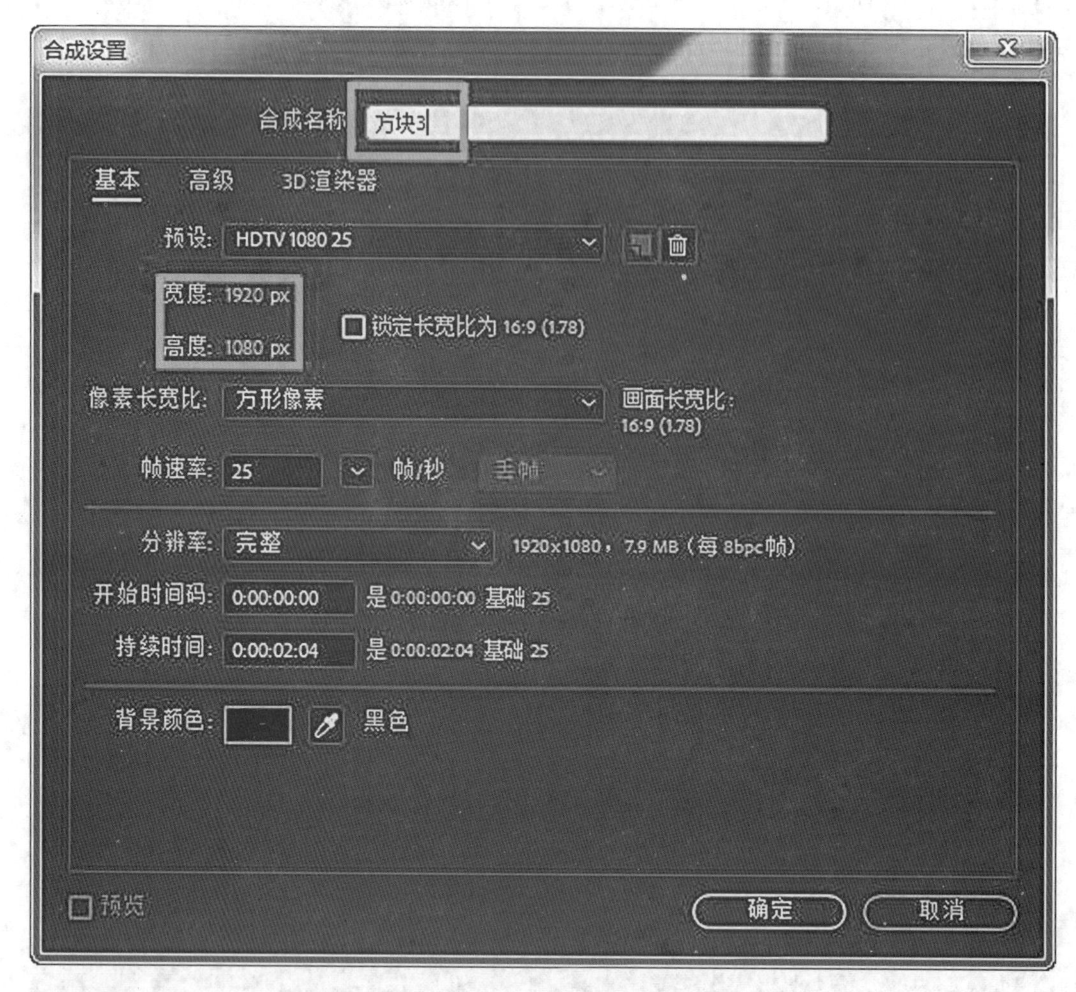

图 10-24　合成设置

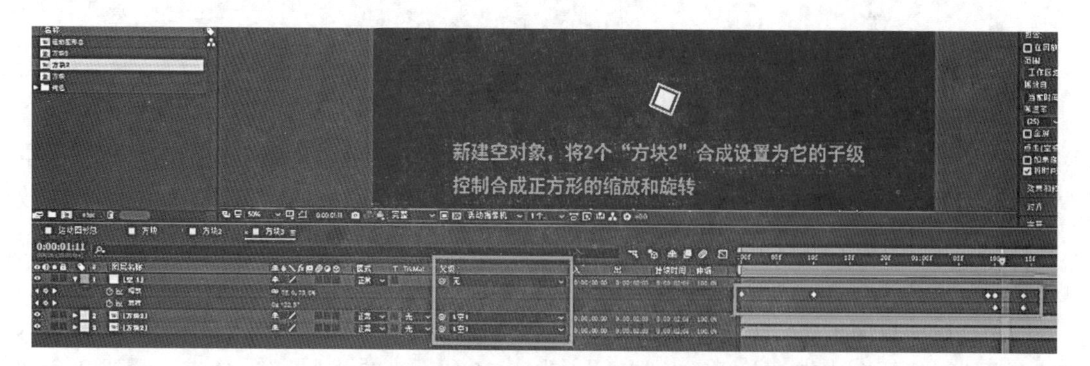

图 10-25　用空对象控制方块的旋转和缩放

2 个文本之间的切换变得流畅，如图 10-27 所示。同理，制作出剩余的“德”“博”“学”预合成。

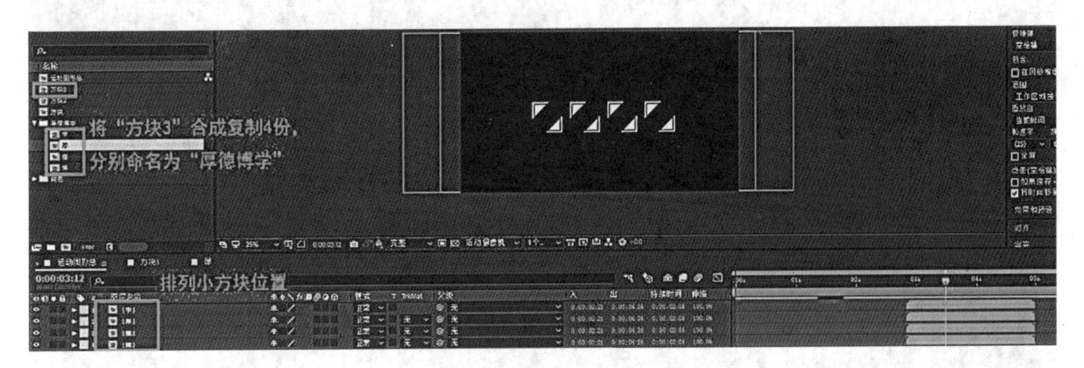

图 10-26　在合成面板复制“方块 3”

图 10-27　制作文本变换动画

实例二：校徽抠像

(1)新建合成“校徽抠像”。导入“校徽 . PNG”，然后添加“效果—抠像—Keylight (1. 2)和线性颜色键”“效果—颜色校正—更改为颜色”。将“校徽 . PNG”复制 3 份，分别对它绘制圆形蒙版将校徽分成“钟”“文字环”“外部光环”3 部分并命名，如图 10-28 所示。然后进行抠像为纯白色镂空校徽，如图 10-29、10-30 所示。

0:00:00:00

#	图层名称	模式	TrkMat	父级	入	出	持续时间	伸缩
1	文字环	正常		无	0:00:00:00	0:00:09:24	0:00:10:00	100.0%
	蒙版 1	无	反转					
	蒙版 2	相加	反转					
	蒙版 3	相减	反转					
2	外部光环	正常	无	无	0:00:00:00	0:00:09:24	0:00:10:00	100.0%
	蒙版 1	无	反转					
	蒙版 2	相加	✓反转					
3	钟	正常	无	无	0:00:00:00	0:00:09:24	0:00:10:00	100.0%
	蒙版 1	相加	反转					

图 10-28　绘制蒙版

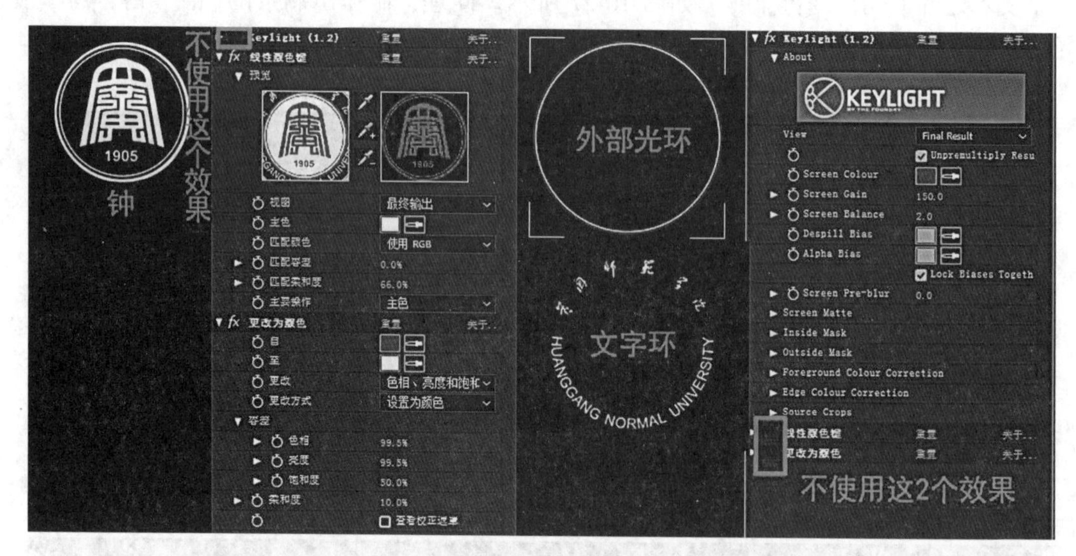

图 10-29　效果参数

图 10-30　抠像成品

(2)为3个图层设置旋转(钟：0秒为0°，2秒3帧为-1X+0°；文字环：0秒为0°，2秒3帧为1X+0°；外部光环：0秒为0°，2秒3帧为180°)关键帧，如图10-31所示。

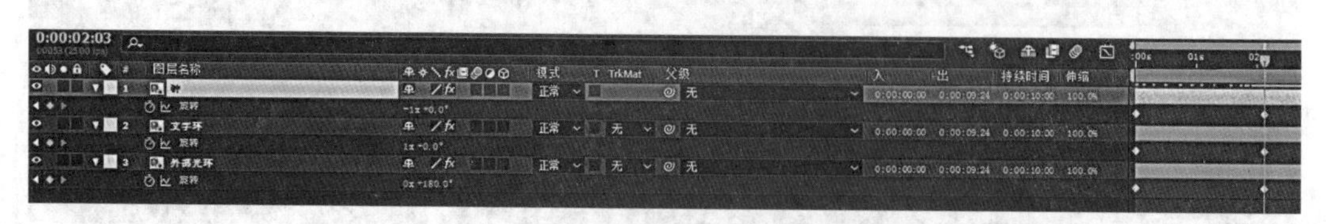

图 10-31　设置校徽旋转关键帧

(3)将“校徽抠像”放入“运动图形总”中进行拼接，并设置缩放关键帧(4 秒 12 帧为 0%，4 秒 19 帧为 30%，4 秒 24 帧为 80%)。如图 10-32 所示

图 10-32　设置“校徽抠像”缩放关键帧

实例三：实景合成

(1)将“校训塔 . mp4”创建合成“校训塔”。添加 3D 摄像机跟踪器，解析出来后，选择 3 个稳定点“创建空白和摄像机”，如图 10-33 所示。

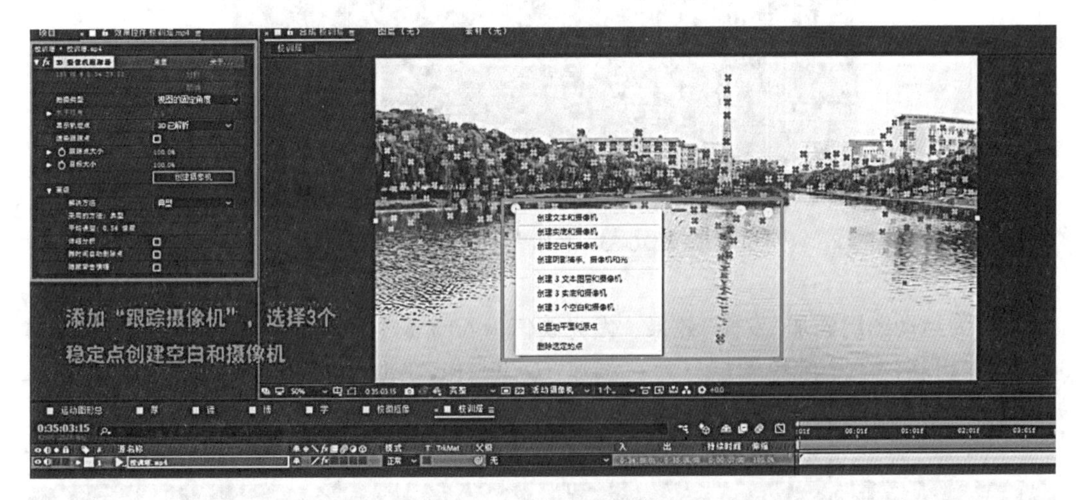

图 10-33　添加跟踪摄像机

(2)将“运动图形总”拖入“校训塔”预合成，打开三维图层开关，并将“跟踪为空 1”的位置属性复制给它。播放动画，发现图形始终处于视频中的固定位置，如图 10-34 所示。

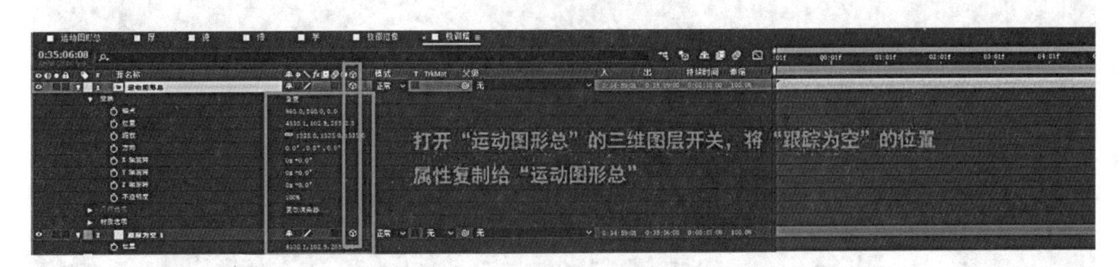

图 10-34　复制得到空对象位置属性

(3)为“校训塔 . mp4”添加“效果—色彩校正—色阶和曲线”，将校训塔调整为夜晚，如图 10-35 所示。

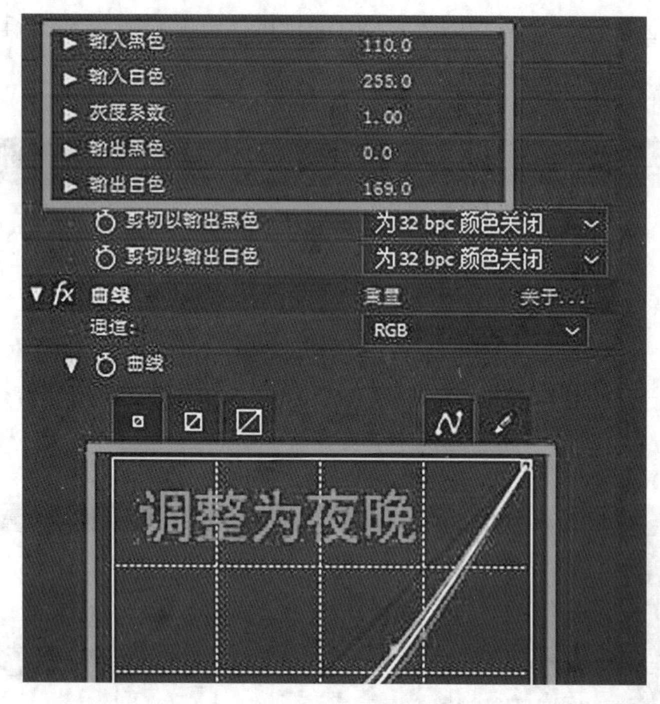

图 10-35　色阶和曲线参数

（4）为运动图层添加“发光”效果，发光阈值为 60%，半径为 20，强度为 10，如图 10-36 所示。再新建一个纯色图层，为它添加“效果—RG Trapcode—Particular”，调整参数，如图 10-37 所示，校徽开始被粒子环绕。

图 10-36　发光参数

图 10-37　粒子插件参数

(5)再回到“运动图形总”图层，为它添加“效果—Video Copilot—VC Reflect”，如图 10-38 所示，调整参数，湖面出现逼真的倒影，如图 10-39 所示。

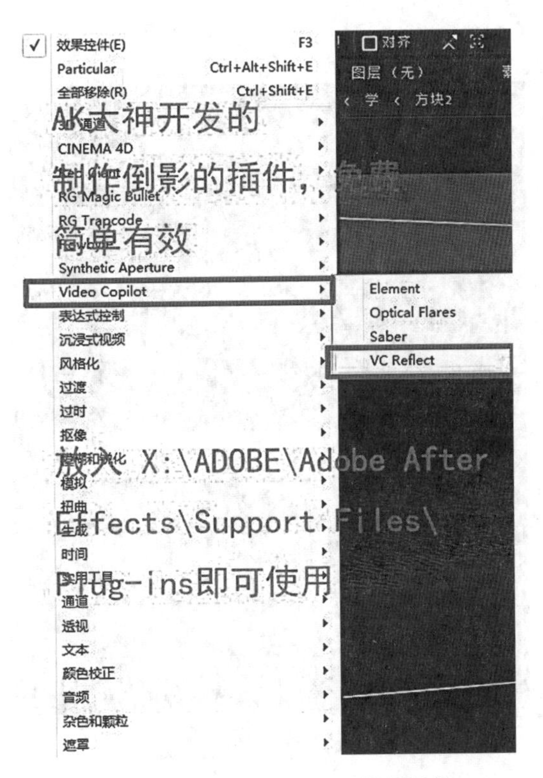

图 10-38　添加 VC Reflect 外置插件

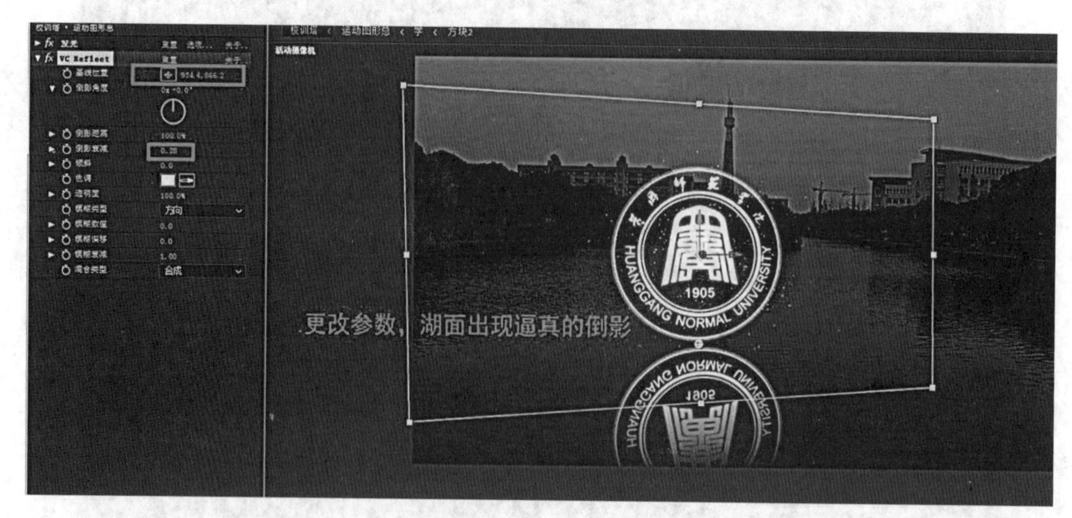

图 10-39　湖面倒影

（6）新建 2 个文本图层为“校训塔 School motto tower”和“---------”，分别为它们添加“解码淡入”和“随机淡化”的文本动画预设，如图 10-40 所示。再给文本添加“百叶窗”效果。预览动画，大致完成影片的合成，视频稍显不真实，因为发光的图形并没有照亮周围环境。

图 10-40　文本的动画效果

(7)将“运动图形总”图层复制2份，分别命名为“1”“2”。将“1”图层的图层混合模式改为“叠加”，运动图形看上去显得更亮了。然后将“2”图层缩放改为500%，不透明度改为15%，并添加“高斯模糊”效果，模糊度为100。我们发现图形运动的时候，周围出现亮光照亮环境。再导入“光影音乐.mp3”，如图10-41所示。

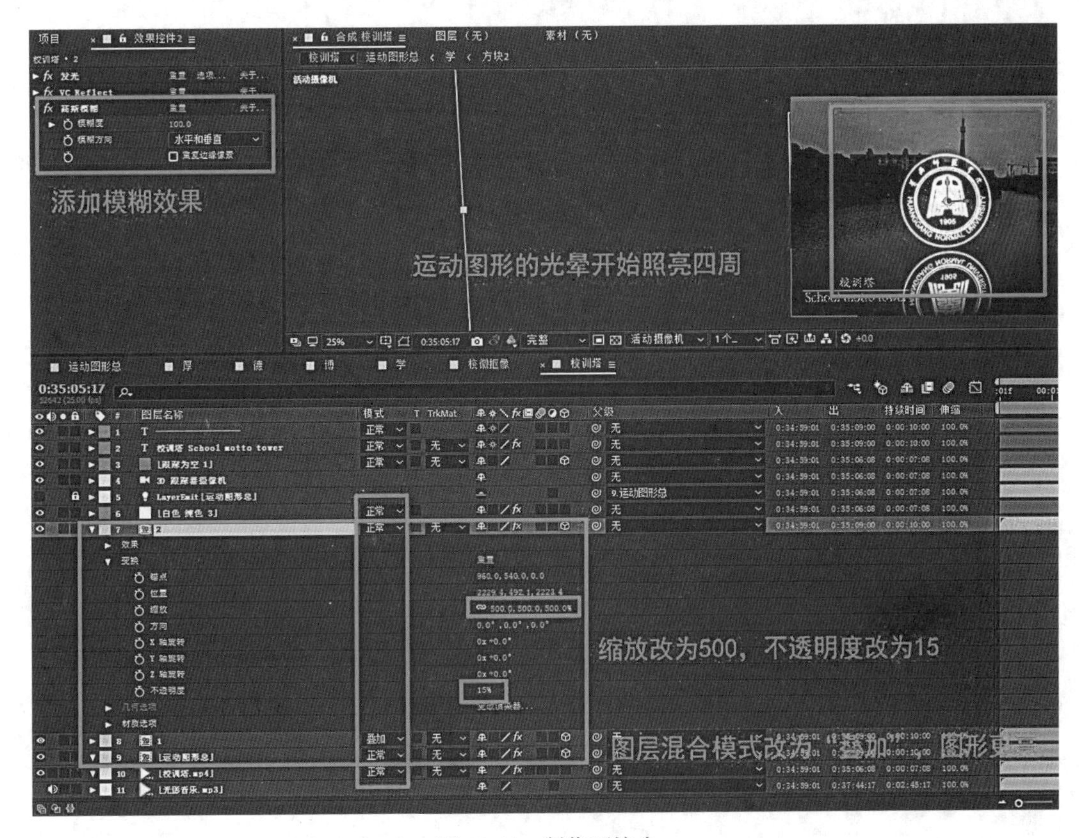

图10-41　制作环境光

(7)导入AME渲染导出。